Nikolaj Schmolcke
Offene Geheimnisse

NIKOLAJ SCHMOLCKE

OFFENE GEHEIMNISSE

Über die Leichtigkeit, Bilanzen zu lesen und im Geschäftsbericht Überraschungen zu finden

Econ

Rechtlicher Hinweis

Dieses Buch soll helfen, sich anhand von Jahresabschlüssen eine Meinung zu bilden. Die im Buch geäußerten Meinungen werden begründet, aber man muss sich dem nicht anschließen. Die Beispiele wurden ausgewählt ohne persönlichen Bezug oder Insiderwissen, es sei denn, es ist ausdrücklich vermerkt. Die Daten sind ausschließlich aus veröffentlichtem Material. Das Buch enthält und beabsichtigt keine Anlageberatung. Die Daten und Zahlen wurden – soweit verfügbar – immer den Konzernabschlüssen entnommen und beziehen sich nicht auf Einzel- oder Obergesellschaften eines Konzerns. Sie wurden nach bestem Wissen und Gewissen aus veröffentlichten Abschlüssen entnommen, kopiert oder getreulich abgetippt. Die Richtung dürfte immer stimmen, aber für alle Zahlen im Einzelfall wird keine Garantie oder gar Haftung übernommen. Wenn Sie wirtschaftliche Entscheidungen auf der Grundlage dieses Buches fällen, verantworten Sie alle Chancen und Risiken selbst.

In der Sprache der Buchhaltung: Buchen Sie keine Forderungen gegen Autor oder Verlag, denn diese haben aus belastbaren Gründen keine Rückstellungen für so etwas gebildet.

Econon ist ein Verlag
der Ullstein Buchverlage GmbH.

ISBN 978-3-430-21105-5

3. Auflage

Redaktion: Ulrich Wank

Gesetzt aus der Centennial LT Std
Satz und Repro: LVD GmbH, Berlin
Druck und Bindearbeiten: CPI books GmbH, Leck

Für alle Buchhalterinnen und Buchhalter,

die da draußen
für ihre Firmen und die Ordnungsmäßigkeit arbeiten.

Inhalt

1 **Bilanzen sind sexy – wirklich!** ... 9

2 **Abschlussanalyse ohne Zahlen – die halbe Miete** ... 13

Warum sich Abschlüsse ohne Zahlenverständnis analysieren lassen ... 13

Profis sind schnell, Ganoven brauchen etwas länger ... 20

Die Wirtschaftsprüfung – teuer bezahlt, unterschätzt und zu oft überlesen ... 43

Vorstände und Fakten – ein nicht immer harmonisches Verhältnis ... 72

3 **Ohne Zahlen geht es nicht, aber aller Anfang ist leicht** ... 87

Weltsprache Bilanz seit über 500 Jahren ... 90

Der Start ins Business – was hat die Bilanz mit der Gewinn- und Verlustrechnung zu tun? ... 103

Bargeldlose Bilanzgestaltung für Einsteiger ... 121

Vermögen mit Grundrechenarten aufblasen ... 134

Selbsttest: Sie wissen jetzt schon mehr, als Sie denken ... 145

4 **Im Herzen der Finsternis – Der Zahlenteil** ... 147

An erster Stelle steht der Umsatz, echt oder erfunden ... 148

Der Gewinn, das goldene Kalb des Kapitalismus ... 159

Gewinne versteckt oder aufgepumpt – Rückstellungen informieren sofort ... 173

Geheime Gewinnprognosen offengelegt ... 191

Glaube, Liebe und Hoffnung als Teil der Bilanz ... 206

5 **Nur Bares ist Wahres** ... 223

Kann ein Unternehmen seine Rechnungen bezahlen oder nicht? ... 224

Das Verhalten der Eigentümer lässt tief blicken ... 241

6 **Bonuskapitel für Unverdrossene** ... 253

Soll an Haben – Herzschlag der Buchhaltung ... 253

Lösungen der Testfragen aus Kapitel 3 ... 263

Tabellen für Menschen, die die Bezeichnung Zahlen-Nerd nicht als Beleidigung empfinden ... 267

Dank ... 281

1 Bilanzen sind sexy – wirklich!

Am 10. August 2010, einem Dienstag, trat ich meinen neuen Job als Finanzchef eines luftfahrttechnischen Unternehmens an, das in diesem Jahr bis August einen Gewinn von ca. 50.000 EUR erwirtschaftet hatte. Das war nicht schlecht für ein Unternehmen dieser Industrie, denn im Sommer wird viel geflogen und wenig repariert, weswegen eine Reparaturwerkstatt für Flugzeuge in dieser Zeit normalerweise Verluste anhäuft. Aber während des Mittagessens an besagtem Dienstag eröffnete mir die Leiterin der Buchhaltung, es sei fehlerhaft bilanziert worden (»Niko, books are cooked«, die Bücher sind gefälscht), woraufhin ich alle Fake-Buchungen stornieren ließ und veranlasste, neu zu buchen, wie es sich gehörte. Es war viel Arbeit. Freitags, vier Tage später, hatte sich der Gewinn in einen Verlust in Höhe von sieben Millionen EUR verwandelt, was ziemlich genau dem Ausmaß der praktizierten Bilanzfälschungen entsprach.

Und kein Mensch außerhalb der Buchhaltung hatte es vorher bemerkt!

Die Konzernrevision, das Zentral- und Bereichscontrolling und die Finanzabteilung der Muttergesellschaft hatten nicht nur die ausgefeilte monatliche Standardberichterstattung erhalten, sondern sich zudem bei mehreren Besuchen vor Ort über die Lage informiert, und niemand dieser gut ausgebildeten und intelligenten Fachleute hatte es gesehen. Wie konnte das sein?

Es war doch so offensichtlich?!

Seither beschäftigt mich das Phänomen, dass offenbar die wenigsten Menschen Bilanzen lesen können, schlimmer noch, dass Bilanzen den Ruf haben, langweilige oder gar abschreckende Materie zu sein.

Als Geschäftsführer einer Finanzholding arbeitete ich später viel mit Juristinnen und Juristen zusammen, die bei der Erwähnung bilanzieller Themen immer sehr freundlich lächelten. Hinter diesem Lächeln aber – so ahnte ich – verbarg sich vollkommene bilanzielle Leere. Irgendwann nahm ich meinen Mut zusammen und bot an, Grundlagen und Zusammenhänge einer Bilanz in einer kurzen Schulung zu erhellen. Die Resonanz war enorm, seither hat sich die Sache irgendwie verselbstständigt, und mittlerweile habe ich Tausende von Rechtsanwältinnen und Rechtsanwälten, Verantwortliche aller Etagen inklusive Aufsichtsrat, Unternehmensberaterinnen und Berater geschult. Allen war gemeinsam: Sie gingen davon aus, dass alle anderen Menschen Bilanzen lesen können, nur jeweils sie selbst nicht. Merken Sie etwas?

Es konnte allen geholfen werden, denn Bilanzen sind zum Lesen gemacht. Seit über 500 Jahren stellen Unternehmen Bilanzen auf mit dem Zweck, dem Publikum wertvolle Informationen zu vermitteln (und deren Interpretation gleich mit). Und zwar jedem Menschen, nicht nur spezialisierten Fachleuten.

Sie müssen nicht Maschinenbau studieren, um Auto fahren zu können, und Sie müssen ganz sicher nicht Betriebswirtschaftslehre studieren, um Bilanzen lesen und interpretieren zu können.

Wenn Sie die Grundrechenarten beherrschen, können Sie Jahresabschlüsse als das erkennen, was sie sind: Wundertüten mit überraschenden, unterhaltsamen und immer wieder verblüffenden Erkenntnismöglichkeiten, denn: Sie bilden das bunte Wirtschaftsleben ab. Wenn die Geschäftsleitung dieses Abbild aufpoliert oder vernebelt, führt genau dieser Eingriff ebenfalls zu einem Abdruck in der Bilanz. Daher gibt jeder Jahresabschluss nicht nur Informationen über das Unternehmen preis, sondern erzählt immer auch die Geschichte seiner eigenen Entstehung. Damit verwandeln sich Abschlüsse in Geschichten von Wahrheit, Lüge, Verrat, Hoffnung und Enttäuschung. Bei Betrachtung einzelner Aspekte im Verlauf mehrerer Jahre geben Bilanzen ihre Geheimnisse preis und entfalten Geschichten voller Dramatik, die mitunter auch Aufstieg und Untergang einzelner Persönlichkeiten des Managements beleuchten. Genau diese Vielfalt macht die Materie so spannend und anziehend – sexy eben.

Ich werde Sie in die Lage versetzen, mit zehn einfachen Fragen einem Jahresabschluss in wenigen Minuten zu entnehmen, was im betreffenden Unternehmen los ist. Und damit Sie diesen praktischen Nutzen wirklich für sich entdecken können, reichere ich die Erläuterungen so oft es geht mit Beispielen aus veröffentlichten Jahresabschlüssen an. Wenn Sie das Symbol der Lupe mit einer Wanze sehen, haben Sie die Möglichkeit, sich selbst auf die Suche nach Auffälligkeiten zu begeben. Auch wenn Sie noch nie etwas mit Zahlen zu tun hatten: Sie werden es schaffen, weil es so einfach und offensichtlich ist. Danach werden Sie sich fragen, warum zum Beispiel Wirecard so lange unbemerkt die Bücher fälschen konnte, wo es doch alles sichtbar auf der Hand lag.

Dieses Buch ist kein Fachbuch zur Erstellung von Jahresabschlüssen, sondern eines zum Konsum des Produktes.

Daher werde ich die Verwendung der Fachsprache auf das erforderliche Minimum beschränken. Gelegentlich erläutere ich die englischen Fachausdrücke, denn die hören sich etwas cooler an als die deutschen. Hinweise auf Gesetze und Vorschriften tauchen auf, wenn ich Bedeutung und Gewicht bestimmter Perspektiven erhelle. Im Vordergrund steht immer die Frage: Was gibt der Jahresabschluss preis, und woran sieht man das?

Doch nun zur Sache.

2 Abschlussanalyse ohne Zahlen – die halbe Miete

Bilanzen enthalten viele Zahlen, es geht einfach nicht anders, aber die Zahlen sind immer eingebettet in ein umfangreiches Werk, das helfen soll, sie besser zu verstehen. Dieses Werk ist der Jahresabschluss, der zum Ziel hat, alle Menschen, die sich für ein Unternehmen interessieren, umfangreich zu informieren, und zwar ganz besonders diejenigen, die keine Fachleute sind. Viele Menschen schlagen zum Beispiel erst einmal nach, wie viel die Mitglieder des Vorstandes oder der Geschäftsführung verdienen. Andere interessieren sich mehr für die Chancen oder Risiken des Unternehmens oder ob der Aufsichtsrat die Frauenquote einhält, ob das Unternehmen nachhaltig produziert oder ob Massenentlassungen geplant sind. All das und noch viel mehr steht im Jahresabschluss. Vor der Analyse der vielen Zahlen eines Jahresabschlusses lohnt sich also ein Blick auf die Begleitumstände des Werkes. Es gibt jenseits und vor den Zahlen einige Aspekte, die sehr schnell sehr tief blicken lassen.

Um diesen Aspekten auf die Schliche zu kommen, helfen ein paar Überlegungen hinsichtlich der Arbeit der Buchhaltungen im Unternehmen.

Warum sich Abschlüsse ohne Zahlenverständnis analysieren lassen

Die Buchhaltung zeichnet ein Jahr lang alles auf, was in einem Unternehmen oder einem Konzern finanziell geschieht, und leitet daraus die Bilanz ab. Vielfältig sind die Transaktionen innerhalb der Unternehmen, denn sie verkaufen Produkte und Leistungen. Hierfür stellen sie Menschen ein, bezahlen Löhne und Gehälter, richten Altersversorgung ein, erhöhen die Vergütung, entlassen Personal, bezahlen Abfindungen oder streiten sich darüber schlimmstenfalls vor Gericht. Die Kunden bezahlen die Rechnungen ganz oder teilweise, sie bestreiten die Höhe der Preise oder die Qualität der Leistung, sie bezahlen online oder bar, manchmal gar nicht, weil sie unzufrieden sind oder vielleicht böswillig oder einfach nur pleite. Lieferanten liefern Maschinen, Gebäude oder Hilfestellungen aller Art zur Zufriedenheit oder Unzufriedenheit der Unternehmen. Die Unternehmen sind von diesen Lieferanten entweder vollkommen abhängig, oder sie können einfach woanders bestellen, wenn sie unzufrieden sind. Vielleicht herrscht enorme Konkurrenz um Kunden und Mitarbeiter, was sich wiederum auf die Preise der Produkte oder die Höhe der Gehälter auswirkt. Internationale Konzerne arbeiten mit unterschiedlichen Währungen, um die Geschäfte zu bezahlen, die sich zwischen den einzelnen Gesellschaften eines Konzerns abspielen, oder um irgendwo auf diesem Planeten Produkte zu verkaufen, Häuser zu bauen oder komplizierte Maschinen zu installieren.

Am Ende eines Jahres sollen alle Transaktionen, egal wie viele es tatsächlich sind – es können Millionen sein –, zusammengefasst in einen Jahresabschluss münden. Dieser enthält eine Bilanz, die normalerweise auf eine Seite passt, Informationen über Gewinn bzw. Verlust – also den Erfolg des Unternehmens – sowie den Anhang mit weiteren Informationen. Bei größeren Unternehmen kommt ein Lagebericht hinzu. Ohne die Buchhaltung gäbe es diese Produkte nicht.

Transaktionen führen immer zu Belegen, die einfach oder komplex sind. Es können einfache Rechnungen sein, die eine Genehmigung enthalten oder deren Versagung, Empfangsbestätigungen, Leistungsnachweise, Verträge, technische Zeichnungen, umfangreiche Planungsrechnungen, Gehaltsabrechnungen, Klageschriften, Einschätzungen und Verlautbarungen der Geschäftsführung, Steuerbescheide, deren Widersprüche und so weiter. Auf der Basis

Worum es in diesem Buch überhaupt geht
Bilanz
(engl.: Balance Sheet)
Gegenüberstellung von Vermögen und Schulden.
Gewinn- und Verlustrechnung
(Abk.: »GuV«)
engl.: Profit and Loss Statement oder Income Statement,
(Abk.: »P&L« bzw. »PnL«)
Gegenüberstellung von Erträgen und Aufwänden, die Differenz ist der Gewinn bzw. der Verlust.
Anhang
engl.: Notes
Erweiterte Darstellung und Erläuterung einzelner Positionen der Bilanz und der GuV – zum Beispiel Informationen zur Altersversorgung.
Lagebericht
engl.: Management Report
Erläuterungen der Geschäftsleitung zum Geschäftsjahr und Informationen beispielsweise über deren Gehälter.

Abb. 1: Bestandteile jährlicher Finanzberichterstattung

dieser Dokumente entstehen die Aufzeichnungen der Buchhaltung. Sie weisen ein paar Besonderheiten auf, die ein kurzer Ausflug in die Geschichte erhellt.

Vor ein paar Tausend Jahren erfanden unsere Vorfahren in Mesopotamien die Keilschrift. Die Menschen ritzten mit Keilen Kerben in eine Lehmplatte, die sie anschließend in einem Ofen so steinhart brannten, dass sie bis heute halten. Die Kerben symbolisierten Aufzeichnungen der Buchhaltung. Warum sind die ersten Texte der Menschheit ausgerechnet Buchhaltung? Vielleicht, so könnte man spekulieren, hat ein Landwirt einem anderen Landwirt eine Kuh geliehen oder eine Kuhherde oder Säcke mit Saatgut oder dergleichen, auf jeden Fall etwas, das er eine Saison später bitte wieder zurückhaben wollte, mit Zinsen gegebenenfalls. Ein paar Monate später hatte einer der Beteiligten möglicherweise mit Gedächtnisschwierigkeiten und Erinnerungslücken zu kämpfen, und es kam zu Uneinigkeit darüber, was und wie viel der eine dem anderen zurückzugeben hatte. Uneinigkeit dieser Art kann schlimmstenfalls Menschenleben kosten. Die Lösung: Vereinbarungen beziehungsweise Aufzeichnungen mussten fälschungs- und witterungssicher sein, damit die Vertragsparteien sie eine Saison später noch entziffern konnten. Tatsächlich enthalten die ersten Aufzeichnungen der Keilschrift Schuldenlisten. Dass wir sie heute noch haben, resultiert aus einer Anforderung an Buchhaltung, die sich bis heute nicht geändert hat: Die Aufzeichnungen dürfen nicht veränderbar sein und müssen aufbewahrt werden können. Das Konzept der Kerben für Schulden hat bis heute gehalten, es findet sich auf den Bierdeckeln der meisten Kneipen; mit der begrenzten Haltbarkeit des Mediums wissen die Gastronomen umzugehen.

In den vergangenen Jahrhunderten lieferten die Abteilungen des Unternehmens die Belege der Transaktionen per Post oder Büroboten in der Buchhaltung ab. Die Buchhalter führten auf dieser Grundlage die Aufzeichnungen mit nicht löschbarer Tinte und nicht etwa mit Bleistift in speziellen Büchern, die dem Beruf den Namen gaben. Die Bücher zeichneten sich durch eine Sicherung aus, die den Austausch ganzer Blätter verhindern sollte: Die Fäden der Bücher waren mit kleinen Plomben aus Blei verklebt, sodass die Bücher nicht mehr verändert werden konnten, ohne sichtbare Spuren der Zerstörung aufzuweisen. Wer fehlerhafte Aufzeichnungen korrigieren möchte, kann und darf nicht löschen, sondern er muss stornieren und neu aufzeichnen. Das hat sich bis heute nicht geändert.

Seit den Sechzigerjahren des letzten Jahrhunderts hat die EDV in die Buchhaltungen Einzug gehalten, sodass viele Aufgaben, wie beispielsweise das Schreiben einer Rechnung, die Auszahlung von Gehältern und viele weitere Aktivitäten, automatisch zu Aufzeichnungen in der Buchhaltung führen. Die Systeme der Buchhaltung breiten sich in Unternehmen wie eine Krake aus, ein berühmtes Beispiel hierfür stellt die Software der Firma SAP dar. Wer einmal eine Einführung von SAP oder anderen Buchhaltungsprogrammen erlebt hat, kann bestätigen, welch enorme Organisationsleistung erforderlich ist, um die Segnungen der EDV in der Form von auf Tastendruck verfügbaren Auswertungen genießen zu können. Wenn es bei dieser Einführung zu Fehlern kommt oder wenn nach der Einführung der Software die Transaktionen des Unternehmens zu einer schlampigen oder schlimmstenfalls gar keiner Abbildung in der EDV führen, muss die Buchhaltung das ausbaden. In der Folge kommt es zu Überstunden und Stress in der Buchhaltung, zu Klärungsgesprächen im Management, zu Diskussionen mit Kunden und Lieferanten, zu Konflikten mit IT-Dienstleistern, zu Verzögerungen bei der Bezahlung von Rechnungen oder dem Eintreiben von Schulden und so weiter. Vor allem kommt es zu Verspätungen der Aufzeichnungen und damit zu Verspätungen im Jahresabschluss.

Komplexität der Bewertungsfrage

Es kommt hinzu, dass es sehr schwierig sein kann, bestimmte Geschäftsvorfälle richtig zu bewerten. Ein Beispiel dafür liefert die Chemiefirma *Bayer*. Der Konzern hatte in mehreren Teilzahlungen ab 2016 für insgesamt 66 Milliarden Dollar die amerikanische Firma *Monsanto* erworben. *Monsanto* ist für viele Menschen der Inbegriff eines Chemieunternehmens, das Profite über den Schutz menschlicher Gesundheit und der Umwelt stellt, und blickt auf eine imposante Geschichte einschlägiger Gerichtsverfahren zurück. Am 7. Juni 2018 hatte *Bayer* den Kauf *Monsantos* abgeschlossen. Am 10. August des gleichen Jahres kam es zu einem weiteren Meilenstein gerichtlicher Natur: *Monsanto* verlor einen Prozess in den USA, weil eines der wichtigsten Produkte *Monsantos* den Bestandteil Glyphosat enthält, der im Verdacht steht, Krebs zu erregen. Wenige Monate zuvor hatte der Vorstand von *Bayer* den Kaufpreis in Höhe besagter 66 Milliarden Dollar noch verteidigt, nun jedoch stellte sich die Frage nach dem Wert von *Monsanto* im Licht des Gerichtsurteils neu. Welche Konsequenzen folgen aus dem Urteil, und was bedeutet das für mögliche Risiken aus Schadensersatz? Mit Risiken dieser Größenordnung setzen sich sicher nicht ein paar Buchhalter bei einer Tasse Kaffee während eines Meetings in der Konzernzentrale auseinander. Nein, denn während sich die Fachleute unter anwaltlicher Aufsicht die Köpfe zerbrechen, müssen die Buchhalter und Buchhalterinnen auf ihre Antworten warten, weil sie sonst nicht bilanzieren können. Für das Geschäftsjahr 2020 berichtete *Bayer* schließlich einen Verlust in Höhe von über 10 Milliarden EUR. Der Börsenkurs von *Bayer* hat sich seit dem Erwerb von *Monsanto* halbiert, im Frühjahr 2023 beendete der Vorstandsvorsitzende vorzeitig seinen Vertrag und schied aus dem Unternehmen aus. An Bewertungen scheitern Karrieren, und Firmen können in große Not geraten. Die Buchhaltung aber braucht einfach nur ein paar Zahlen.

Wahrheit und Wirtschaftsprüfung

Am Ende soll die Geschäftsführung aus dem Zahlenwerk im Lagebericht zusätzlich in verständlichen Worten eine Aussage zum Geschäftsverlauf herausdestillieren und alles zusammen der Öffentlichkeit präsentieren. Die Gesetze der Länder dieser Erde verlangen in unterschiedlichen Worten, aber mit dem immer gleichen Anspruchsniveau von den Unternehmen, bei dieser Gelegenheit die Wahrheit zu kommunizieren. Daher werden – bei allem Respekt vor der Integrität von Vorständen und Geschäftsführungen – sicherheitshalber die Wirtschaftsprüfer von den Eigentümern des Unternehmens (gegebenenfalls vertreten durch den Aufsichtsrat) beauftragt, genau diese Wahrheit zu bestätigen. Die Leistung der Prüferinnen und Prüfer lassen sich die 30 größten Unternehmen des Deutschen Aktien Index (DAX) zusammen jedes Jahr etwa 600 Millionen EUR kosten. Das Resultat all dieser Mühen ist am Ende eine geprüfte Bilanz, die tatsächliche Verhältnisse abbildet.

Das gelingt mal besser, mal schlechter. Wenn es gut gelingt, ist der Abschluss schnell fertig, dessen Wahrheit vom Prüfer bestätigt und die Aussage kristallklar. Wenn es schlecht gelingt, zieht sich die Erstellung in die Länge (das kann auch mal Jahre dauern), die

Wofür man die Wirtschaftsprüfung bezahlt
Das Testat
(engl.: Opinion)
Einschätzung der Wirtschaftsprüfung, ob der Jahresabschluss insgesamt frei von wesentlichen Fehlern ist.
Diese Einschätzung ist das Testat.
Es gibt genau drei Ausprägungen des Testates:

- Es wird uneingeschränkt erteilt.
- Es wird eingeschränkt, weil die Prüfung bestimmte Sachverhalte nicht nachvollziehen konnte.
- Es wird versagt, wenn zu viele Sachverhalte nicht nachvollziehbar sind.

Abb. 2: Das Qualitätssiegel der Wirtschaftsprüfung

Wirtschaftsprüfung schränkt ihr Urteil ein oder versagt es, und der Vorstand eiert mit seiner Zusammenfassung im Lagebericht herum.

Zwischen gutem und schlechtem Gelingen liegt eine große graue Zone mit vielen Schattierungen. Bevor Sie also eine einzige Zahl eines Jahresabschlusses würdigen, sollten Sie sich zunächst einen Eindruck über die Umstände des Abschlusses machen. Hierfür klären Sie in dieser Reihenfolge folgende Fragen:

1. Wie lange hat es gedauert, den Abschluss zu erstellen?
2. Welche Auffassung vertritt die Wirtschaftsprüfung?
3. Wie fasst die Geschäftsleitung die Entwicklung zusammen?

Oft können Sie aus diesen drei Informationen ohne eine einzige Zahl bereits abschätzen, wie es dem Unternehmen geht und ob der Vorstand mit offenen Karten spielt oder nicht. Die Antworten auf diese Fragen finden Sie normalerweise innerhalb von etwa zwei bis drei Minuten heraus, während denen Sie die Einstellung entwickeln, mit der Sie anschließend den Zahlenteil der Abschlüsse in Angriff nehmen. Es kann auch sein, dass Sie auf das Lesen des Zahlenteils verzichten, weil die Vorzeichen gleich zu Beginn zu katastrophal sind, um sich mit dem Werk weiter zu befassen. Zu den drei Fragen finden Sie in den nächsten drei Kapiteln Antworten aus veröffentlichten Abschlüssen, welche die Bandbreite und Dramatik der so gewonnenen Informationen verdeutlichen.

Profis sind schnell, Ganoven brauchen etwas länger

Die Firma *Wirecard* hat am 25. Juni 2020 Insolvenz angemeldet. Das Vorstandsmitglied Jan Marsalek ist seither auf der Flucht, der Vorsitzende des Vorstandes Markus Braun harrt im Gefängnis der Entscheidung des Gerichtes, es geht um einen der größten Bilanzskandale jüngster Zeit. Man liest von 1,9 Milliarden EUR, die plötzlich verschwunden sind oder nie existiert haben – ein Betrug gigantischen Ausmaßes!

Die Anteile von *Wirecard* wurden an der Börse gehandelt, *Wirecard* gehörte zu der kleinen Gruppe von Unternehmen, die wegen ihrer Bedeutung zum erlesenen Kreis des Deutschen Aktienindex (DAX) zählten, der sich aus nur 40 Unternehmen zusammensetzt und der der wichtigste Index der deutschen Börse ist.

Was hat das mit der Abschlussgeschwindigkeit zu tun?

Unternehmen, deren Anteile an der Börse gehandelt werden, müssen gemäß gesetzlichen Vorschriften ihren Jahresabschluss innerhalb von vier Monaten veröffentlichen, aber es gibt weitere Regeln:

Die Regierungskommission *»Deutscher Corporate Governance Kodex«* (DCGK) hat sich Gedanken gemacht, welche Merkmale gute Unternehmensführung auszeichnen. Der Kodex ist im Internet zu finden, er besteht aus 21 übersichtlich gegliederten Seiten und enthält eine ganze Reihe von Empfehlungen und Anregungen. In Abb. 3 steht der Wortlaut der sensibelsten Empfehlungen zur Bilanzierung.

Es geht erstens um die Geschwindigkeit, mit der ein Unternehmen Transparenz erzeugt – gefordert werden 90 Tage, was bedeutet, dass die Regierungskommission der Auffassung ist, ein

Die drei sensibelsten Empfehlungen des Deutschen Corporate Governance Kodex (DCGK)
Empfehlung F.2:
»Der Konzernabschluss und der Konzernlagebericht sollen binnen 90 Tagen nach Geschäftsjahresende … öffentlich zugänglich sein.«
Empfehlung D.3
»Der Aufsichtsrat soll einen Prüfungsausschuss einrichten …«
Empfehlung D.4
»Der Aufsichtsratsvorsitzende soll nicht den Vorsitz im Prüfungsausschuss innehaben.«

Abb. 3: Zitate aus dem DCGK

gutes Unternehmen veröffentliche seine Abschlüsse einen Monat schneller, als es das Gesetz erfordert. Zweitens empfiehlt die Regierungskommission, dass der Aufsichtsrat einen Prüfungsausschuss einrichtet. Dieser beauftragt die Wirtschaftsprüfung, stimmt mit ihr Prüfungsschwerpunkte ab und kümmert sich insgesamt darum, dass die Buchhaltung keine Fehler macht. Im deutschen Aktiengesetz steht in § 107, dass der Aufsichtsrat Ausschüsse einrichten kann, wobei es sich um ein Wahlrecht handelt, aber der Gesetzgeber verdeutlicht seine Gefühlslage mit folgender Formulierung im Gesetz: »Er kann insbesondere einen Prüfungsausschuss bestellen.« Die Regierungskommission ist deutlicher: Ein gutes Unternehmen muss einen Prüfungsausschuss haben. Das ist zwar immer noch eine Empfehlung und kein Zwang, aber von einem Wahlrecht ist nicht die Rede. Drittens hält es die Regierungskommission für eine gute Idee, dass sich die handelnden Personen gegenseitig kontrollieren, und empfiehlt daher, dass der Vorsitzende des Aufsichtsrates nicht gleichzeitig der Vorsitzende des Prüfungsausschusses sein soll. Das Konzept der gegenseitigen Kontrolle trägt im englischen Sprachgebrauch den Titel der »Checks and Balances«. Er stammt aus dem politischen Raum und eignet sich auch zur Unternehmensführung, und zwar insbesondere dann, wenn es um Bilanzierung geht.

Diese Empfehlungen haben keine Gesetzeskraft, aber börsennotierte Unternehmen müssen in der sogenannten »Entsprechenserklärung« erläutern, inwieweit sie den Empfehlungen des Kodex nachkommen oder eben nicht; und wenn sie es nicht tun, müssen sie begründen, warum sie es nicht tun. Ob der Vorstand es will oder nicht, er muss sich öffentlich zu den Empfehlungen des DCGK äußern. Dies ermöglicht einen schönen Einblick in dessen Gemütslage und Grundeinstellung, wie wir jetzt sehen werden.

Eine Entsprechenserklärung in ihrer einfachsten Form liefert beispielsweise die Firma *Merck*, die auf der ersten Seite ihres Abschlusses auf über 60.000 Mitarbeitende aus 142 Nationen hinweist. *Merck* verkauft Medizin und weitere Produkte, die mit Wissenschaft und Technik zu tun haben. Dies ist die Entsprechenserklärung von *Merck*:

> *»Seit der letzten Entsprechenserklärung vom 26. Februar 2021 wurde den im amtlichen Teil des Bundesanzeigers bekannt gemachten Empfehlungen der Regierungskommission Deutscher Corporate Governance Kodex in der Fassung vom 16. Dezember 2019 entsprochen.*
>
> *Im Hinblick auf die künftige Beachtung der aktuellen Empfehlungen der Regierungskommission Deutscher Corporate Governance Kodex erklären Geschäftsleitung und Aufsichtsrat Folgendes: Die Gesellschaft wird den Empfehlungen des Kodex in der Fassung vom 16. Dezember 2019 entsprechen.«*

Zusammengefasst: Den Empfehlungen des Kodex wurde und wird entsprochen. Kürzer geht es nicht.

Die Wirtschaftsprüfung hat den Jahresabschluss 2021 von *Merck* am 17. Februar 2022 unterzeichnet, also 48 Tage nach dem Stichtag vom 31. 12. 2021. Der Durchschnitt der Unternehmen, die im Deutschen Aktienindex (DAX) notiert sind, liegt bei etwa 60 Tagen. *Merck* entspricht nicht nur locker allen Empfehlungen des DCGK, es ist auch überdurchschnittlich schnell mit dem Abschluss fertig.

Es gibt Unternehmen, bei denen das etwas anders ablief.

Die beiden größten Bilanzskandale des Jahrhunderts

Wirecard stellte Technologie zur Verfügung, mit der Kunden bargeldlos bezahlen, und zwar entweder per Karte an den Kassen der Geschäfte des Einzelhandels oder virtuell im Internet. Auf der Grundlage von Kartenzahlungen sammelte *Wirecard* im Auftrag der Geschäfte das Geld der Endkunden über deren Banken beziehungsweise Kreditkartenunternehmen ein und reichte es an die Händler weiter, die die Kartenzahlung ursprünglich in ihrer Kasse abgerechnet hatten. Hierfür verlangte *Wirecard* eine Bearbeitungsgebühr von den Geschäften. Vergleichbare Unternehmen sind zum Beispiel die Firma *Payone*, die der *DSV Gruppe* (Deutscher Sparkassenverlag) und *Worldline* gehört, oder der global agierende Konzern namens *Adyen* aus den Niederlanden. Diese Gesellschaften sammeln Geld der Kunden ein und tragen daher die Bezeichnung »Cash-Acquirer« (Geldeinsammler).

Wirecards letzter veröffentlichter Abschluss bezog sich auf das Jahr 2018 und wurde von der Prüfungsgesellschaft *EY* am 24.4.2019 unterzeichnet. Sie hatte also 114 Tage benötigt, somit 54 Tage mehr als der Durchschnitt der DAX-Unternehmen und 24 Tage mehr, als es der *Deutsche Corporate Governance Kodex* verlangt – somit ein klarer Fall für die Entsprechenserklärung. Es folgt der Wortlaut der Entsprechenserklärung von *Wirecard*, und Sie bilden sich jetzt bitte eine Meinung, denn der Gesetzgeber hat diese Erklärung genau zu diesem Zweck vorgesehen:

> *»Ziffer 7.1.2 Satz 3 des Kodex empfiehlt, dass der Konzernabschluss und -lagebericht binnen 90 Tagen … zugänglich sein sollen. Die gesetzlichen Regelungen sehen dagegen derzeit vor, dass der Konzernabschluss nebst -lagebericht binnen einer Frist von vier Monaten … zu veröffentlichen sind. … Die Gesellschaft hat sich bisher an diesen gesetzlichen Fristen orientiert, da der Vorstand dieses Fristenregime für angemessen hält.«*

Bitte halten Sie inne und spüren Sie in sich hinein. Was empfinden Sie, wenn Sie das lesen? Wie bewerten Sie den »Zungenschlag« dieser Aussage?

Der Vorstand von *Wirecard* sagt: Was eine Regierungskommission für gute Unternehmensführung hält, interessiert ihn einen feuchten Kehricht, solange ihn das Gesetz nicht zu etwas anderem zwingt.

Das weckt Neugier auf weitere Ausführungen der Entsprechenserklärung, nunmehr zum Thema des Prüfungsausschusses. Im Abschluss 2017 hieß es dazu:

> *»Der Aufsichtsrat der Gesellschaft besteht nach der Satzung aus fünf Mitgliedern. Mit Blick auf diese überschaubare Größe hält der Aufsichtsrat die Bildung von Aufsichtsratsausschüssen nicht für sinnvoll.«*

Im Nachhinein ist man immer schlauer, aber es liegt die Anmerkung nahe: Wer Bilanzen fälscht, findet einen Prüfungsausschuss tatsächlich »nicht sinnvoll«.

Im Jahr 2018 – mittlerweile unter Beschuss der Presse – lenkte *Wirecard* ein und etablierte einen Prüfungsausschuss, hatte aber in der Entsprechenserklärung zu berichten:

> *»Neben der Bildung von Ausschüssen empfiehlt Ziffer 5.3.2 Abs. 3 Satz 3 des Kodex, dass der Aufsichtsratsvorsitzende nicht zugleich Vorsitzender des Prüfungsausschusses sein sollte. Aufgrund der besonderen Expertise und Erfahrungen des Aufsichtsratsvorsitzenden besetzt dieser auch die Position des Vorsitzenden des Prüfungsausschusses.«*

Worin die Expertise im Detail bestand, lässt sich höchstens ahnen, aber vermutlich sonnt sich der Vorsitzende heute nicht mehr uneingeschränkt im Glanz dieses Lobes.

Sie indessen stellen sich an dieser Stelle die Frage, ob Sie einem Unternehmen, das solche Aussagen veröffentlicht, Ihre Altersversorgung anvertrauen möchten.

Ein besonders finsteres Beispiel für den Zusammenhang von Betrug und Abschlussgeschwindigkeit lieferte die Firma *P&R AG* mit Sitz in Grünwald bei München. Die Firma vermietete Container an die Reedereien und Logistikunternehmen überall auf der Welt. Unter dem Motto »Nehmen Sie am Welthandel teil!« bot *P&R* Anlegern folgendes Geschäftsmodell an: Die Anleger kaufen von *P&R* einen oder mehrere Container und vermieten diese anschließend an *P&R* zurück. Also: Einzahlung des Anlegers an *P&R* für den Kauf eines Containers und anschließend Rückzahlungen von *P&R* an die Anleger per Containermiete. *P&R* seinerseits vermietete die Container zu etwas höheren Preisen an die Reedereien und Logistikunternehmen. Eine weitere Gewinnquelle resultierte aus den Unterschieden von Einkaufs- und Verkaufspreis der Container. *P&R* stattet den Welthandel mit Containern aus, die Anleger finanzieren das Konzept, und alle haben gewonnen. Eine runde Sache.

Auf der Suche nach Jahresabschlüssen der Gesellschaft ergibt sich, dass *P&R* jahrelang nicht veröffentlichte. Also: gar nicht (Abb. 4).

Ohne veröffentlichte Abschlüsse vermittelten die Kundenberater von Sparkassen, Volksbanken, von der Postbank und von Privatbanken dieses Anlageprodukt. Mindestens 54.000 Anleger auf der Suche nach einer besonders sicheren Anlageform investierten insgesamt etwa 3,5 Milliarden EUR. Als dann im Jahr 2017 endlich

Welchen Verdacht nähren die Termine der Veröffentlichung?

P&R Abschluss	Datum der Veröffentlichung
2012	28.07.2017
2013	24.07.2017
2014	15.08.2017
2015	24.07.2017

Abb. 4: P&R – die Publizität der Abschlüsse

die Abschlüsse der Vorjahre das Licht der Öffentlichkeit erblickten, war es zu spät.

Es stellte sich nämlich heraus, dass die verkauften und zurückgemieteten Container gar nicht oder nicht im behaupteten Ausmaß existierten. Die Mieten hatte *P&R* von dem Geld bezahlt, das man für den Verkauf der Container eingenommen hatte. Solange eine ausreichende Anzahl von Neukunden Container erwarb, funktionierte dieses Schneeballsystem. Im März 2018 startete das Insolvenzverfahren, und die Gläubigerversammlung fand wegen der Vielzahl der Gläubiger in der Münchner Olympiahalle statt.

Würden Sie Ihre Altersversorgung einem Unternehmen überantworten, das keine Jahresabschlüsse veröffentlicht?

Kein Bilanzskandal, aber ein Skandal, der sich in Abschlussgeschwindigkeit ausdrückt

Ein prominentes Beispiel für dubioses Verhalten, das sich in der Abschlussgeschwindigkeit niederschlägt, liefert *Volkswagen*. Der Konzern erwirtschaftet einen Umsatz von ca. 280 Milliarden EUR, was in etwa dem Bruttoinlandsprodukt von Tschechien entspricht. Die Ingenieure von Volkswagen haben Motoren entwickelt, die selbstständig erkannten, ob sie sich gerade auf einem Prüfstand befanden oder nicht. Jenseits der Prüfstände verhielten sich die Motoren deutlich schmutziger als während der Prüfläufe. Das fand die US-amerikanische Umweltschutzbehörde nicht so lustig, um es vorsichtig zu formulieren. *Volkswagen* war aufgeflogen. Das amerikanische Rechtssystem zeichnet sich durch seine drakonische Rachsucht aus, aber auch Kunden und Behörden im Rest der Welt reagierten verschnupft.

Falls Sie vergessen haben, in welchem Jahr der Betrug aufgeflogen war, könnten Sie versuchen, Abb. 5 einen Hinweis zu entnehmen. Die Tabelle listet die Tage auf, die zwischen dem Stichtag des Jahresabschlusses und der Unterschrift durch die Wirtschaftsprüfung liegen.

Am 18. September 2015 hatte die amerikanische Behörde für

Zahlenanalyse: In welchem Jahr ist *Volkswagen* aufgeflogen?

Jahr	2014	2015	2016	2017	2018	2019	2020	2021	2022
Tage zum Testat	49	113	55	54	53	57	57	70	62

Abb. 5: VW – Tage zum Testat

Umweltschutz dem Konzern eine sogenannte »Notice of Violation« zugestellt, der am 20. September die Vorwürfe einräumte. Vermutlich hat der Vorstand zwei Tage benötigt, um herauszufinden, ob an den Vorwürfen etwas dran war. Die Vorstellung, man habe vorher bereits etwas kommen sehen und die beiden Tage primär benötigt, um mit Top-Wirtschaftskanzleien zu beraten, wie man sich in so einem Fall am intelligentesten verhält, ist völlig abwegig. Für den Abschluss stand die Frage im Raum, welche Risiken in welchen Größenordnungen den Konzern nunmehr bedrohten. *Volkswagen* hatte allein im Jahr 2015 gut 2,6 Millionen Fahrzeuge verkauft, in den Vorjahren war die Menge ähnlich groß. Zudem musste *Volkswagen* die Produktion der einschlägigen Motoren sofort umstellen, die Fahrzeuge teilweise neu konstruieren. Welche Ansprüche aus Schadensersatz waren zu erwarten? Welche Strafen würden die US-amerikanischen und die Behörden anderer Länder verhängen und wann? Die Abschätzung dieser Risiken dürfte erhebliche Zeit in Anspruch genommen haben; die Wirtschaftsprüfungsgesellschaft stellte hierzu ebenfalls bohrende Fragen, bis sie wirklich alles ganz genau verstanden hatte. Kein Wunder, dass sich dies nicht innerhalb von 90 Tagen leisten ließ, was zu folgender Formulierung in der Entsprechenserklärung führte, die *Volkswagen* bereits im November 2015 veröffentlichte:

»Aufgrund der aktuell noch offenen Fragestellungen im Zusammenhang mit den Folgen der Abgasthematik und den daraus resultierenden Bewertungsfragen haben Vorstand und Aufsichtsrat entschieden, dass der Konzernabschluss des Geschäftsjahres 2015 sowie der Zwischenbericht zum

ersten Quartal 2016 nicht binnen 90 Tagen beziehungsweise 45 Tagen nach Quartalsende öffentlich zugänglich sein werden.«

Wen wundert's?

Im Unterschied zu den bisherigen Beispielen verkaufen die allermeisten Unternehmen tolle Produkte zu fairen Preisen und berichten ehrlich und pünktlich in ihren Jahresabschlüssen davon. Ihnen ist der nächste Abschnitt gewidmet.

Wie schnell veröffentlichen redliche Unternehmen? Was ist ein guter Standard? Und wie läuft es im Mittelstand?

Ein Abschluss ist fertig, wenn die Wirtschaftsprüfung ihn unterzeichnet. Die Anzahl der Tage zwischen dem Stichtag des Geschäftsjahres und dem Unterzeichnungstermin misst die Abschlussgeschwindigkeit und ermöglicht Vergleiche, wie Abb. 6 vorführt. *Wirecard* und *Volkswagen* hatten etwas zu verbergen und brauchten über 100 Tage, *Merck* ist ein Musterknabe, aber nicht der schnellste unter den Musterknaben, denn diese Auszeichnung ist für die Firma *Henkel* reserviert. Im Einzelhandel – hier am Beispiel *Swarovski* – ist offenbar etwas schiefgegangen, wir werden später sehen, was die Coronapandemie dort angerichtet hat.

Auf die Unterschrift der Wirtschaftsprüfung folgt verpflichtend die Veröffentlichung des Abschlusses. Dies gilt für alle Unternehmen, deren Haftung begrenzt ist, also für GmbHs und Aktiengesellschaften. Die Beschränkung der Haftung wird nach dem Willen der Gesetzgeber mit der Pflicht zur Veröffentlichung bezahlt. Sogenannte Personengesellschaften hingegen, bei denen ein oder mehrere Menschen mit ihrem gesamten Privatvermögen und damit unbegrenzt bis zur völligen privaten Zahlungsunfähigkeit für die Risiken des Geschäftes haften, müssen nicht veröffentlichen. Es sei denn, sie sind so groß, dass es dafür eine gesell-

Welche dieser Firmen hatten wann ein Problem?

Firma	Abschluss	Tage
Wirecard	2018	114
Volkswagen	2015	113
Merck	2021	48
Henkel	2021	31
Swarovski	2019	316

Abb. 6: Rückschlüsse aus Terminvergleich

schaftliche Verpflichtung gibt. Zum Beispiel haftet Familie *Tengelmann* zwar mit ihrem gesamten privaten Vermögen für ihren Konzern, muss aber dennoch den Abschluss veröffentlichen, weil er so groß ist. Die Baumarktkette *Obi* und der Bekleidungshändler *KiK* sind derzeit die prominentesten Beispiele aus dem Vermögen der Familie. Freiberuflich tätige Menschen, wie Unternehmensberater, Schriftsteller, Künstler, Ärzte, Psychologen und so weiter, haften mit ihrem gesamten Vermögen für ihre geschäftlichen Risiken, das heißt, wenn ihre Praxis oder ihr Geschäft Verluste erleidet, müssen sie das aus ihrem Privatvermögen ausgleichen, ihre Haftung ist eben nicht auf eine vorab festgelegte Größe beschränkt. Vorteil: Diese Berufe müssen Jahresabschlüsse zwar erstellen, aber nicht veröffentlichen.

Der Abschlussstichtag fällt in den meisten Fällen auf den 31.12. eines Jahres, also mit dem Kalenderjahr zusammen. Eine prominente Ausnahme bildet die Firma *Siemens*, deren Geschäftsjahr am 30.9. eines jeden Jahres endet. *Siemens* wurde am 1. Oktober 1847 gegründet, da gewöhnt man sich nun einmal ungern um. Analysten und professionelle Investoren beobachten aufmerksam, mit welcher Geschwindigkeit Unternehmen ihre Abschlüsse veröffentlichen, weil sie daraus Schlussfolgerungen ziehen, wie gut die Unternehmen organisiert sind, also wie gut sie ihre administrativen Prozesse beherrschen.

Im Jahr 1995 arbeitete ich für eine Fluggesellschaft mit der Mission, aus wirklich großen Datenbeständen auf automatisiertem Weg Informationen für Monats- und Jahresabschlüsse herauszudestillieren. Die Gesellschaft war relativ jung, hatte den Charakter eines Start-ups, und viele Abläufe waren neu und aufregend, ganz besonders der zu einem vollendeten Jahresabschluss. Eines Tages überraschten unsere Vorgesetzten uns mit der Anforderung, der Abschluss müsse vor Ostern fertig sein. Diese Ansage erfolgte mit der offiziellen Begründung, einer der Aufsichtsräte bevorzuge es, das Thema vor seinem Skiurlaub abzuschließen. Wir stöhnten auf. Welch ein Anspruch! Was er sich einbilde, fragten wir uns. Warum fährt er nicht im Januar oder Februar Ski? Da ist der Schnee besser, und wir können in Ruhe

Gepflogenheiten der Veröffentlichung in der DACH-Region	
Land	Veröffentlichung
Deutschland, Österreich, Schweiz *an der Börse*	Gesellschaften, deren Anteile an der Börse gehandelt werden, veröffentlichen den Abschluss binnen weniger Tage nach der Feststellung auf ihrer Homepage.
Deutschland *nicht an der Börse*	Der deutsche Mittelstand lädt ihn in der Regel zwölf Monate nach dem Abschlussstichtag in den Bundesanzeiger hoch, wo alle Menschen mit Zugang zum Internet ihn kostenlos betrachten können.
Österreich *nicht an der Börse*	Österreichische Firmen veröffentlichen ihre Abschlüsse im Firmengrundbuch, wo alle Menschen Einsicht nehmen können, die eine Bezahlschranke öffnen. Wer sich beispielsweise für die Abschlüsse der *Signa-Holding* von René Benko interessiert, kann diese für 10,81 EUR erwerben – pro Abschlussjahr. Das Konzept entspricht in etwa der Maut für Autobahnen.
Schweiz *nicht an der Börse*	In der Schweiz müssen Abschlüsse innerhalb von sechs Monaten zum Firmenbuch eingereicht werden. Es gibt ein paar fundamentale Informationen über Unternehmen preis, wie beispielsweise die Adresse, nicht jedoch den Jahresabschluss. Die Gesellschafter erhalten selbstverständlich die Abschlüsse, aber die anlasslose einfache Neugier eines Nicht-Gesellschafters befriedigt das Firmenbuch nicht, auch nicht für Geld. Von Weitem grüßt die legendäre Schweizer Verschwiegenheit.

Abb. 7: DACH-Veröffentlichungen

unserer Arbeit nachgehen. Seither wurde die Schraube immer weiter angezogen. Heutzutage sind die Abschlussarbeiten der Tochtergesellschaften eines Konzerns am dritten Arbeitstag nach dem Ende des Vormonats fertig. Dies ist ein populärer Standard, von dem abzuweichen schlechterdings keine Option ist. Dann kann die Konzernbuchhaltung aus den Einzelabschlüssen der Tochterunternehmen das gesamte Bild für alle Unternehmen des Konzerns herleiten, Bewertungsfragen klären, die Arbeit mit der Wirtschaftsprüfung abschließen und zügig veröffentlichen.

Was also sind die Leitplanken für die Frage, wie schnell es mit dem Abschluss gehen muss?

Wesentliche Gesetze mit Vorschriften zu Bilanzierung und Veröffentlichung (Auswahl in historischer Reihenfolge)

OR (Schweiz)
Obligationenrecht, erste Fassung 1881, wirksam seit 1883. Ebenfalls auf Französisch und Italienisch verfasst.

HGB (Deutschland)
Handelsgesetzbuch, erlassen 1897, wirksam seit 1900.

UGB (Österreich)
Unternehmensgesetzbuch, zunächst abgeleitet aus dem deutschen HGB, 1938 in Österreich eingeführt, seit 2007 mit dem heutigen Gesetzestitel.

Abb. 8: Die maßgeblichen Gesetze deutscher Sprache.

Neben den Empfehlungen des »Deutschen Corporate Governance Kodex« gibt es eine Reihe harter gesetzlicher Vorgaben, die sich auf die einzelnen Schritte für die Herstellung eines Jahresabschlusses beziehen. Die Schritte bestehen der Reihe nach aus Aufstellung, Prüfung, Feststellung und Veröffentlichung:

- Zuerst stellt die Buchhaltung im Auftrag der Geschäftsführung den Abschluss auf.
  Dafür hat sie drei Monate Zeit, in kleinen Gesellschaften sechs Monate (§ 264 HGB); das Arbeitsergebnis ist zu dem Zeitpunkt weder geprüft noch veröffentlicht, aber die Geschäftsleitung und andere interessierte Kreise könnten ein

erstes Resultat würdigen sowie gegebenenfalls noch die eine oder andere Anpassung anregen.

- Nach dem Aufstellen prüft die Wirtschaftsprüfung den Abschluss, und zwar entweder freiwillig bei kleinen Kapitalgesellschaften oder gesetzlich vorgeschrieben für alle anderen (§ 316 HGB).
- Nach der Prüfung erfolgt die Feststellung. Sie stellt den offiziellen Segen durch die Gesellschafterversammlung oder den Aufsichtsrat dar, der innerhalb von acht Monaten, bei kleinen Gesellschaften innerhalb von elf Monaten, erteilt werden muss (§ 42a GmbH).
- Die Veröffentlichung schließlich muss innerhalb von zwölf Monaten erfolgen (§ 325 HGB).
- Für börsennotierte Gesellschaften schreibt das Gesetz vor, dass der Abschluss vier Monate nach dem Stichtag öffentlich verfügbar sein muss (§ 325 HGB).

Die überwiegende Mehrzahl der Unternehmen hat mit diesen Fristen kein Problem, gute Unternehmen des Mittelstandes sind Ende Februar mit dem Jahresabschluss fertig, der Prüfer darf sich das Ganze ein paar Tage ansehen, wofür er unter Murren der Eigentümer ca. 20.000 EUR oder mehr erhält, und spätestens im April möchte der Unternehmer oder die Unternehmerin nichts mehr vom Vorjahr wissen.

Aber Katastrophen bereiten mitunter auch den besten Absichten ganz erhebliche Schwierigkeiten auf dem Weg zu einem schnellen Abschluss; die gravierendste Schwierigkeit ist die bedrohte Zahlungsfähigkeit eines Unternehmens.

Das Risiko einer möglichen Zahlungsunfähigkeit ist die größte Abschlussbremse

Das Schlimmste, was einem Unternehmen zustoßen kann, ist die Zahlungsunfähigkeit. Ein Unternehmen, das keine Löhne und Gehälter mehr bezahlen kann und dessen Lieferanten auf ihren

Rechnungen sitzen bleiben, muss beim Amtsgericht einen Antrag auf Insolvenz stellen. Dann ist die Reise erst einmal zu Ende, und die Insolvenzverwaltung prüft, ob und wie es eine Zukunft für das Unternehmen gibt.

Die Zahlungsunfähigkeit kann zur Beendigung der bisherigen Wirtschaftstätigkeit führen, die wichtigste Annahme eines Jahresabschlusses hingegen besteht in der sogenannten Fortführungsprämisse. Wenn der Jahresabschluss dem Bau eines Hauses entspricht, dann ähnelt die Fortführungsprämisse dessen Fundament. Kein Mensch – jedenfalls kein seriöser – würde eine kostspielige Maschine erwerben, Menschen einstellen, Mietverträge abschließen, Leistungen versprechen, Werbung machen oder eine Kantine betreiben, wenn das Unternehmen nur noch wenige Monate zu leben hat.

Nur wenn die Fortführung des Unternehmens gewährleistet ist, können Fachleute der Versicherungswirtschaft die Pensionsverpflichtungen kommender Jahre ausrechnen, nur dann denken Techniker und Ingenieure über Investitionen in neue Maschinen nach, und die Buchhaltung verteilt deren Anschaffungskosten per Abschreibungen auf die Jahre der Nutzung und so weiter. Daher ist das wichtigste Prinzip bei der Bewertung von Vermögen und Schulden in einem Unternehmen die Fortführungsprämisse. Sie steht in den Gesetzen vieler Länder und heißt in internationalen Bilanzierungsvorschriften »Going Concern Principle«. Die Alter-

Das Fundament
Deutschland, HGB, § 252 und wortgleich Österreich, UGB, § 201:
»Bei der Bewertung ist von der Fortführung des Unternehmens auszugehen.«
Schweiz, Obligationenrecht – Art. 958a:
»Die Rechnungslegung beruht auf der Annahme, dass das Unternehmen auf absehbare Zeit fortgeführt wird.«
International Financial Reporting Standards (IFRS)
»Going Concern Principle.«

Abb. 9: Formulierungen zur Fortführungsprämisse

native zur Fortführungsprämisse ist die Zerschlagungsprämisse, die sich unmittelbar nach einer Insolvenz nicht durchgängig vermeiden lässt. Dann kommt es zum Verkauf des gesamten Vermögens, weswegen die Vermögensgegenstände mit mutmaßlichen Verkaufspreisen in der Bilanz stehen. Für die Ermittlung dieser Werte gibt es spezielle Fachleute, die die Insolvenzverwaltung in solchen Situationen einschaltet.

Ereignisse, die das Fundament erschüttern

Zahlungsunfähigkeit

Offizieller Auslöser der Pflicht, eine Insolvenz zu beantragen.

Drohende Zahlungsunfähigkeit

Offizieller Auslöser der Pflicht, eine Insolvenz zu beantragen, sofern sich die drohende Zahlungsunfähigkeit nicht abwenden lässt.

Verletzung der Covenants

Covenants sind Nebenbedingungen in Kreditverträgen, deren Verletzung die Neuverhandlung der Kreditverträge mit den Banken auslöst. Ohne Unterschrift auf den neuen Verträgen ist die Fortführungsprämisse zumindest infrage gestellt.

Abb. 10: Gefährdung der Fortführungsprämisse

Die Fortführungsprämisse ist immer und bei jeder Prüfung ein sehr wichtiger Prüfungsgegenstand der Prüfungsgesellschaft, auch bei den gesündesten Unternehmen. Der Betrachtungszeitraum der Wirtschaftsprüfung sind dafür die 18 Monate, die auf das Datum des Testates folgen. Nur wenn ein Unternehmen für diesen Zeitraum nachweisen kann, dass jederzeit ausreichend Geld zur Bezahlung der Rechnungen, der Löhne und Gehälter zur Verfügung steht, ist die Fortführung des Unternehmens gesichert. Nur dann stimmen Zahlen des Abschlusses, die sich auf mehrere Geschäftsjahre der Zukunft beziehen. Kurz: Nur mit nachgewiesener Fortführungsprämisse ist ein Abschluss korrekt, und nur dann kann ihn die Wirtschaftsprüfung unterzeichnen.

Die Frage nach der Fortführungsprämisse hat während der Coronapandemie im Einzelhandel enorme Bedeutung gewonnen.

Das sieht man gut an dem Jahresabschluss 2019 von *Swarovski Deutschland*. Die Firma verkauft Schmuck und Accessoires, deren Steine sich durch ihren hochwertigen Schliff auszeichnen. Die Produkte werden online und im Einzelhandel verkauft. Die Geschäfte im Jahr 2019 waren gut gelaufen, aber während der Erstellung des Abschlusses im Jahr 2020 verursachte die Coronapandemie die Schließung vieler Geschäfte und führte daher zu deutlichen Umsatzausfällen. Damit stand während der Bilanzierung die Frage im Raum, ob es *Swarovski Deutschland* mit Sitz in Kaufbeuren schaffen würde, den Geschäftsbetrieb fortzusetzen.

Die Muttergesellschaft von *Swarovski Deutschland* hat ihren Sitz in der Schweiz. Sie hat am 11. November 2020 eine sogenannte Patronatserklärung abgegeben, der zufolge sie ihre deutsche Tochtergesellschaft jederzeit mit ausreichend Liquidität ausstatten würde, damit diese ihren Zahlungsverpflichtungen nachkommen kann. Am gleichen Tag haben die beiden Wirtschaftsprüfer der Prüfungsgesellschaft *Ernst & Young GmbH* den Abschluss unterschrieben, ganze 316 Tage nach dem Stichtag und knapp drei Monate nach dem gesetzlich vorgeschriebenen Termin für die Feststellung.

Ein persönliches Beispiel:

Vom Juni 2018 bis zum Dezember 2019 arbeitete ich als Finanzdirektor für die Firma *Vapiano* und verantwortete in dieser Position die Jahresabschlüsse der über 100 Tochtergesellschaften und den Konzernabschluss, der die Einzelabschlüsse zu einem großen Ganzen zusammenfasst. *Vapiano* hatte ein innovatives Gastronomiekonzept entwickelt: Die Köchinnen und Köche bereiten das vorwiegend italienische Essen frisch vor den Augen der Gäste zu. Das Konzept war erfolgreich, die Restaurants der Kette expandierten auf der ganzen Welt. Die Expansion kostete Geld, viel Geld. Es stammte von Aktionären, die Aktien des Unternehmens erworben hatten, und von Banken in der Form von Darlehen. Als wir den Konzernabschluss für das Jahr 2018 aufstellten, zeigte sich, dass einige Nebenbedingungen der Kreditverträge nicht eingehalten worden waren. In Kreditverträgen vereinbaren die Banken mit den Unternehmen, wie viel Geld die Bank dem Unternehmen leiht, wie hoch der Zinssatz ist und mit welchen Raten innerhalb welcher Zeit das Unternehmen die Darlehen wieder tilgt. Zusätzlich empfinden Banken ein gewisses Bedürfnis der Absicherung, weswegen sie Nebenbedingungen durchsetzen, die sogenannten Covenants. Beispielsweise vereinbaren sie, dass der Gewinn doppelt so hoch sein muss wie die jährlich zu bezahlenden Zinsen. Andere Covenants können darin bestehen, dass das Unternehmen nicht nur jährlich, sondern halbjährlich oder pro Quartal den Banken einen Abschluss zur Verfügung stellen muss. Kann ein Unternehmen so eine Nebenbedingung nicht einhalten, hat die Bank theoretisch das Recht, den Kredit fällig zu stellen; theoretisch deswegen, weil dieses Fälligstellen nicht ganz so einfach ist, solange der Kunde die Zinsen bezahlt und die vereinbarten Kreditraten tilgt. Praktisch jedoch führt eine Verletzung der Covenants zu Verhandlungen mit den finanzierenden Banken, die dabei ihr Sicherungsbedürfnis erheblich ausweiten. Die Verhandlungen münden in neue Finanzierungsverträge mit angepassten, ausgesetzten, überarbeiteten oder völlig neu verhandelten Covenants. Bis die Banken und Unternehmen die neuen Kreditverträge unterzeichnen, steht die Fortführungsprämisse auf tönernen Füßen, und kein Wirtschaftsprüfer und keine Wirtschaftsprüferin würde den Abschluss unterzeichnen.

Der Abschluss von *Vapiano* war fertig, aber die Verhandlungen zogen sich hin. Die 90 Tage gemäß DCGK verstrichen, und die Verhandlungen gingen immer noch weiter. Es interessiert Banken nicht, ob ihr Kunde mit Veröffentlichungsfristen unter Druck gerät, denn das ist ganz allein sein Problem und nicht ihres. Die gesetzlich vorgeschriebene Frist von vier Monaten verstrich ebenfalls. Wer auch immer am 30. 4. 2019 den Abschluss von *Vapiano* für das Jahr 2018 suchte, konnte ihn nirgends finden. Am 16. Juni dann endlich leisteten die Vertreter der Banken ihre autorisierten Unterschriften mit Tinte auf dem Papier der neuen Finanzierungsverträge. Einen Tag später, am 17. Juni 2019, stellte der Vorstand den Konzernabschluss fest, den die Wirtschaftsprüfung am gleichen Tag unterzeichnete. Wenige Tage später waren wir mit unserem Abschluss online. Wir fühlten uns alle urlaubsreif, aber dem veröffentlichten Abschluss lag eine valide Fortführungsprämisse zugrunde. Später stellte sich allerdings heraus, dass die Untersuchung der Zahlungsfähigkeit die Rechnung ohne die Coronapandemie gemacht hatte, die *Vapiano* im Mai 2020 dann doch zwang, ein Insolvenzverfahren zu beantragen.

Folgende Schlussfolgerung bietet sich an:

Ein Unternehmen, das nicht fristgemäß veröffentlicht beziehungsweise die Unterschrift des Prüfers unter den Abschluss nicht rechtzeitig bekommt, hat ein fortführungsrelevantes Problem, und zwar in der Regel mit der Finanzierung beziehungsweise der ungeklärten Zahlungsfähigkeit.

Hierzu ein internationales Beispiel, das die Medien beschäftigt hat:

Evergrande ist die zweitgrößte Immobilienfirma Chinas (gemessen am Umsatz) und hält darüber hinaus Beteiligungen an anderen Unternehmen, etwa in der Automobilbranche. Dem Internet ist zu entnehmen, dass *Evergrande* von 2018 bis 2021 das wertvollste Unternehmen der Welt war. Am 22. März 2022 steht im SPIEGEL:

> »Evergrande *kann Jahresergebnis nicht rechtzeitig vorlegen*
> *Wegen der andauernden Schwierigkeiten mit der eigenen Zahlungsfähigkeit verpasst der Immobilienkonzern die Frist für seinen Jahresabschluss.*«

Übersetzt: Das Unternehmen konnte nicht belegen, dass es innerhalb der nächsten 18 Monate jederzeit seine Rechnungen bezahlen kann. Dieser Unsicherheitsfaktor erschütterte die Fortführungsprämisse, weswegen die Wirtschaftsprüfung den Abschluss nicht unterzeichnete. Würde *Evergrande* ihn dennoch veröffentlichen, wäre er falsch, da seine wichtigste Annahme nicht belegbar wäre. Seither kämpft *Evergrande* um seine Existenz. Man liest vom Verkauf wertvoller Immobilien in Shenzhen, einer bedeutenden Stadt neben Hongkong. Im August 2023 hat *Evergrande* für sein Geschäft in den USA Gläubigerschutz beantragt, weil es seine Rechnungen nicht mehr bezahlen konnte. Für das erste Halbjahr 2023 meldete *Evergrande* im Vergleich zum Vorjahr eine Halbierung seines Verlustes auf »lediglich« 4,2 Milliarden EUR, der Börsenwert, der im Jahr 2017 noch etwa 50 Milliarden EUR betragen hatte, lag nun bei etwa 342 Millionen EUR. Im September 2023 liest man, der Vorstandsvorsitzende stünde in China unter polizeilicher Aufsicht. Die Geschichte wird zeigen, wie es ausgeht; den Beginn von *Evergrandes* Krise markiert die verspätete Veröffentlichung des Jahresabschlusses für das Jahr 2021.

Auch die Musterknaben der Bilanzgeschwindigkeit haben Ärger

Es gibt alte, reife, erprobte und durchorganisierte Unternehmen, wie beispielsweise die Firma *Henkel* mit ihren bekannten Marken Persil und Schwarzkopf. *Henkel* wurde am 26. September 1876 gegründet, man hatte also viel Zeit, den Jahresabschlussprozess einzuüben. Seit dem Berichtsjahr 2003, somit seit zwei Jahrzehnten, unterschrieb die Wirtschaftsprüfung den Abschluss jeweils im darauffolgenden Januar, somit maximal 31 Tage nach dem Stichtag. Interessant sind dabei die Wochentage, die Abb. 11 auflistet.

Der unbedingte Wille, im Januar zu unterzeichnen, zieht sich erkennbar durch die Jahre. Die Prüfer setzten die Unterschrift zudem nie an einem Wochenende. Nur dreimal testierten die Prüfer am letzten Tag des Monats. Und nur einmal, das allerletzte Mal dieser Tabelle, war es ein Sonntag! Den Montag im Februar abzuwarten, hätte die ehernen Gewohnheiten von *Henkel* erschüttert, was Arbeit am Wochenende auslöste.

Es dürfte den Aufsichtsrat der Firma *Henkel* nicht erfreut haben. Irgendetwas ist für den Abschluss 2020 also fürchterlich schiefgegangen. Es ist offensichtlich: Den Abschluss 2020 prüfte erstmals die Prüfungsgesellschaft *PwC*, während in den Vorjahren *KPMG* unterschrieben hatte. Obwohl *PwC* danach schon mehr Übung hatte, wurde es jedoch nicht besser, wie Abb. 12 verdeutlicht.

Nach einer weiteren Sonntagsunterschrift folgte der Traditionsbruch. Den Abschluss des Jahres 2022 hat *PwC* im Februar 2023

Wann und warum arbeitet
Wirtschaftsprüfung am Wochenende?

Abschluss	Datum des Testats	Wochentag	Prüfungsgesellschaft
2000	27.02.2001	Dienstag	KPMG
2001	14.02.2002	Donnerstag	KPMG
2002	07.02.2003	Freitag	KPMG
2003	30.01.2004	Freitag	KPMG
2004	28.01.2005	Freitag	KPMG
2005	30.01.2006	Montag	KPMG
2006	30.01.2007	Dienstag	KPMG
2007	31.01.2008	Donnerstag	KPMG
2008	30.01.2009	Freitag	KPMG
2009	29.01.2010	Freitag	KPMG
2010	28.01.2011	Freitag	KPMG
2011	27.01.2012	Freitag	KPMG
2012	28.01.2013	Montag	KPMG
2013	30.01.2014	Donnerstag	KPMG
2014	30.01.2015	Freitag	KPMG
2015	29.01.2016	Freitag	KPMG
2016	30.01.2017	Montag	KPMG
2017	30.01.2018	Dienstag	KPMG
2018	31.01.2019	Donnerstag	KPMG
2019	30.01.2020	Donnerstag	KPMG
2020	31.01.2021	Sonntag	PwC

Abb. 11: Henkel – Wochentage

unterzeichnet, einem Dienstag. Man wüsste zu gern, was genau geschehen ist. Der Jahresabschluss gewährt hierzu keinen Aufschluss, sodass nur Spekulation bleibt. Vielleicht hat sich die Wirtschaftsprüfung mit dem Aufsichtsrat einvernehmlich darauf verständigt, den unwürdigen Zeitdruck, der in Arbeit an Wochenenden mündete, zu beenden und angesichts immer weiter steigender An-

Wann hat *PwC* die Tradition gebrochen?

Abschluss	Datum des Testats	Wochentag	Prüfungs-gesellschaft
2021	30.01.2022	Sonntag	PwC
2022	07.02.2023	Dienstag	PwC

Abb. 12: Henkel – Wochentage 2022 und 2023

forderungen an Prüfung und Jahresabschluss ein Testat im Februar bedauernd hinzunehmen. Für diese Argumentation spräche, dass *Henkel* damit immer noch zu den schnellsten Gesellschaften zählt. Oder der Prüfer hat sich positioniert: Einem Prüfer kann es schlicht und ergreifend völlig egal sein, mit welchen Traditionen oder Methoden seiner Vorgänger er bricht. Er unterzeichnet das Testat, nachdem er sich eine Meinung gebildet hat, er muss sich dabei seinerseits kontrollieren lassen und ist rechenschaftspflichtig für sein Testat. Im Zweifel sind unangenehme Instanzen oder Vorgesetzte hinter ihm her, wenn Zweifel an der Sorgfalt der Prüfung entstehen. Insofern entscheidet ein Prüfer vollkommen souverän, wann und auf welcher Grundlage er den Abschluss unterzeichnet. Allenfalls könnte der Aufsichtsrat als Auftraggeber der Prüfung erwägen, künftig eine andere Gesellschaft mit der Prüfung zu beauftragen oder auf anderen handelnden Personen der Prüfungsgesellschaft zu bestehen. Warten wir also auf den Februar 2024 und sehen nach, wer genau den Abschluss an welchem Tag unterzeichnet hat. Es bleibt bei *Henkel* auf höchstem Niveau spannend.

Die erste Frage an jeden Jahresabschluss

In einer inoffiziellen Umfrage habe ich Wirtschaftsprüferinnen und Wirtschaftsprüfern folgende Frage gestellt:

Wenn Sie sich über ein Unternehmen informieren möchten, welche Frage stellen Sie zuerst?

Die Fachleute antworteten mit verschiedenen Lösungen. Es folgen Auszüge – in eckigen Klammern steht die vermutete Intention der Antwort:

- Wie entwickeln sich die Vorräte? [Bleibt das Unternehmen auf seiner Ware sitzen?]
- Wie hoch ist der Umsatz? [Um was geht es eigentlich?]
- Wie ist es um das Eigenkapital bestellt? [Ist das Unternehmen in der Krise oder nicht?]
- Welchen Eindruck macht die Homepage? [Wie modern ist die Selbstdarstellung?]
- Von wem wird das Unternehmen geprüft? [Gibt es etwas zu holen?]
- Wie hoch ist die Bilanzsumme? [Wie groß ist das Unternehmen?]
- Macht das Unternehmen Gewinn oder Verlust? [Wie geht es dem Unternehmen?]
- Wie verhalten sich die abgegebenen Prognosen zu den tatsächlichen Resultaten? [Wie beherrscht das Unternehmen sein Geschäft?]

Das sind alles intelligente Fragen, aber keine davon ist die erste Frage, die man stellen sollte. Die erste Frage lautet:

Wie viele Tage hat es gedauert, bis die Wirtschaftsprüfung den letzten Jahresabschluss unterzeichnet hat?

Die Unterfragen dazu sind:

- Wenn das Unternehmen nicht prüfungspflichtig ist – nach wie vielen Tagen hat die Gesellschafterversammlung den Abschluss festgestellt?
- Wie ändert sich die Anzahl der Tage im Zeitablauf?

Die Prüfungsgesellschaften börsennotierter Unternehmen testieren im Durchschnitt nach 60 Tagen, somit zwei Monate nach Ende des Geschäftsjahres. Diese Zahl ist in den letzten Jahren relativ konstant geblieben, wie die erste Tabelle im Anhang zeigt. Was für DAX-Unternehmen gilt, trifft in gleicher Weise für Unternehmen des Mittelstands zu. Die Vorteile schneller Abschlusserstellung liegen auf der Hand:

- Alle Unternehmen, die vor dem 24. Februar 2022 die Unterschrift des Prüfers unter ihrem Abschluss hatten, ersparten sich die Diskussion der Folgen des Ukrainekrieges für ihr Geschäftsmodell im Lagebericht.
- Alle Unternehmen, die vor Mitte März 2020 fertig geworden sind, ersparten sich die Diskussionen um die Konsequenzen der Coronapandemie, die – wie wir sehen konnten – im Fall von *Swarovski* gut 300 Tage andauerte.

Die Buchhaltungen der Unternehmen, die Steuerberatung und die Wirtschaftsprüfung haben keine Schwierigkeiten, den Abschluss des Vorjahres offenzulassen. Je länger er offen ist, desto länger können sich Entwicklungen bestätigen, die bestimmte Positionen und Abschätzungen erhärten oder auch widerlegen. Alle Aussagen, die sich auf die Zukunft beziehen, lassen sich umso sicherer bestätigen, je mehr Zeit ins Land geht. Steuerberatung und Wirtschaftsprüfung rechnen ihre Leistungen auf Stundenbasis ab; es mag also sein, dass es in gewisser Weise zum wirtschaftlichen Wohlergehen der Fachleute beiträgt, wenn sie in Sorge um die Darstellung der tatsächlichen Verhältnisse den Abschluss des Vorjahres im Licht aktueller Entwicklungen immer weiter diskutieren. Damit kann man sich in Extremfällen jahrelang beschäftigen.

Nicht nur Unternehmen an der Börse, sondern auch der gut sortierte Mittelstand macht die Bücher des Vorjahres zu, so schnell es geht. Es ist schwierig genug, dramatische Entwicklungen der realen Welt unternehmerisch abzufangen und damit umzugehen. Zusätzliche Belastungen durch episch lange Diskussionen diverser Risiken und deren Abbildung im Jahresabschluss vermeiden Unternehmen egal welcher Größe, indem sie ihren Abschluss bis spätestens Ende Februar fertigstellen. Dafür kommt es allein auf den unbedingten Willen des Unternehmens an, dieses Ziel zu erreichen. Der Weg dorthin führt über schnelle Monatsabschlüsse. In meiner Praxis als Unternehmensberater empfehle ich meinen Kunden, ihre Monatsabschlüsse spätestens zum 5. bis 8. Arbeitstag des Folgemonats zu erstellen und alles, was damit zusammenhängt, im Kreis der Geschäftsführung gleichen Tags zu diskutieren. Die Geschäftsführung hinterfragt die Zahlen, die Buchhaltung berichtet über den Prozess der Abschlusserstellung, die beiden Institutionen synchronisieren sich bei dieser Gelegenheit. Regelmäßig führt dies dazu, dass die Unternehmen kritische Entwicklungen im Unternehmen und außerhalb rechtzeitig erkennen und – darauf kommt es an – reagieren können. Der Dezemberabschluss verwandelt sich auf der Basis dieser Vorgehensweise mühelos und frei von Überraschungen in den Jahresabschluss. Wer all dies rechtzeitig mit Steuerberatung und Wirtschaftsprüfung plant, kann den Jahresabschluss mit etwas Übung spätestens Ende Februar unterschrieben zu den Akten legen. Im Verlauf des Jahres entstaubt ihn die Buchhaltung für die Gesellschafterversammlung, und die Steuerberatung lädt ihn Ende Dezember in den Bundesanzeiger hoch.

Nicht nur für große börsengehandelte Unternehmen, sondern für jedes Unternehmen des Mittelstandes, also für alle Unternehmen, gilt: Je schneller der Abschluss fertig ist, desto besser. Die Frage nach der Geschwindigkeit der Abschlusserstellung ist die relevanteste, wichtigste, bedeutendste, interessanteste, dramatischste und daher immer, wirklich immer, die erste Frage, die sich bei jeder Abschlussanalyse stellt.

Die zweite Frage betrifft die Qualität des Abschlusses und ist Gegenstand des nächsten Abschnittes.

Die Wirtschaftsprüfung – teuer bezahlt, unterschätzt und zu oft überlesen

Die Zahlen eines Jahresabschlusses entscheiden über den Wohlstand der Beteiligten. Gesellschafter wünschen sich hohe Gewinnausschüttungen, das Management freut sich über gewinnabhängige Bonuszahlungen, die Gewerkschaften streiten für höhere Löhne und Gehälter, Banken interessieren sich für die Sicherheit ihrer Darlehen, Lieferanten erwarten die Bezahlung ihrer Rechnungen, Kunden brauchen Versorgungssicherheit, Finanzämter möchten ihren Teil vom Erfolg abhaben, und alles hängt vom Zustand des Unternehmens ab, den es im Jahresabschluss berichtet. Im Auge dieses Sturms: die Finanzbuchhaltung.

Es gibt fast keine Zahl des Rechenwerkes, deren Entwicklung nicht zum Vorteil oder Nachteil der genannten Interessengruppen gereicht, weswegen diese gegebenenfalls mit einer gehörigen Portion Misstrauen und vor allem mit Argusaugen dem Abschluss ihre Aufmerksamkeit widmen. Diese Argusaugen sind die Wirtschaftsprüferinnen und Wirtschaftsprüfer, die sämtliche Details eines Jahresabschlusses auf ihre Richtigkeit hin untersuchen, sich dabei eine Meinung bilden und diese in der Form eines sogenannten Testates zum Ausdruck bringen.

Oder auch nicht.

Oder nicht ganz.

Die Eigentümer eines Unternehmens (bei großen Aktiengesellschaften vertreten durch den Aufsichtsrat) beauftragen die Wirtschaftsprüfung, und sie erhalten unweigerlich eines von drei Resultaten:

- ein Testat ohne Einschränkungen
- ein Testat mit Einschränkungen
- kein Testat.

Nach der Beauftragung kommt das Unternehmen aus der Nummer nicht mehr raus. Es ist beispielsweise unmöglich, dass die Prüfungsgesellschaft die Prüfung ergebnislos abbricht, weil sie vielleicht keine Lust mehr hat oder die Gesellschafter sich wegen der vermeintlich impertinenten Fragen des handelnden Personals doch lieber einen anderen Prüfer suchen oder weil man aus egal welchen Gründen einvernehmlich beschließt, die Prüfung nicht fortzusetzen. Was auch immer geschieht, am Ende erteilt die

Wirtschaftsprüfung das Testat, schränkt es ein oder versagt es. Dies teilt sie dem Unternehmen mit in einem sogenannten »Vermerk über die Prüfung des Jahresabschlusses« (oder des Konzernabschlusses). Den Vermerk findet man in jedem geprüften Abschluss sehr schnell, da das Inhaltsverzeichnis unter der Überschrift »Bestätigungsvermerk des unabhängigen Abschlussprüfers« den Weg weist.

Wer wird geprüft?
Die Pflicht zur Prüfung setzt ein, wenn eine GmbH eine »Mittlere Kapitalgesellschaft« oder größer ist.
Dafür muss sie zwei der folgenden drei Kriterien erfüllen (an zwei Stichtagen hintereinander):

- über 6 Mio. € Bilanzsumme
- über 12 Mio. € Umsatz
- über 50 Mitarbeiter

Abb. 13: Kriterien Prüfungspflicht

In den allermeisten Fällen testiert die Wirtschaftsprüfung uneingeschränkt. Je größer das geprüfte Unternehmen ist, desto umfangreicher fällt der Text des Testates aus. Die Prüfer müssen sicherstellen, dass der Umfang des Testates zur Größe des Unternehmens passt. Damit sie dabei nicht den Überblick verlieren, bedienen sie sich einer Software mit dem Namen Bestätigungsvermerk-Generator. Der Generator enthält alle erforderlichen Textbausteine, darunter auch einen, der die Leserinnen und Leser über das Ziel der Prüfung aufklärt (hier mit Kürzungen zum Zweck besserer Lesbarkeit):

> *»Unsere Zielsetzung ist, hinreichende Sicherheit darüber zu erlangen, ob der Abschluss frei von wesentlichen falschen Darstellungen ist.*
> *Hinreichende Sicherheit ist ein hohes Maß an Sicherheit, aber keine Garantie dafür, dass eine Prüfung eine wesentliche falsche Darstellung stets aufdeckt.«*

Die Wirtschaftsprüfungsgesellschaft *EY* hat diesen Text im uneingeschränkten Testat von *Wirecard* untergebracht. Sie hat ihn nicht spezifisch für *Wirecard* verfasst, wie man argwöhnen könnte, vielmehr handelt es sich um eine Standardformulierung, die sich unter allen Abschlüssen vergleichbarer Größe findet. Im Fall von *Wirecard* hat die Formulierung höchste Brisanz, weil alle Welt sich die Frage stellt, warum die Prüfungsgesellschaft die Betrügerei bei *Wirecard* nicht rechtzeitig gefunden hat. Die Antwort lautet, dass die Prüfung keine Garantie bietet, weil das nun einmal gar nicht das Ziel ist.

Gegebenenfalls enthalten auch uneingeschränkte Testate zusätzliche Hinweise auf besondere Sachverhalte, wie beispielsweise die Diesel-Probleme von *Volkswagen* oder Risiken der Fortführung bei *Swarovski*. Diese Hinweise ergänzen das Testat, sind immer ein Anlass, aufzumerken, aber Hinweise schränken das Testat nicht ein.

Im Testat von *Wirecard* für den Jahresabschluss 2018 findet sich folgende Hinweishervorhebung (Kürzungen zum Zweck der Lesbarkeit):

> *»Hinweis zur Hervorhebung einer Sachverhalts – Behandlung der Beschuldigungen eines Hinweisgebers in Singapur in der Rechnungslegung*
> *Die Hinweise betrafen vor allem Scheingeschäfte bei der Beschaffung und dem Verkauf von Software und auch damit verbundene Kreislaufzahlungen. Ferner wurde die Rechtmäßigkeit von Zahlungen bzw. die ökonomische Substanz von Verträgen in Abrede gestellt …*
>
> *Auf Grundlage der in dem Konzernabschluss und dem Konzernlagebericht dargestellten Sachverhalte sowie der bisherigen Ergebnisse der eingeleiteten Maßnahmen zur Aufklärung dieser Sachverhalte gibt es derzeit keine Bestätigung dafür, dass Korrekturen oder weitere Angaben im Konzernabschluss und Konzernlagebericht für das Geschäftsjahr 2018 vorzunehmen wären …*

> *Aufgrund der Unsicherheiten … kann nicht ausgeschlossen werden, dass Einschätzungen zu den Auswirkungen der dargestellten Sachverhalte auf die Rechnungslegung zukünftig anders ausfallen können.«*

Kurz: Es gab Hinweise auf Scheingeschäfte, Kreislaufzahlungen und fragliche ökonomische Substanz. Jedoch fand *EY* keine Bestätigung, die Korrekturen im Abschluss erfordert hätte. Aber *EY* schließt Änderungen dieser Einschätzung nicht aus.

Sage niemand, die Arbeit der Wirtschaftsprüfung habe keine Warnungen hervorgebracht!

Bestimmte Formulierungen finden sich teils wortgleich in anderen Hinweishervorhebungen, nun für das Beispiel *Volkswagen*, wo die Wirtschaftsprüfung zur möglichen Beteiligung des Vorstandes an der Manipulation von Dieselmotoren Stellung nimmt:

> *»Hinweis zur Hervorhebung eines Sachverhalts – Dieselthematik*
> *Auf Grundlage der … bisherigen Ergebnisse … gibt es unverändert keine Bestätigung dafür, dass Vorstandsmitglieder der Gesellschaft vor Sommer 2015 Kenntnis von der bewussten Manipulation von Steuerungssoftware hatten … Neue Erkenntnisse … könnten Auswirkungen auf den Konzernabschluss … haben.«*

Die Formulierung, dass es keine Bestätigung für bestimmte Sachverhalte gibt, repräsentiert das Wesen der Prüfung. Gibt es Belege? Lässt sich etwas mit Unterlagen bestätigen? Wenn nicht, kann ein Thema für die Prüfer bereits erledigt sein, denn sie sind keine Staatsanwälte, die Bilanzpositionen mit Hausdurchsuchungen absichern können. Angesichts der Bedeutung des Dieselproblems wäre es andererseits unangemessen, wenn die Prüfungsgesellschaft keine Stellung beziehen würde. Sie tut es im Rahmen ihrer Möglichkeiten. Obige Formulierung findet sich wortgleich in den *Volkswagen*-Abschlüssen 2015 bis 2019. Danach, also ab dem Berichtsjahr 2020, führt die sogenannte Dieselthematik nicht mehr zu einer Hinweishervorhebung, sie ist nur noch eines von mehreren Themen, die die Prüfungsgesellschaft nachvollziehbarerweise als Prüfungsschwerpunkt benennen. Business as usual für *Volkswagen* seit 2020.

Das Testat schränken Prüfungsgesellschaften ein, wenn sie bestimmte Informationen nicht erhalten. Es mag beispielsweise sein, dass die Geschäftsführung partout nicht darüber berichten möchte, wie viel sie verdient. Dann findet sich im Abschluss die Information über den gesamten Personalaufwand, nicht jedoch die Information über die Gehälter der Chefetage. Die Prüfung schränkt ihr Testat mit folgenden Worten ein:

> *»Grundlage für das eingeschränkte Prüfungsurteil zum Jahresabschluss und für das Prüfungsurteil zum Lagebericht*
> *Entgegen § 285 Nr. 9 Buchstabe a) HGB wurden im Anhang die Gesamtbezüge der Geschäftsführer nicht angegeben.«*

Diese Einschränkung hat zunächst keine weiteren Konsequenzen. Wo kein Kläger, da kein Richter. Wenn dieses Unternehmen jedoch bei der Bank um einen Kredit nachsucht, wird es um die Preisgabe der Bezüge der Geschäftsführung nicht herumkommen. Es geht also immer um die Frage, was die Geschäftsführung eines Unternehmens mit dem geprüften Abschluss vorhat, welchem Zweck er dienen soll. Ein weiterer populärer Einschränkungsgrund besteht darin, dass die Prüferinnen an der Inventur nicht persönlich teilnehmen konnten. Das kommt routinemäßig dann vor, wenn ein Unternehmen infolge von Wachstum mit einem Mal die Größenkriterien erfüllt, die eine kleine Kapitalgesellschaft plötzlich in die Kategorie der sogenannten mittelgroßen Gesellschaften katapultieren. Erst nach dem letzten Tag des Geschäftsjahres, wenn die Buchhaltung alle Zahlen zusammenrechnet, kann das Unternehmen feststellen, dass es prüfungspflichtig ist, und dann ist es zu spät, um die Wirtschaftsprüfung an der Inventur teilnehmen zu lassen. Es kommt zu folgender Formulierung bei der Einschränkung des Testates:

> *»Grundlage für das eingeschränkte Prüfungsurteil zum Jahresabschluss und für das Prüfungsurteil zum Lagebericht*
> *Das Vorhandensein der ausgewiesenen Vorräte in Höhe von 3.637.797,56 Euro ist nicht hinreichend nachgewiesen, weil ich nicht an der Inventur teilnehmen und durch alternative Prüfungshandlungen keine hinreichende Sicherheit über den Bestand der Vorräte gewinnen konnte.«*

Diese Formulierungen findet man mit wenig Mühe auf der Homepage der Wirtschaftsprüferkammer. Sie veröffentlicht, säuberlich nach Geschäftsjahr sortiert, problematische Testate bei voller Nennung der Unternehmen und der Wirtschaftsprüferinnen bzw. Wirtschaftsprüfer. Wer sein Gefühl der Schadenfreude nähren möchte, sieht unter folgendem Pfad nach: Öffentlichkeit -> Berichte -> Berufsaufsicht -> Bericht [z. B. 2022] -> Anlage: Zusammenstellung der eingeschränkten oder ergänzten Bestätigungsvermerke (PDF).

Die Bezeichnung des Dokumentes ist nicht ganz vollständig, weil es nicht nur eingeschränkte oder ergänzte Bestätigungsvermerke enthält, sondern auch Testate, die vollständig versagt wurden. Zudem finden politisch interessierte Menschen unter dem Abschnitt »Ergänzungen bei Rechenschaftsberichten politischer Parteien« Hinweise auf die Prüfung besagter Berichte. Es ist etwas lästig, dass die Einträge nicht alphabetisch sortiert sind und es kein Inhaltsverzeichnis gibt. Bedauerlicherweise ist die Auflistung auch nicht vollständig, da die Wirtschaftsprüferkammer nur eine nach dem Zufallsprinzip zusammengestellte Stichprobe veröffentlicht. Es wäre schön, wenn es eine Übersicht sämtlicher eingeschränkter und versagter Testate gäbe, zu der die Öffentlichkeit und nicht nur die Wirtschaftsprüferkammer Zugang hätte. Möglicherweise bekäme die Frage eingeschränkter oder versagter Testate dann mehr Aufmerksamkeit. Zurzeit kommt es nur bei besonderen Einzelfällen zu größerer Berichterstattung. Ein spektakuläres Beispiel für ein versagtes Testat liefert die *Adler Group*, eine Immobiliengesellschaft.

Der Testatskrimi der *Adler Group*

Adler (Slogan: »Mehr Zukunft pro m²«) ist eine börsennotierte Gesellschaft, die laut Homepage in Deutschland ca. 26.250 Wohnungen vermietet. Die Geschichte der Gesellschaft beginnt mit ihrer Gründung am 13. November 2007 in Zypern unter der Firma *Swallowbird Trading & Investments Limited.* Acht Jahre später, am 8. Juni 2015, verlegte die Gesellschaft ihren Firmensitz nach Luxemburg und firmierte seither als *ADO Properties S.A.* Seit dem 29. September 2020 trägt sie den Namen *Adler Group S.A.*

Die Medien berichteten im Sommer des Jahres 2022, *Adler* habe Schwierigkeiten, einen Abschlussprüfer für ihren Konzernabschuss 2022 zu finden. *Adler* selbst macht aus diesem Problem kein Geheimnis, im Gegenteil, die folgenden Informationen stammen zum größten Teil aus dem Abschluss 2021 und dem Halbjahresabschluss für das Jahr 2022. Der Meinungsbildung des Publikums steht nichts im Weg.

Warum findet ein Konzern keinen Abschlussprüfer? Auf den ersten Blick mag dies verwundern, wo doch gelegentlich zu lesen ist, die Prüfungsgesellschaften würden sich gegenseitig die Mandate »wegschnappen«. Eine Formulierung, die insinuiert, die Prüfungsgesellschaften verhielten sich wie Hunde, die sich um einen leckeren Schinken balgen. Was macht es dann für *Adler* so schwer, einen Abschlussprüfer zu verpflichten? Was war geschehen?

Der Aufsichtsrat hatte für das Jahr 2021 die Prüfungsgesellschaft *KPMG* beauftragt, eine der vier größten internationalen Prüfungsgesellschaften. Im Verlauf des Jahres 2022 berichtete *Adler* über den Verlauf der Prüfung (Zitat aus dem Halbjahresabschluss 2022):

> *»KPMG war nach eigener Aussage nicht in der Lage, hinreichend geeignete Prüfungsnachweise zu erlangen, um ein Prüfungsurteil für diesen Konzernabschluss und Einzelabschluss abzugeben.«*

Das ist sprachlich aufschlussreich: »nach eigener Aussage« bedeutet zunächst, dass *KPMG* etwas gesagt hat. Den Wortlaut der eigenen Aussage sehen wir uns später genauer an. An dieser Stelle erzeugt die Formulierung »nach eigener Aussage« einen gewissen Zungenschlag. *KPMG* sagt selbst, dass sie es nicht geschafft hat, dass sie es nicht konnte. Es liegt eine gewisse Unfähigkeit in der Luft, ein Unvermögen. *Adler* berichtet weiter:

> *»Am 17. Mai 2022 teilte KPMG der Adler Group mit, dass die Gesellschaft für eine Prüfung des Jahresabschlusses für das Geschäftsjahr 2022 nicht zur Verfügung stehen wird.«*

KPMG kann nicht, *KPMG* will nicht. *Adler* möchte einem leidtun. Aber was sagt die Prüfungsgesellschaft? Das Testat steht üblicherweise unter der Überschrift »Bestätigungsvermerk des unabhängigen Abschlussprüfers« im Jahresabschluss und ist bereits im Inhaltsverzeichnis einfach aufzuspüren. Aber Fehlanzeige bei *Adler*. Auf den zweiten Blick bleibt man bei folgender Überschrift hängen:

> *»Bericht des Réviseur d'Entreprises agréés«*

Die Formulierung dürfte dem luxemburgischen Sitz der Gesellschaft geschuldet sein und bedeutet übersetzt, dass ein zugelassener Wirtschaftsprüfer etwas berichtet.

Dessen Bericht ist – abweichend vom deutschen Sprachgebrauch des gesamten restlichen Jahresfinanzberichtes – in englischer Sprache gehalten. Die Textpassage enthält in der Fußnote folgenden Hinweis zum englischen Sprachgebrauch:

> *»Der Bericht des Réviseur d'Entreprises agréés wurde von KPMG Luxemburg entsprechend den Vorgaben nur in englischer Sprache ausgestellt.«*

Es wäre interessant zu erfahren, wer genau was vorgegeben hat. Ist es eine gesetzliche Vorgabe? Wohl kaum. Gesetze verlangen, dass der Abschluss in einer lebenden Sprache verfasst wird, also nicht auf Latein, Keltisch oder Altgriechisch. Eine Vorgabe der Prüfungsgesellschaft? Dies liefe darauf hinaus, dass der Réviseur d'Entreprises agréés den englischen Sprachgebrauch vorgibt – unwahrscheinlich. Oder auf Vorgabe des Unternehmens? Welchen Grund könnte *Adler* haben, im deutschen Jahresabschluss Erläuterungen der Wirtschaftsprüfung zum Testat auf Englisch wiederzugeben? Der Abschluss enthält keine weiteren Hinweise, aber aufschlussreich für die weitere Meinungsbildung ist es dennoch. Im angelsächsischen Sprachraum gibt die Wirtschaftsprüfung eine sogenannte »Opinion« ab, also eine Meinung. In ihrer Stellungnahme bekundet die Prüfungsgesellschaft ihre Meinung, ob der Abschluss in Ordnung ist oder nicht.

Unter der Überschrift

> *»Disclaimer of Opinion«*

stößt man im zweiten Absatz auf die Formulierung:

> *»We do not express an opinion on the accompanying consolidated financial statements of the Group.«*

Dies bedeutet nicht, der Prüfer habe keine Meinung, vielmehr würde die entsprechende Formulierung auf Deutsch lauten, dass er das Testat versagt hat.

Über die Begründung ist den Medien wenig bis nichts zu entnehmen, und auch die Ausführungen von Adler sind nicht besonders ergiebig, daher folgt hier als Zitat der erste Satz der originalen Begründung:

> *»Because management denied us access to certain information, including correspondence between related parties, in performing our audit procedures, there are exceptional circumstances which prevent us from obtaining sufficient appropriate evidence about the identification and disclosure of related parties and significant related party transactions and account balances.«*

Auf Deutsch in nicht zertifizierter Übersetzung der ersten beiden Halbsätze:

> *»Weil das Management uns Zugang zu bestimmten Informationen verweigert hat, einschließlich des Schriftwechsels zwischen nahestehenden Personen.«*

Keine Transparenz der Geschäftsbeziehungen also zu nahestehenden Personen im Abschluss 2021. Nahestehende Personen sind – vereinfachend ausgedrückt – Familienangehörige. Bei diesen besteht immer der Verdacht, sie könnten in den Genuss besonders vorteilhafter Vertragsbedingungen gelangen, die für andere Geschäftspartner nicht gelten. Infrage kommen vielleicht ungewöhnlich günstige Mietkonditionen, Einkaufs- oder Verkaufsbedingungen von Immobilien oder lukrative Beraterverträge. Wegen dieses Generalverdachtes verlangen internationale Vorschriften, dass Unternehmen Geschäftsvorfälle mit nahestehenden Personen speziell kennzeichnen, damit sie jederzeit einer Prüfung zugänglich sind. Dies soll helfen, den Generalverdacht der Vetternwirtschaft zu entkräften. Was *Adler* verweigerte und weswegen *KPMG* das Testat versagte. Der Prozess der Meinungsbildung nähert sich dem Ende, aber noch nicht ganz.

Die Geschichte geht kurvenreich weiter (nur Höhepunkte):

Juni 2022:

Adler schreibt die Suche nach einem Abschlussprüfer öffentlich aus.

Juli 2022:

Die Ausschreibungsfrist läuft ab, und keine Prüfungsgesellschaft möchte *Adler* prüfen. Daraufhin spricht *Adler* Prüfungsgesellschaften direkt an, aber weil es alles nichts fruchtet, bittet *Adler* im weiteren Verlauf das Amtsgericht Charlottenburg darum, einen Abschlussprüfer gerichtlich zu bestellen.

Januar 2023:

Das Amtsgericht Charlottenburg beweist einen feinen Sinn für Humor. Es bestellt als Prüfungsgesellschaft: die *KPMG*.

KPMG verweigert die Bestellung umgehend.

April 2023:

Adler meldet, dass die Prüfungsgesellschaft *Rödl & Partner* den Abschluss 2022 prüfen wird.

Mai 2023:

Adler veröffentlicht einen ungeprüften Jahresabschluss für das Jahr 2022. Die Erklärungen von Aufsichtsrat und Vorstand sind unterzeichnet, aber ohne ein Datum dazu, insofern ist der genaue Erscheinungsmonat geschätzt. Aber zu einer offiziellen Bestellung von Rödl & Partner ist es ganz sicher nicht gekommen, denn sonst hätte sich deren Stellungnahme im Abschluss gefunden.

Oktober 2023:

Adler kündigt an, dass auf der Hauptversammlung am 27. 11. 2023 die Gesellschaft AVEGA als Prüfer für die Abschlüsse 2022 und 2023 bestellt werden soll. Von deren prüferischer Provenienz möchten Sie sich vielleicht einmal selbst überzeugen.

In der Zwischenzeit interessiert sich eine weitere Institution für *Adler,* und zwar die Bundesanstalt für Finanzdienstleistungsaufsicht, die BaFin.

Sie ist eine Behörde, die sich zum Ziel gesetzt hat, »ein funktionsfähiges, stabiles und integres deutsches Finanzsystem zu gewährleisten«; so steht es für jeden sichtbar unter der Überschrift »Aufgaben & Geschichte der BaFin« auf ihrer Homepage. Sie arbeitet – wie man sagt – hoheitlich, das heißt, sie kann sich mit den Mitteln des Staates durchsetzen. Sie überwacht, prüft, greift ein, verhängt Ordnungsgelder, lässt Geschäftsräume und Privatwohnungen durchsuchen, reguliert, weist an und verhält sich insgesamt wie eine Art Polizei oder Ordnungsamt für alles, was im Finanzsystem geschieht. Wenn es der BaFin gefällt, prüft sie einen Jahresabschluss auf Herz und Nieren. Dies tut sie mit oder ohne einen konkreten Anlass. Ein versagtes Testat für den Abschluss 2021 ist ein sehr konkreter Anlass, aber die BaFin prüft nicht nur diesen Abschluss von *Adler*, sondern auch die Abschlüsse 2019 und 2020. Darüber berichtet sie auf ihrer Homepage und meldet zwischen März 2021 und November 2023 diverse Fehler, wogegen *Adler* in berechenbarer Regelmäßigkeit Rechtsmittel einlegt. Im November 2022 kommt die BaFin auf mehrere Fehler des Abschlusses 2019 zu sprechen, darunter einen, der darin besteht, dass es keine Aufzeichnungen darüber gebe,

> *»ob Vertragspartner von Unternehmens- und Immobilientransaktionen als nahestehende Unternehmen oder Personen klassifiziert bzw. nicht als solche klassifiziert wurden.«*

Der BaFin fällt für den Abschluss 2019 also etwas auf, das die *KPMG* für den Abschluss 2021, zwei Jahre später, dazu gebracht hatte, ihr Testat zu versagen. Das Testat 2019 hatte *KPMG* uneingeschränkt erteilt – übrigens in deutscher Sprache. Man fragt sich: Was genau hat sich zwischen 2019 und 2021 verändert? Warum sieht die BaFin etwas, das die *KPMG* nicht gesehen hat? Oder hat *KPMG* das doch gesehen? Fragen dieser Art kann die *KPMG* der BaFin bestimmt erklären, und man wäre gerne dabei, wenn sie es tut.

Die Kommunikation von *Adler* und der BaFin wird die Öffentlichkeit noch eine Weile in Atem halten, denn am 28. 6. 2023 meldet *Adler* unter der Rubrik »Weitere Veröffentlichungen« in einem »Investor Update [Statement]«:

> *»Wir bestätigen die heutige Untersuchung der Staatsanwaltschaft Frankfurt in Zusammenarbeit mit dem Bundeskriminalamt in Geschäftsräumen der Adler Group.«*

Das ist schön formuliert: eine Untersuchung in den Geschäftsräumen. Die Medien bringen es sensationeller – sie sprechen von einer Razzia durch Staatsanwaltschaft und BKA, die mit rund 175 Beamten Geschäftsräume und Wohnungen in mehreren Ländern durchsuchten.

Zurück zum Abschluss des Jahres 2021, der in englischer Sprache über das versagte Testat informierte. Der Vorsitzende des Verwaltungsrates weist im Vorwort des Abschlusses darauf hin, dass es ein bewegtes und schweres Jahr war, in dem die *Adler Group* deutlich an Vertrauen verloren hat. Er fährt fort:

> *»Daher ist es unsere vorrangige Aufgabe, diesen Verlust an Vertrauen zunächst einmal wieder wettzumachen.«*

Da hat er wohl recht.

Das versagte Testat im Fall der Insolvenz

Im Mai 2020 beantragte *Vapiano* Insolvenz. Die Coronapandemie hatte die Schließung der Lokale erzwungen, *Vapiano* hatte keine ausreichenden Reserven und daher die Zahlungsunfähigkeit festgestellt. Die Insolvenzverwaltung hatte es also mit einem zahlungsunfähigen Unternehmen zu tun, dessen Anteile unverändert an der Börse gehandelt wurden. Vorstand und Aufsichtsrat traten von ihren Ämtern zurück, die Steuerung des Unternehmens lag in den Händen der Insolvenzverwaltung. Es kommt verhältnismäßig selten vor, dass börsengehandelte Unternehmen Insolvenz erleiden, weswegen es wenige Vorbilder gibt für viele Fragen, die in so einem Zusammenhang auftauchen. Uns beschäftigte die Frage: Braucht ein insolventes Unternehmen Vorstand und Aufsichtsrat? Für die erste Zeit nach der Insolvenz lautete die Antwort Ja: Die Positionen sollten zunächst besetzt sein, man würde dann sehen, was geschieht. Vor diesem Hintergrund bestellte ein Gericht mich, eine ehemalige Kollegin und einen weiteren Kollegen zum Aufsichtsrat von *Vapiano*, die beiden anderen erwählten mich zu ihrem Vorsitzenden. In dieser Rolle beschäftigten wir uns mit dem Jahresabschluss für das Jahr 2019. Die Insolvenz im Jahr 2020 hatte die Fortführungsprämisse für den Abschluss 2019 vollständig zerlegt, stattdessen lag dem Abschluss die Prämisse der Zerschlagung zugrunde. Das Konzernrechnungswesen von *Vapiano* bewertete das Vermögen entsprechend und nach allen Regeln der Kunst. Als sich die Wirtschaftsprüfung an die Arbeit machte, stellte sie fest, dass sich in den weltweit verstreuten Gesellschaften des Konzerns keine Belege mehr prüfen ließen, weil diese Tochtergesellschaften genauso pleite waren wie die Muttergesellschaft in Deutschland. Es war schlicht und ergreifend niemand mehr da, der prüferische Fragen hätte beantworten können. Dies stellt ein sogenanntes Prüfungshemmnis dar. Solange das Unternehmen dieses Hemmnis nicht beseitigt, stoppt die Prüfung. Die insolvente *Vapiano* konnte beim besten Willen keine Hemmnisse mehr beseitigen, weswegen der Wirtschaftsprüfer den Aufsichtsrat darüber informierte, er müsse das Testat verweigern. Die Gründe lagen auf der Hand, und heute findet sich am Ende des Abschlusses 2019 der sogenannte Versagungsvermerk. Er hat in diesem Fall die Beziehung der handelnden Personen nicht belastet, sondern war ein professionelles, nicht zu vermeidendes Arbeitsergebnis, wie es bei Insolvenzen regelmäßig in Erscheinung tritt.

In den meisten Fällen jedoch beseitigen die Unternehmen mögliche Prüfungshemmnisse oder lassen sie gar nicht erst entstehen, und die Wirtschaftsprüfung stellt ein uneingeschränktes Testat aus, das die seriöse und gute Arbeit der Buchhaltungen auf hohem Niveau und mit guten, überprüften sowie belegbaren Gründen bestätigt. Der Weg zum Prüfungsergebnis ist nie kurz und immer gut begründet, was Testate so wertvoll macht. Wie aber gelangt die Wirtschaftsprüfung zu ihrer Meinung, zu ihrer Einschätzung? Was tut sie eigentlich genau?

Die Arbeit der Wirtschaftsprüfung

Ein Unternehmen produziert Tausende, wenn nicht Millionen Belege, die der Buchhaltung die Grundlage ihrer Arbeit liefern. Grundsätzlich sind daher alle Belege Gegenstand der Prüfung. Die Prüfer haben Vorgehensweisen entwickelt, zu einer belastbaren Einschätzung zu gelangen, ohne jeden einzelnen Beleg anzusehen.

Ein Beispiel: Stellen wir uns vor, ein Unternehmen berichtet einen bestimmten Personalaufwand, und die Wirtschaftsprüfung möchte sich davon überzeugen, dass die Zahl stimmt. Sie könnte dafür theoretisch alle Gehaltsabrechnungen einzeln nachrechnen. Es leuchtet ein, dass dies etwas umständlich wäre, also betrachten die Prüferinnen und Prüfer die Abläufe, die zu einer Gehaltsabrechnung führen. Dafür fangen sie bei der Aufzeichnung der Arbeitszeit an. Sie untersuchen die Methoden der Zeiterfassung, egal ob es eine Stempelkarte aus Pappe, eine Handy-App oder sonst etwas ist. Dann verfolgen sie die erfassten Zeiten auf ihrem Weg durch die Systeme, bis sie schließlich in der Lohnbuchhaltung ankommen. Dort vergleichen die Lohnbuchhalter die Zeiten mit dem Arbeitsvertrag und den Arbeitszeitkonten, ermitteln die Zuschläge zur Sozialversicherung, die einzubehaltenden Steuern, die Urlaubstage, Krankheitsabwesenheit und so weiter, und ganz am Ende stellen sie die Unterlagen zum Zahlungslauf der Löhne und Gehälter zusammen. Sie summieren ihre Informationen für begleitende Erläuterungen auf eine Weise, dass keine personenbezogenen Daten die Lohnbuchhaltung verlassen. Die Prüfer verfolgen den Weg der Daten weiter in die Buchhaltung, die ihrerseits den eingangs erwähnten Personalaufwand verbucht und zum eigentlichen Zahlungslauf vorbereitet, den die Geschäftsführung schließlich freigibt. Die Prüfer vollziehen den gesamten Ablauf im Detail nach und prüfen ihn auf Vollständigkeit und Richtigkeit anhand von Stichproben. So gehen sie für sämtliche Prozesse des Unternehmens vor und gelangen so zu einem Ergebnis, ohne alle Belege einzeln nachrechnen zu müssen.

Prüfungsvorgänge können mehr oder weniger Zeit verschlingen, es hängt von der Verfasstheit des Unternehmens ab. Wenn ein Unternehmen selbst nicht weiß, was es tut, dauert die Prüfung lange, weil die Prüfer zunächst die Prozesse erforschen und dokumentieren müssen. Wenn ein Unternehmen alle Abläufe vollständig beschrieben hat, geht es schneller. Am schnellsten geht es, wenn das Unternehmen regelmäßig auf eigene Faust die beschriebenen Abläufe prüft und die Resultate der Prüfung aufbewahrt. Dann hat das Unternehmen sich gewissermaßen selber geprüft. Der externe Prüfer könnte seine Arbeit auf wenige Stichproben beschränken, und damit wäre die Prüfung in wenigen Tagen abgeschlossen. Das ist der Idealfall, den die Prüferinnen in dieser Reinform genauso selten antreffen wie das totale Chaos.

Die Realität bewegt sich irgendwo zwischen diesen Extremen, und die Prüfer verfolgen den sogenannten risikoorientierten Ansatz. Sie suchen sich die Bereiche aus, die sie für die relevantesten halten, und dringen je nachdem, was sie vorfinden, tiefer oder weniger tief in die Materie ein. Schlimmstenfalls stoßen sie auf Unregelmäßigkeiten oder den Verdacht darauf. Oder sie sind ganz einfach nicht in der Lage, die Abläufe des Unternehmens ausreichend nachzuvollziehen. Es führt dann kein Weg daran vorbei, tatsächlich alle Belege oder zumindest alle Belege eines ausgewählten Bereiches einzeln durchzusehen. Dies ist die Aufgabe der sogenannten forensischen Abteilungen der Wirtschaftsprüfungsgesellschaften. Die Bezeichnung verheißt wie im Krimi Hochspannung, aber es geht um Tausende und Abertausende von Belegen, die diese Fachleute nachrechnen und durchleuchten, wozu sie ihre ganz eigenen Methoden haben. Beispielsweise gehört es zu den Erkenntnissen der Forensiker, dass gefälschte Belege statistisch auffällig oft die Zahl 5 (fünf) enthalten. Wer Zahlen fälscht, bewegt sich gern im Mittelfeld, um nicht aufzufallen. Also kann es dann doch wieder auffallen. Aber das Einschalten der Forensiker bedeutet nicht automatisch, dass etwas nicht mit rechten Dingen zugeht, sondern lediglich, dass die Prüfer die Abläufe nicht durchdringen können.

Alle Aufzeichnungen der Prüfungsgesellschaften, alle gesichteten Unterlagen und Belege, alle Gesprächsnotizen und jedes handschriftliche Gekritzel, einfach alles, was zur Prüfung gehört, bewahren die Prüfer in ihren Akten auf. Damit können sie auch noch Jahre später nachvollziehen, auf welcher Grundlage sie zu ihrer Einschätzung gelangt sind, dass die Bilanzen ihrer Mandanten die tatsächlichen Verhältnisse abbilden.

Diese Dokumentation ist ausgesprochen wichtig, denn die Prüfer und Prüferinnen unterliegen ihrerseits einem mehrstufigen System der Überwachung und gegenseitigen Prüfung, dessen Resultate mehr oder weniger öffentlich zur Verfügung stehen und das Gegenstand des folgenden Abschnitts ist.

Das System der Überwachung

Die Wirtschaftsprüferkammer vertritt den Berufsstand und organisiert das System der Prüfung. Dazu gehört, dass sich Prüfer gegenseitig prüfen. Der Vorgang trägt den Titel »Peer Review« und findet etwa alle fünf Jahre statt. Das Prinzip, dass eine Krähe der anderen kein Auge aushackt, gilt ausdrücklich nicht. Hier blicken sich Konkurrenten gegenseitig so tief es geht in die Karten, um bei der Gelegenheit die Arbeit der Kolleginnen und Kollegen sowie deren Mandanten ganz genau kennenzulernen. Die geprüfte Gesellschaft weiß das, weil sie selbst genauso verfährt, und bemüht sich daher, ihre Akten immer vollständig und richtig so zu führen, dass getroffene Einschätzungen lückenlos aus ihnen hervorgehen. Die Resultate dieser gegenseitigen Prüfung sind nicht öffentlich verfügbar. Anders verhält es sich mit den nächsthöheren Instanzen der Überwachung.

Die Wirtschaftsprüferkammer verleiht den Titel des Wirtschaftsprüfers an diejenigen, die erfolgreich das Wirtschaftsprüferexamen bestehen. Damit endet die Arbeit der Kammer nicht, vielmehr veröffentlicht sie exemplarisch – wie erwähnt – eingeschränkte und versagte Testate und bemüht sich um die Qualität der Arbeit der Prüfungsgesellschaften, indem sie ihrerseits Prüfungen durchführt. Pro Jahr ermittelt sie über zweihundert Mal und berichtet darüber in ihrem öffentlich verfügbaren »Bericht über die Berufsaufsicht«. Die Inhalte dieses Berichtes sind anonymisiert und statistischer Natur. Die Kammern berichten über die Häufigkeit verhängter Geldbußen und Rügen sowie die Natur der Anlässe (Medien, Beschwerden etc.), nicht jedoch die Namen von Unternehmen und Prüferinnen.

Etwas konkreter informiert die nächsthöhere Instanz, die sogenannte Abschlussprüferaufsichtsstelle (APAS), über ihre Arbeit. Wenn sie einen Anlass dafür hat, prüft sie die Prüfungsgesellschaft oder auch die Wirtschaftsprüferkammer.

Die Arbeitsergebnisse dieser Institution lesen sich leider etwas blutleer, da sie die Namen der Unternehmen und Prüferinnen anonymisieren und sich auf Inhalte konzentrieren. Hier ist Fall Nr. neun aus dem Bericht der APAS für das Jahr 2022, es ist der Fall mit der höchsten Geldbuße des Jahres:

> *»Maßnahme:*
> *Rüge mit Geldbuße in Höhe von EUR 31.000*
>
> *Adressat der Maßnahme:*
> *natürliche Person*
>
> *Auftragsgegenstand:*
> *Prüfung eines IFRS-Konzernabschlusses und Konzernlageberichts*
>
> *Art des Verstoßes*
> *Fehlerhafter Bestätigungsvermerk, mangelhafte Prüfungsdurchführung*
>
> *Einzelheiten*
> *Unzureichende Prüfungsnachweise für den Bestand von Provisionserlösen, offensichtliche Hinweise für falsche Angaben in der Rechnungslegung nicht ausreichend adressiert«*

Fachlich ist das möglicherweise interessant, aber ansonsten nicht weiter ergiebig. Immerhin musste mal irgendein Wirtschaftsprüfer oder eine Wirtschaftsprüferin 31.000 EUR Geldbuße bezahlen. Die APAS ist kein ganz zahnloser Tiger. Die Behörde APAS tauscht Informationen mit der BaFin aus. Konkret: Die BaFin dürfte die APAS über ihre Feststellungen bei *Adler* informieren, und die APAS erkundigt sich dann bei der *KPMG* über deren Prüfungsfeststellungen. Aber es bedarf keines exklusiven Zugangs zur BaFin, um deren Prüfungsfeststellungen nachzuverfolgen. Seit 2023 veröffentlicht die BaFin die Resultate ihrer Prüfungen auf ihrer Homepage (www.bafin.de -> Unternehmen -> Börsen und Märkte -> Transparenz -> Bilanzkontrolle), oder die geprüften Unternehmen tun es selbst im Bereich der Investor Relations. Ältere Prü-

Krähen, die sich Augen aushacken
Wirtschaftsprüfer (WP):
Wer diesen Titel trägt, darf die Jahresabschlüsse von Unternehmen prüfen und testieren, dass die Abschlüsse in Ordnung sind.
Wirtschaftsprüfungsgesellschaft (WPG):
Zusammenschluss mehrerer Wirtschaftsprüferinnen und Wirtschaftsprüfer. Die größten Gesellschaften sind die sogenannten »Big Four«: Deloitte, EY, KPMG und PwC
Wirtschaftsprüferkammer (WPK)
Verleiht den Titel des Prüfers, veröffentlicht eingeschränkte und versagte Testate und dient als Sprachrohr der Prüfer.
Bundesanstalt für Finanzdienstleistungaufsicht (BaFin)
Behörde, die den Finanzmarkt, einschließlich der Aktienmärkte, überwacht. Sie darf unter anderem ohne Anlass Unternehmen und deren Jahresabschlüsse prüfen.
Abschlussprüferaufsichtsstelle (APAS)
Behörde, die Prüfer und die Prüferkammer überwacht. Sie prüft nur auf Anlass und tauscht Informationen mit der BaFin aus.

Abb. 14: Institutionen der Prüfungswelt

fungsresultate stellt der Bundesanzeiger in der erweiterten Suchfunktion unter der Kategorie »Fehlerbekanntmachungen« zur Verfügung. Immer finden Sie diese eher blamablen Informationen unter Nennung des vollen Namens der Unternehmen und der Bezeichnung der Bilanzierungsfehler. Öffnen Sie nun eine Tüte Popcorn und wählen Sie aus den gut 300 Einträgen eine Firma Ihrer Wahl. Komfortablerweise können Sie nach Datum oder alphabetisch sortieren. Sie werden dem Who's who der deutschen Wirtschaft begegnen und Fehler aller Art detailliert aufbereitet finden. Pro Jahr kommen derzeit etwa 20 Fehlerbekanntmachungen hinzu. Der größte Fall bisher betrifft die Firma *Adidas*, die am 9. August 2018 berichten musste:

»Die Werthaltigkeit der Marke Reebok mit einem Buchwert von € 1,47 Mrd. konnte anhand der vorgelegten Dokumenta-

tion durch das Unternehmen per 31. 12. 2016 nicht nachgewiesen werden.«

Weitere Details des Problems, die hier nichts zur Sache tun, listet *Adidas* im Anschluss auf. Wir halten fest: Ca. 1,5 Milliarden EUR sind nicht in voller Höhe verkehrt, aber sicher zu einem relevanten Teil. Das tut selbst *Adidas* weh. Das Unternehmen erwirtschaftet jährlich Gewinne in den Größenordnungen zwischen 500 Millionen EUR und 2 Milliarden EUR, da verdaut man auch mal einen Bewertungsfehler über ein paar Hundert Millionen EUR – jedoch beschwerlich. In diesem Zusammenhang soll nicht unerwähnt bleiben, dass *Adidas* sich im Jahr 2021 von seiner Beteiligung an *Reebok* trennte.

Um die Übersicht im System gegenseitiger Prüfung und Überwachung nicht zu verlieren, fasst Abb. 15 das System zusammen.

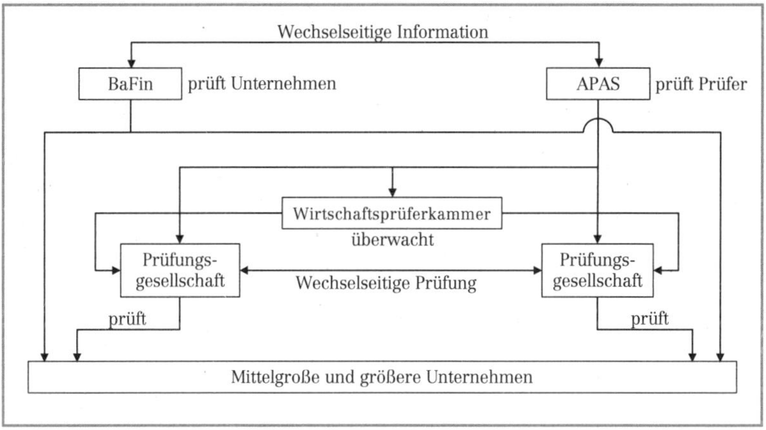

Abb. 15: System der Prüfungsüberwachung

Im Umgang mit Wirtschaftsprüferinnen und Wirtschaftsprüfern beschleicht einen gelegentlich das Gefühl, mit einer Wand zu sprechen – von Flexibilität keine Spur. Es liegt nicht an der charakterlichen Disposition der Fachleute, sondern daran, dass sie nicht auf der Basis persönlichen Ermessens an die Dinge herangehen, sondern auf der Basis ihrer umfangreichen Kompetenz und der Befürchtung, dass Vorgesetzte, andere Prüfer oder gar Behörden sie bei Fehlern erwischen und dies auch noch mehr oder weniger öffentlich petzen.

Insgesamt arbeiten die Prüfer auf einem sehr hohen fachlichen Niveau, bei dem es nicht um Zahlen alleine geht. Um beispielsweise prüfen zu können, ob die steuerlichen Methoden eines Unternehmens Recht und Gesetz entsprechen, ist die Kompetenz eines Steuerberaters erforderlich. Um Beziehungen zwischen Unternehmen beurteilen zu können, kommt es auf Kompetenzen des Wirtschaftsrechtes an. Es gibt in Deutschland etwa 15.000 Wirtschaftsprüfer und in Österreich etwa 2.000. Um diesen Titel tragen zu dürfen, müssen alle Wirtschaftsprüferinnen und Wirtschaftsprüfer eine sehr schwere Prüfung ablegen. Um für diese Prüfung zugelassen zu werden, müssen die Kandidaten einen Universitätsabschluss in Jura oder einem wirtschaftswissenschaftlichen Fach erlangen und fünf Jahre Berufserfahrung als Prüfungsassistenten in einer Prüfungsgesellschaft nachweisen. Die Prüfung erstreckt sich auf Betriebswirtschaft, Volkswirtschaft, Steuern und Recht. Wer über den Titel eines Steuerberaters verfügt, dem erlässt die Wirtschaftsprüferkammer den steuerlichen Teil des Wirtschaftsprüferexamens. Es handelt sich insgesamt um eines der schwierigsten Examen, denen man sich unterziehen kann.

Gelegentlich entsteht der Verdacht, die Wirtschaftsprüfung stecke mit den Unternehmen unter einer Decke, es gebe Gefälligkeitsprüfungen, gekaufte Testate und dergleichen. Dieser Verdacht ist grundsätzlich deswegen unangemessen, weil das System der gegenseitigen Prüfungen, die behördliche Überwachung, die hochwertige Ausbildung und das anspruchsvolle Examen ein höchstmögliches Maß an fachlicher Qualität, persönlicher Integrität, Transparenz und Unabhängigkeit gewährleisten soll. Es mag in Einzelfällen zu Meinungsverschiedenheiten und vielleicht auch zu Arbeitsfehlern kommen, aber das Ziel des gesamten Systems ist die Integrität der Jahresabschlüsse. Etwas Respekt kann an dieser Stelle nicht schaden.

Eine ideale Prüfung verläuft so, dass die Prüferinnen das Zahlenwerk auf Herz und Nieren untersuchen und auf der Basis ihrer jahrelangen Berufserfahrung Hinweise auf Verbesserungsmöglichkeiten der Abläufe geben. Sie weisen auf die Begrenzung möglicher Risiken und auch lobenswerte Details des Abschlusses hin, und die Geschäftsleitung nimmt diese Hinweise konstruktiv entgegen. Die Harmonie des Vorgangs mündet in die Gesellschafterversammlung oder – bei Aktiengesellschaften – in die Hauptversammlung, wo die Eigentümer des Unternehmens die Abschlussprüfer für das nächste Geschäftsjahr erwählen. In den allermeisten Fällen läuft das tatsächlich so.

Ein hohes Maß an Expertise und Kompetenz führt bei bestimmten Individuen zu Überheblichkeit und Eigennutz. Niemand ist davor geschützt, auch die Wirtschaftsprüferinnen und Wirtschaftsprüfer nicht. Dann kann es heikel werden.

Umgang mit schwierigen Charakteren der Wirtschaftsprüfung

»You better be careful, what you say, you are in the Philippines.« Wie bitte? Hatte mir der Wirtschaftsprüfer mit Gewalt gedroht? Tatsächlich, genau das.

Was war geschehen?

Von 2004 bis 2007 leitete ich den Finanzbereich eines luftfahrttechnischen Unternehmens in den Philippinen. Die Gesellschaft beschäftigte zu der Zeit etwa 2.000 Menschen, reparierte und überholte insbesondere große Airbus-Modelle verschiedener internationaler Fluggesellschaften. Außerdem betreute sie den Linienbetrieb einer lokalen Flugzeugflotte. Der Buchhaltung des Unternehmens stand eine Kollegin vor, deren Ruf über jeden Zweifel erhaben war und deren Wort auf der Basis ihrer allseits anerkannten Integrität und langjährigen Erfahrung im ganzen Unternehmen großen Respekt genoss. Diese Kollegin hatte die Buchhaltung so organisiert, dass sie mit der Präzision eines Uhrwerkes arbeitete; sie war gründlich, zuverlässig und seit Jahren eingespielt.

Im August 2005 tauchten unangemeldet mehrere Mitarbeiterinnen der Prüfungsgesellschaft auf, bezogen Schreibtische und begannen die Prüfung mit der Befragung unserer Buchhalterinnen und Buchhalter. Weil das Unternehmen ein Gemeinschaftsunternehmen mit einem lokalen Partner war, teilte ich mir meinen Job mit einem örtlichen Kollegen. Ich fragte ihn, ob er die Prüfer bestellt hätte, und er antwortete, dass er mich dasselbe fragen wollte. Wir schätzten gemeinsam den Prüfungsbeginn als sehr frühzeitig ein und hätten es beide für angebracht gehalten, dass der Wirtschaftsprüfer, der den Rang eines Partners in der Prüfungsgesellschaft bekleidete, uns über den Beginn der Prüfung informiert oder – besser noch – sie mit uns abgestimmt hätte. Wir entschieden, dass die Prüfung in geordneten Bahnen verlaufen sollte, und teilten unsere Rollen auf. Mein Kollege sagte, er selbst müsse wahrscheinlich noch viele Jahre vor Ort arbeiten, er zöge es vor, wenn ich der ein oder anderen Auseinandersetzung nicht aus dem Weg ginge und er im Hintergrund bliebe. Ich entgegnete, dies würde ich gerne tun, solange ich seine Unterstützung und Rückendeckung genoss, und er war einverstanden. Auf der Basis dieser brüderlichen Rollenverteilung sprach ich die Prüfungsassistentinnen an, indem ich sie sehr höflich um den Prüfungsplan bat.

Es gibt nicht nur die Grundsätze ordnungsmäßiger Buchführung, es gibt auch die Grundsätze ordnungsmäßiger Abschlussprüfung. Der erste Grundsatz der Abschlussprüfung lautet:

»Die Prüfung ist zu planen.«

Die Eigentümer des Unternehmens beauftragen die Prüfer, damit diese sich eine Meinung bilden. Bei der Gelegenheit stimmen sie diverse Prüfungsschwerpunkte ab, die von Jahr zu Jahr anders ausfallen können. Diese Abstimmungsarbeit übernimmt bei großen Aktiengesellschaften der Prüfungsausschuss. Auf der Basis dieser Ausrichtung vereinbart die Wirtschaftsprüfung die Zusammenarbeit mit dem Management. Man verständigt sich auf den Beginn der Prüfung und bestimmte Meilensteine, um zu einem

Zieltermin die erforderlichen Resultate zu erzielen, damit die Wirtschaftsprüferinnen das Testat erteilen können.

Mit dieser Vorgehensweise ist es nicht zu vereinbaren, unangekündigt ein paar Prüfungsassistentinnen zum Mandanten zwecks Prüfung zu schicken.

Auf meine höfliche Frage erfolgte somit ein etwas hilfloses Schulterzucken. Nein, man könne mir keinen Prüfungsplan vorlegen. Ob man die Arbeit fortsetzen könne. Ich sagte, ich könne mir nicht vorstellen, wie man ohne Plan prüfen wolle. Eine Viertelstunde später hatte ich den Wirtschaftsprüfer am Telefon. Ob es Probleme gebe? Ich sagte, es gebe keine Probleme in der Buchhaltung, und fragte nach dem Plan der Abschlussprüfung. Er versicherte, der Plan existiere, und fragte, ob seine Leute jetzt prüfen könnten. Ich erwiderte, dass ich es begrüßen würde, wenn wir den Plan abstimmen könnten. Auf der Basis eines abgestimmten Plans könnten seine Leute sehr gern prüfen, die Firma sei jederzeit prüfungsbereit. Wir verabredeten uns für die folgende Woche zum Mittagessen, die Prüfungsassistentinnen packten ihre Sachen wieder ein, und mein Kollege und ich freuten uns auf das Mittagessen.

Wenige Tage später erhielt ich per E-Mail einen Prüfungsplan, der keinerlei Termine enthielt. Als wir zum Mittagessen beieinandersaßen, bedankte ich mich für die Unterlage und sagte, ich hätte mir das Dokument auch selbst aus irgendeinem Handbuch herauskopieren können, jedoch ohne Termine und Wochentage könne niemand damit arbeiten. Daraufhin entfuhr dem Prüfer die eingangs zitierte Aussage. Meinem Kollegen versteinerte das Gesicht, schweigend aßen wir weiter.

Nach dem Mittagessen nahm ich den Wirtschaftsprüfer beiseite und sagte ihm, dass ich seinen letzten Prüfungsbericht mit meinen persönlichen Erkenntnissen abgeglichen hätte und dass mir erhebliche Diskrepanzen aufgefallen seien. Ich hätte diese Diskrepanzen dokumentiert und zusammen mit seinem Vor- und Nachnamen, den Namen der Mitglieder seines Teams und seines Vorgesetzten vollständig sowohl beim unmittelbaren Gesellschafter des Unternehmens als auch in dessen Konzernzentrale hinterlegt. Kurz: Ich hatte »Beleglage« erzeugt, und das ist eine Sprache, die Prüfer weltweit sofort verstehen. Ich fuhr fort, dass wir nunmehr gemeinsam einen Plan für die Prüfung ausarbeiten sollten, der anschließend von der Leitung des Finanz- und Rechnungswesens des Gesellschafters zu genehmigen sei, damit wir alle gemeinsam überraschungsfrei auf das Testat zusteuern könnten. Der Prüfer rang um Worte, er seufzte und stieß ein paar unvollständige Halbsätze aus, aber dann hatte er sich gefangen. Er stimmte dieser Vorgehensweise zu, und ich halte es ihm zugute, dass er sich bei der Gelegenheit für seine Entgleisung entschuldigte.

Ich konnte mich nur deswegen so positionieren, weil ich wusste, dass das Rechnungswesen des Unternehmens perfekt organisiert war, und weil ich die Rückendeckung der Gesellschafter und meines Partners und Kollegen hatte, der sich über das Gespräch, das ich ihm selbstverständlich berichtete, totgelacht hat.

Wir haben dann einen Plan ausgearbeitet, der tageweise und teils bis auf die Uhrzeit genau detailliert vorgab, welche Dokumente von wem an wen unter welcher E-Mail-Adresse zu übergeben waren. Den Plan stellten wir Vertreterinnen und Vertretern der Gesellschafter vor, die eigens dafür angereist waren und eine Sitzung des Aufsichtsrates anberaumt hatten. Die Qualität des Plans nahm der Aufsichtsrat erfreut zur Kenntnis und lobte ihn eingehend. Der Prüfer strahlte wie ein Honigkuchenpferd über das Lob, auch sein Chef war ganz entzückt über die Aufmerksamkeit des Topmanagements, die nicht immer eine Selbstverständlichkeit ist. Die Prüfung begann am Dienstag, den 1. November, keinen Tag früher, und schloss planmäßig und pünktlich mit einem uneingeschränkten Testat ab.

Vielleicht sollte ich erwähnen, dass ich in den allermeisten Fällen ein professionell sehr gutes Verhältnis zu Abschlussprüfern pflege, weil es sich praktisch immer um ausgezeichnete Profis handelt. Ich erinnere mich an kein einziges Gespräch, aus dem ich nicht mit wertvollen Erkenntnissen überwiegend fachlicher Natur herausgegangen bin. Aber es gab auch andere Erfahrungen. Vor vielen Jahren warf mir ein Prüfer angesichts der Diskussion eines Lageberichtes die Formulierung an den Kopf: »Ich habe keine Lust, in Ihrer Scheiße herumzurühren.« Die acht Stunden, die wir zusammengesessen hatten, um Formulierungen des Lageberichts zu verbessern, strich ich aus seiner Abrechnung mit der Begründung, er habe meine Gefühle verletzt. Er akzeptierte das anstandslos. Leider zeichnete sich die Prüfung insgesamt durch eine ganze Reihe wiederholter Unsachlichkeiten aus, sodass ich mich gezwungen sah, diese schwierigen Verhaltensweisen zu dokumentieren (Datum, Uhrzeit, Thema, Teilnehmer) und dem Gesellschafter zur Verfügung zu stellen. Der nahm dies zum Anlass, das Prüfungsmandat anderweitig zu vergeben.

Die Abschlussrechnung der Wirtschaftsprüfung empfanden die Geschäftsführung, der Gesellschafter und ich als unangemessen hoch. Wir erbaten zwecks Rechnungsfreigabe eine genaue Dokumentation folgenden Inhaltes:

- Name und Vorname des Prüfenden
- Exakte Prüfungszeit mit Unterteilung in Viertelstunden
- Fundorte gesichteter Unterlagen
- Termine und Namen von Gesprächspartnern
- Resultate der Prüfungshandlung und deren Bezug zu den entsprechenden Textstellen im Prüfungsbericht

Die daraufhin geführten Gespräche waren nicht so lustig. Der Prüfer meinte, ich könnte mir doch vorstellen, wie viel Arbeit für bestimmte Themen erforderlich sei, und ich antwortete, dass er – als Wirtschaftsprüfer – von mir nicht im Ernst verlangen könne, ich solle eine Rechnung auf der Basis meines Vorstellungsvermögens freigeben, und so weiter und so fort. Es ist lange her, und irgendwie fanden wir schließlich dann doch ein Ende.

Die allermeisten Prüfungen verlaufen vielleicht nicht immer angenehm, aber angesichts und im Interesse des hochwertigen Resultates professionell positiv. Ein Testat ist eine bestmöglich fundierte Aussage und bestätigt die sorgfältige Arbeit der Buchhaltung und des verantwortlichen Managements. Die Erkenntnisse während der Wirtschaftsprüfung sind üblicherweise das Geld wert, das die Unternehmen für die Wirtschaftsprüfung bezahlen.

Womit wir bei der Frage angekommen sind, was Wirtschaftsprüfung kosten sollte oder dürfte.

Die Kosten der Wirtschaftsprüfung

Man darf und sollte davon ausgehen, dass jede Stunde prüferischer Arbeit ihr Geld wert ist. Die Anzahl der erforderlichen Arbeitsstunden hängt von der Verfassung und Kooperationsbereitschaft des geprüften Unternehmens ab, und daher ist es ausgesprochen schwierig, pauschale Aussagen zu treffen. Glücklicherweise enthalten die größeren Jahresabschlüsse immer Informationen über die Honorare für die Wirtschaftsprüfung. Die Unternehmen schlüsseln diese Zahl auf und differenzieren zwischen den Kosten der Prüfung und weiteren Kosten für Beratung. Beispielsweise geben die 30 größten Unternehmen des DAX im Jahr 2021 um die 600 Millionen EUR für ihre Prüfungsgesellschaften aus, und zwar für Beratung und Prüfung zusammen. Die Geschäftsmodelle der Unternehmen sind so unterschiedlich, dass aus der absoluten Höhe des Honorars keine sinnvollen Rückschlüsse möglich sind. Letztlich jedoch prüfen die Prüfungsgesellschaften die Arbeit von Menschen. Daher kann es sinnvoll sein, die Kosten der Prüfung in das Verhältnis zum Personalaufwand der Unternehmen zu setzen. Ich habe diese Rechnung für 30 der größten Unternehmen des DAX durchgeführt, und dabei hat sich herausgestellt, dass die Prüfungs- und Beratungshonorare durchschnittlich zusammen etwa 0,4 % des Personalaufwands betragen (vgl. zweite Tabelle im Anhang). Stichproben im Mittelstand führen zu einer ähnlichen Größenordnung.

Man sieht dort Prüfungshonorare ab einer Kostengröße von ca. 12.000 EUR für einen Abschluss. Wenn es sich um einen Konzern handelt, der aus mehreren Einzelabschlüssen besteht, die die Prüferinnen alle einzeln testieren, dann beginnen die Kosten bei etwa 20.000 EUR. Diese Anhaltswerte überschreitet eine Prüfung schnell, aber immer in Abhängigkeit vom Einzelfall.

Adler weist in seinem Abschluss für das Jahr 2021 Honorare für die *KPMG* in Höhe von 2,4 Millionen EUR aus. Mit einem kleinen Sternchen verweist *Adler* auf eine Fußnote, in der sich folgender Text findet:

> *»Ein Betrag von rund 4,0 Millionen EUR wurde nach dem Bilanzstichtag für die Prüfung durch KPMG Forensic verwendet.«*

Sieh an!

Die Forensiker haben sich den Abschluss auch angesehen. Das war teuer, weil es so arbeitsintensiv ist. Hier hat es zusätzlich zu den 2,4 Millionen EUR weitere 4,0 Millionen EUR gekostet. *KPMG* hat mit diesem Mandat einen Umsatz von 6,4 Millionen EUR erwirtschaftet und dennoch den Bestätigungsvermerk versagt. Wie bereits erwähnt, lassen sich Testate nicht kaufen.

Die zweite Frage an jeden Jahresabschluss

Die erste Frage an jeden Jahresabschluss lautete, nach wie vielen Tagen hat die Wirtschaftsprüfung das Testat unterzeichnet? Die zweite Frage lautet:

Welche Ausprägung hat das Testat?

Die Unterfragen dazu sind:

- Ist das Testat eingeschränkt oder versagt?
- Gibt es Hinweishervorhebungen?
- Gibt es einen Wechsel der Prüfungsgesellschaft oder der handelnden Personen?

Bei einem versagten Testat muss man sich mit dem Zahlenwerk nicht mehr beschäftigen. Bei einem eingeschränkten Testat kommt es auf die Begründung an.

Hinweishervorhebungen sind immer interessant, aber kein Grund, die Bilanz grundsätzlich anzuzweifeln. Sie könnten jedoch Risiken aufzeigen, bei denen man sich entscheiden kann, ob man sie tolerieren mag oder nicht. Die Prüfungsschwerpunkte schließlich ändern das Bild nicht, aber geben unter Umständen Hinweise auf spezielle Bereiche und Themen des Unternehmens.

Die Prüferinnen suchen nicht nur für Zahlen nach Belegen, sondern sie überprüfen jedes einzelne Wort des Lageberichtes auf Belegbarkeit. Aber Sprache ist dehnbarer als Zahlen. Die Konsequenzen dieses Umstandes sind Gegenstand des nächsten Abschnittes.

Vorstände und Fakten – ein nicht immer harmonisches Verhältnis

Es gibt sehr lange Jahresabschlüsse mit vielen Hundert Seiten, und es gibt extrem kurze, die auf eine Seite passen. Der Umfang hängt davon ab, wie groß das bilanzierende Unternehmen ist. Kleine Mittelständler sind nicht prüfungspflichtig und veröffentlichen ihren Abschluss auf einer einzigen Seite, die eine kurze Bilanz, wenig Erläuterung und das Datum der Feststellung enthält. Große börsengehandelte Unternehmen veröffentlichen Dokumente mit 300 bis 400 Seiten. Je größer ein Unternehmen ist, desto höher sind die Anforderungen an seine Transparenz. Ein Teil dieser Transparenz besteht aus diversen Erläuterungen des Geschäftsjahres.

Textbereiche eines Jahresabschlusses

Die Erläuterungen finden sich in verschiedenen Textbereichen eines Abschlusses, die sich deutlich voneinander unterscheiden. Um die relevanten Erläuterungen zu finden, muss man die verschiedenen Bereiche verstehen. Es gibt drei:

- Image-Teil
- Anhang
- Lagebericht

Der Image-Teil ist nicht Teil des eigentlichen Jahresabschlusses. Manchmal fehlt er vollständig, manchmal ist er über 100 Seiten lang – das liegt im Ermessen der Geschäftsleitung und an deren Bedürfnis, wie viel Selbstdarstellung sie im Jahresfinanzbericht haben möchte. Die Abschlussprüfer suchen daher auch nicht für jedes Wort einen Beleg, sie achten nur darauf, dass der Image-Teil nicht ein gänzlich anderes Bild erzeugt als der eigentliche Jahresabschluss. Geradezu zwangsläufig enthält der Image-Teil nämlich viele Formulierungen, die nicht belegbar sind. Hier wimmelt es von Formulierungen mit Worten wie Kundenorientierung, Stolz, Marktführung, Innovationstreiber und anderen tendenziell gefühlsorientierten Ausdrücken. Schöne Sätze und tolle Slogans sind Merkmal des Image-Teils. Ein paar willkürlich ausgewählte Beispiele der Abschlussjahre 2021 und 2022 enthält Abb. 16.

Firma	Aussagen, die sich nicht belegen lassen
Adidas	Unsere Haltung ›Impossible is nothing‹
Beiersdorf	Wir sorgen dafür, dass Menschen sich in ihrer Haut – und darüber hinaus – wohlfühlen
BioNTech	Für eine Medizin von morgen
Continental	Aus Wandel wird Fortschritt
Delivery Hero	Always Delivering An Amazing Experience
Deutsche Bank	Antreten, um zu gewinnen
Fielmann	Mit unserer Vision 2025 gestalten wir die augenoptische Branche zum Vorteil für alle Kunden
Henkel	Pioneers at heart for the good of generations
Merck	Wir glauben an die positive Kraft von Wissenschaft und Technologie
Volkswagen	Menschen bewegen, Menschen voranbringen

Abb. 16: Textfragmente aus dem Imageteil

Allen Aussagen ist gemeinsam, dass sie emotional ansprechen sollen und nicht belegbar sind. Auf der Suche nach harten Fakten kann man diesen Teil verlustfrei überspringen.

Der Anhang ist ein integraler Teil des Jahresabschlusses und enthält detaillierte Erläuterungen zu einzelnen Positionen des Zahlenwerkes. Der Umfang des Anhangs hängt von der Größe des Unternehmens ab. Von großen Unternehmen verlangt das Handelsgesetzbuch über 50 Pflichtangaben. Breiten Raum nimmt immer die Erläuterung ein, wie das Unternehmen mit der Altersversorgung für seine Mitarbeiterinnen und Mitarbeiter umgeht, wie es die Beträge ausgerechnet hat, wie es die Verpflichtungen absichert und Ähnliches. Ein anderes Beispiel sind Darstellungen der Geschäftssegmente. Hier beschreibt das Unternehmen beispielsweise, in welchen Ländern oder mit welchen Produktgruppen es Umsatz erwirtschaftet. Den Anhang betrachtet man immer im Zusammenhang mit dem Zahlenteil, der Text des Anhangs ist sehr zahlenlastig.

Der Lagebericht: Jedes Wort ist geprüft

Der Lagebericht ist gesetzlich vorgeschrieben für alle Unternehmen, die als mittlere Kapitalgesellschaft oder größer gelten (Sie erinnern sich: Ab 6 Millionen Bilanzsumme, 12 Millionen Umsatz und über 50 Mitarbeitende). Im Lagebericht prüfen die Abschlussprüferinnen jedes einzelne Wort darauf, ob das Unternehmen das geschriebene Wort belegen kann. Das macht Lageberichte zu Quellen durchgeprüfter Qualitätsinformation, für Slogans und andere Gefühlsausbrüche ist an dieser Stelle kein Platz.

Der Gesetzgeber hat über die Jahre immer detaillierter die Inhalte des Lageberichtes vorgegeben. Ein Beispiel: Seit 2007 enthält der Lagebericht den sogenannten »Bilanzeid« – das ist die informelle, aber sehr weitverbreitete Bezeichnung für den offiziellen Titel: »Versicherung der gesetzlichen Vertreter«. Hier müssen die Vorstände in einem eigens hierfür vorgesehenen Abschnitt versichern, dass der gesamte Abschluss der Wahrheit entspricht; sie müssen diese Aussage mit ihrer Unterschrift bestätigen. Die Verpflichtung zum Bilanzeid ist eine Reaktion auf einen US-amerikanischen Bilanzskandal. Die texanische Firma *Enron* hatte mit Energie gehandelt und jahrelang ihre Jahresabschlüsse massiv gefälscht. Sie hatte damit geworben, »The World's Greatest Company« (der Welt beste Firma) zu sein, und sich der Aufmerksamkeit unter anderem des amerikanischen Präsidenten George Bush erfreut, der Gesetze zugunsten des Unternehmens abgemildert hatte. Das Unternehmen schuldete seinen Mitarbeiterinnen und Mitarbeitern etwa zwei Milliarden Dollar Betriebsrente, wodurch es eine gewisse gesellschaftliche Bedeutung erlangt hatte. Noch vor der Pleite hatte der Vorstandsvorsitzende Kenneth Ley für ca. 100 Millionen Dollar eigene Anteile verkauft, etwa 500 Manager hatten sich großzügige Bonuszahlungen genehmigt, sodass zusätzlich zur gesellschaftlichen auch eine persönlich-moralische Dimension hinzukam. Die gesamte Konstruktion flog als Schwindel auf, nachdem die US-amerikanische Börsenaufsicht im Jahr 2001 Untersuchungen eingeleitet hatte. Im Dezember 2001 war *Enron* pleite. Es wurde aufgelöst und im Anschluss auch die sie prüfende Wirtschaftsprüfungsgesellschaft *Arthur Andersen*. Bevor er verurteilt werden konnte, verstarb der verantwortliche Manager Kenneth Ley im Jahr 2006. Die Amerikaner zogen aus dem Desaster Konsequenzen mit einem Gesetz, das nach seinen beiden Schöpfern Paul Sarbanes und Michael Oxley benannt wurde und seither als Sarbanes-Oxley Act für reichlich Bürokratie in größeren Unternehmen sorgt. Per diesem Gesetz müssen Unternehmen akribisch dokumentieren, wie sie sicherstellen, dass ihre Jahresabschlüsse korrekt sind. Das Ganze heißt »Internes Kontrollsystem«, abgekürzt IKS. Der Sarbanes-Oxley Act zwingt alle Unternehmen, deren Anteile an amerikanischen Börsen gehandelt werden, und damit auch automatisch diverse deutsche, österreichische und Schweizer Unternehmen, ihre Abläufe zur Sicherstellung genau zu dokumentieren und regelmäßigen internen und externen Prüfungen zu unterwerfen. Der Sarbanes-Oxley Act verlangt vom Management, in einer gesonderten Stellungnahme zu versichern, dass der Jahresabschluss wirklich die Wahrheit zum

Ausdruck bringt. Wer schon einmal in die USA geflogen ist, kennt das Konzept: Man versichert auf den Einreiseformularen, dass man – unter anderem – weder Massenmord noch Menschenhandel plant. Die Zusicherung dient der Sicherheit in den USA. Entsprechend erhöht eine vergleichbare Zusicherung die Integrität der

Typisches Inhaltsverzeichnis eines Lageberichtes gemäß DRS 20 und § 289 HGB

Grundlagen des Konzerns
- Geschäftsmodell des Konzerns
- Ziele und Strategien
- Steuerungssystem
- Forschung und Entwicklung

Wirtschaftsbericht
- Gesamtwirtschaftliche und branchenbezogene Rahmenbedingungen
- Geschäftsverlauf
- Lage
  - *Ertragslage*
  - *Finanzlage*
    - *Kapitalstruktur*
    - *Investitionen*
    - *Liquidität*
  - *Vermögenslage*
- Finanzielle und nichtfinanzielle Leistungsindikatoren

Nachtragsbericht

Prognose-, Chancen- und Risikobericht
- Prognosebericht
- Risikobericht
  - *Risikomanagementsystem*
  - *Risiken*
- Chancenbericht

Internes Kontrollsystem

Risiken von Finanzinstrumenten

Übernahmerelevantes

Erklärung zur Unternehmensführung

(»Bilanzeid«)

Abb. 17: Gliederung des Lageberichtes

Bilanz. In Europa wollte man hinter diesen Vorgaben nicht zurückstehen, und im Jahr 2007 schließlich fand in diesem Geist die Verpflichtung zum Bilanzeid Eingang in den § 289, Abs. 1, HGB.

Abb. 17 listet weitere Bestandteile des Lageberichtes auf. Die Entsprechenserklärung wurde bereits erwähnt und findet sich nebst weiteren Inhalten unter der Überschrift »Erklärung zur Unternehmensführung«.

Die Gliederung des Lageberichtes entstammt einer Regelung, die über die Vorgaben des Gesetzes hinausgeht und aufführt, was in einem Lagebericht stehen muss bzw. sollte. Diese Regelung erlässt das sogenannte Deutsche Rechnungslegungs Standards Committee (DRSC). Es veröffentlicht Vorschriften zu einzelnen Fragen des Rechnungswesens, und zum Lagebericht hat es den Deutschen Rechnungslegungsstandard Nr. 20 verfasst (DRS 20). Insgesamt enthält der Standard etwa 235 Vorschriften, die überwiegend verbindlich sind, teils auch Wahlrechte enthalten.

Die Taktik strategischer Aussagen

Insbesondere die Vorschriften zur Beschreibung der Strategie sind als Wahlrecht gehalten, sodass sich die Unternehmen aussuchen können, ob sie sich zur Strategie im Lagebericht äußern möchten oder nicht.

Ein schönes Beispiel für die Ausübung dieses Wahlrechtes liefert die Firma *Delivery Hero*, die sich darauf spezialisiert hat, ihren Kunden warme Mahlzeiten und weitere Waren nach Hause zu liefern. Das Geschäftsmodell beruht auf der Bequemlichkeit, das heimische Sofa nur bis zur Wohnungstür verlassen zu müssen. Insbesondere während der Coronapandemie profitierte *Delivery Hero* von dem Bedürfnis der Kundschaft, zu Hause zu bleiben. *Delivery Hero* expandierte global und verzeichnete ein gewaltiges Umsatzwachstum auf über acht Milliarden EUR im Jahr 2022. *Delivery Hero* ist in den erlesenen Kreis der DAX-Unternehmen aufgerückt, nachdem dort infolge der Insolvenz von

Kurvenanalyse: Wie schätzen Sie den Zusammenhang von Umsatz und Gewinn ein?

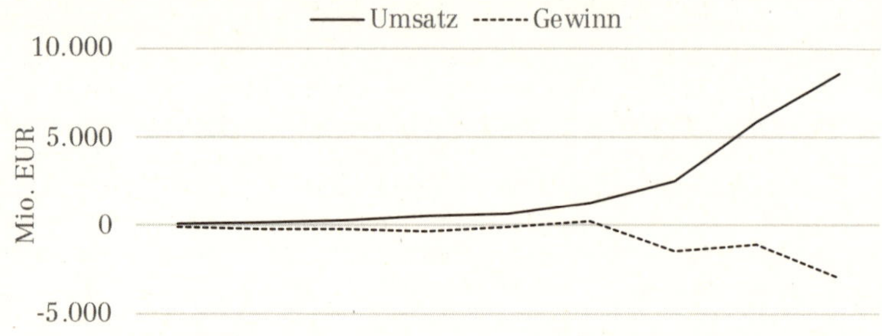

	2014	2015	2016	2017	2018	2019	2020	2021	2022
Umsatz	88	200	297	544	665	1.238	2.472	5.856	8.577
Gewinn	-89	-253	-195	-348	-42	230	-1.403	-1.097	-2.975

Abb. 18: Delivery Hero – Umsatz und Konzernergebnis in Mio. EUR

Wirecard ein Platz frei wurde. Damit ist die Firma ein klassisches Start-up-Unternehmen, das mit einer guten Geschäftsidee die Eroberung der Märkte in Angriff nimmt. Es ist nicht ungewöhnlich, dass so ein Unternehmen zunächst Verluste hinnehmen muss, denn Wachstum kostet Geld. Abb. 18 vergleicht den Umsatz und das Jahresergebnis des Konzerns der letzten Jahre.

Die Konzernverluste seit 2014 summieren sich auf knapp 6,2 Milliarden EUR. Im Jahr 2019 zeigte sich einmal ein Gewinn, der maßgeblich darauf zurückzuführen war, dass *Delivery Hero* in dem Jahr sein Deutschlandgeschäft an *Takeaway.com* in den Niederlanden verkauft hat. Es könnte der Eindruck entstehen, dass mit einer Zunahme des Umsatzes eine Zunahme der Verluste einhergeht. Nun sind Verluste in der Anfangsphase eines innovativen Unternehmens nichts Ungewöhnliches. Berühmt ist die Firma *Amazon*, die als verlustreicher Online-Buchhändler begann und heute praktisch die ganze Welt beherrscht. Es könnte also die Strategie von *Delivery Hero* sein, zunächst Marktanteile zu ergat-

Welche Renditestrategie entnehmen Sie den Ausführungen von *Delivery Hero*?

Abschluss 2017	Abschluss 2018	Abschluss 2019
• Schaffung eines herausragenden Take-away-Erlebnisses rund um Essen, Bestellung und Service • Verfolgung eines renditeorientierten Ansatzes zu Weiterentwicklung der Markenstrategie • Verbesserung der Erlösquellen • Verbesserung der Margen und das Erreichen der Gewinnzone beim adjusted EBITDA	• Amazing Food: Delivery Hero sorgt dafür, dass über die richtige Quantität, Qualität und Vielfalt an Restaurants in jeder Gegend verfügt wird. • Amazing Ordering: Wir sorgen dafür, dass unser Bestellerlebnis bequem, inspirierend, einfach und personalisiert ist. • Amazing Service: Wir sorgen dafür, dass unser Essen schnell und zuverlässig geliefert wird und in Echtzeit nachverfolgt werden kann. • Ein Lieferunternehmen in dritter Generation: Innovation als Teil der DNA • Eigenlieferung • Shared & Virtual Kitchens • Lieferung anderer Convenience-Artikel	• Zur Verbesserung der Übersichtlichkeit des zusammengefassten Konzernlageberichts haben wir die Angaben im Wesentlichen auf die gesetzlich vorgeschriebenen Angaben begrenzt. Daher sind Informationen zur Unternehmensstrategie nicht mehr in diesem zusammengefassten Konzernlagebericht enthalten. Informationen zur Unternehmensstrategie sind verfügbar über unsere Website sowie in anderen Teilen des Geschäftsberichts.

Abb. 19: Delivery Hero – Aussagen zur Strategie im Lagebericht

tern und später die Gewinnzone zu erreichen. Grund genug, die strategischen Aussagen im Lagebericht zu suchen. In Abb. 19 stehen die strategischen Aussagen der Lageberichte für die Jahre 2017, 2018 und 2019 nebeneinander.

Es offenbaren sich interessante Tendenzen:

- Im Jahr 2017 ist das Renditeversprechen einschließlich des Erreichens einer Gewinnzone für die Aktionäre klar herausgearbeitet.
- Ein Jahr fällt die Häufung des Wortes »Amazing« ins Auge.
- Für das Berichtsjahr 2019 wird von einer Erläuterung der Strategie im Lagebericht Abstand genommen.
- Seit dem Abschlussjahr 2020 fehlen Aussagen oder Hinweise zur Strategie im Lagebericht vollständig.

Dazu sollte man wissen: Jedes Wort eines Lageberichtes muss einer Prüfung standhalten. Der Image-Teil des Geschäftsberichtes dagegen darf sich lediglich nicht im Widerspruch zum Jahresabschluss befinden, die Homepage ist nicht prüfungspflichtig. Der strategische Ausblick von *Delivery Hero* vernebelt hinsichtlich möglicher Renditen im Zeitablauf zunehmend in aller Öffentlichkeit.

Der schnellste Weg zur Aussage

Nicht jeder Mensch hat Zeit oder Lust, die Formulierungen des Lageberichtes eingehend zu würdigen. Man wünscht sich eine Zusammenfassung. Diesen Wunsch verspürt auch das Deutsche Rechnungslegungs Standards Committee. Die einschlägige Formulierung im DRS 20 unter Textziffer 58 dazu lautet:

> *»Die Ausführungen zum Geschäftsverlauf und zur Lage des Konzerns sind zu einer Gesamtaussage zu verdichten, in die auch Erkenntnisse nach dem Schluss des Berichtszeitraums einfließen. Dabei hat die Konzernleitung zu beurteilen, ob die Geschäftsentwicklung insgesamt günstig oder ungünstig verlaufen ist.«*

Das ist klar und deutlich, soll zu einer Festlegung auf eine Wertung führen: Entweder das ist günstig oder ungünstig.

Bei allem Geschick strategischer Kommunikation ist eine eindeutige Aussage für das lesende Publikum gefordert. Das ist auch kein Wahlrecht oder anderweitig ins Belieben gestellt, hier muss der Vorstand Farbe bekennen. Ab jetzt geht es um die Frage, wie Vorstände die zusammenfassende Gesamtaussage gestalten. Ist sie klar und deutlich, oder enthält sie Aspekte der Vernebelung? Worte sind dehnbar, weswegen der Vergleich unterschiedlicher Lösungsansätze bei der Beurteilung der Formulierungen bei der Würdigung hilft.

Wenden wir uns wieder *Delivery Hero* zu. Ist es günstig oder ungünstig, wenn Jahr für Jahr Verluste in steigender Höhe anfallen? Wie fasst der Vorstand die Entwicklung zusammen? Abb. 20 listet die Formulierungen des Vorstandes seit 2014 auf.

Die kürzeste Beurteilung des Geschäftsverlaufes findet sich für das Jahr 2019 und damit für das Jahr des geringsten Verlustes und das einzige Jahr mit einem Gewinn. Die anderen Formulierungen sind langatmiger und enthalten oft Bezüge auf das Umsatzwachstum. Können Sie nachvollziehen, dass der Vorstand einen Verlust in Höhe von 1,4 Milliarden EUR im Jahr 2020 u. a. mit einer günstigen Ertragslage klassifiziert?

Vielleicht ist die Antwort auf diese Frage der Grund, weswegen die Aussagen der Jahre 2021 und 2022 etwas blumiger ausfallen. Die Kombination eines historisch hohen Verlustes in Höhe von fast drei Milliarden EUR mit dem Wort Profitabilität in der Gesamtaussage dürfte einen vorläufigen Meilenstein der sprachlichen Künste des Managements darstellen.

Volkswagen liefert ein prägnantes Beispiel für präzise Kommunikation. Abb. 21 listet die Formulierungen der letzten Jahre auf und als Referenz den Gewinn des jeweiligen Jahres. Dies ermöglicht eine Würdigung der von *Volkswagen* gewählten Formulierungen. Das Jahr 2015 war das Diesel-Jahr, und *Volkswagen* bezeichnet es als »angespannt«. Die einzige negative Formulierung bezieht sich auf das einzige Jahr mit Verlust. Das Jahr danach zeigte einen Gewinn in etwa der halben Höhe, die *Volkswagen* gewöhnt ist. Nach dem Skandal des Vorjahres ist die Formulierung »insgesamt zufriedenstellend« so etwas Ähnliches wie die

Jahr	Formulierung	Gewinn/Verlust (Millionen €)
2014	setzte Delivery … starken Wachstumskurs … weiter fort.	–89
2015	Geschäftsentwicklung in Anbetracht des starken organischen Umsatzwachstums 2015 günstig verlaufen.	–253
2016	Geschäftsentwicklung in Anbetracht des starken organischen Wachstums in 2016 günstig verlaufen.	–195
2017	Der Vorstand beurteilt die Vermögens-, Finanz- und Ertragslage als positiv, unter Beachtung des erheblichen Wachstums …	–348
2018	Zusammengefasst bewertet die Geschäftsführung die Vermögens-, Finanz- und Ertragslage als positiv …	–42
2019	Der Vorstand beurteilt die Vermögens-, Finanz- und Ertragslage als positiv.	230
2020	Trotz der weltweiten COVID-19-Pandemie … beurteilt der Vorstand die Vermögens-, Finanz- und Ertragslage von Delivery Hero als positiv.	–1.403
2021	Das Jahr 2021 war durch den erfolgreichen Abschluss der Woowa-Transaktion, die anhaltenden Investitionen in Integrated Verticals sowie die schrittweise Lockerung der COVID-19-Beschränkungen geprägt.	–1.097
2022	Im Jahr 2022 fokussierte sich Delivery Hero strategisch auf Verbesserungen der Profitabilität in allen Regionen und Vertikalen	–2.975

Abb. 20: Delivery Hero – Textfragmente der Gesamtaussage

Formulierung »ausreichend« bei Schulnoten, womit der Vorstand nicht wirklich zufrieden sein kann.

Das Covid-Jahr 2020 enthält einen Hinweis auf die Seuche, aber

Jahr	Formulierung	Gewinn/Verlust (Millionen €)
2014	Der Vorstand der Volkswagen AG beurteilt den Geschäftsverlauf des Berichtsjahres positiv.	11.068
2015	Der Vorstand der Volkswagen AG beurteilt den Geschäftsverlauf und die wirtschaftliche Lage als angespannt.	−1.361
2016	Der Vorstand der Volkswagen AG beurteilt den Geschäftsverlauf und die wirtschaftliche Lage als insgesamt zufriedenstellend.	5.379
2017	Der Vorstand der Volkswagen AG beurteilt den Geschäftsverlauf und die wirtschaftliche Lage insgesamt positiv.	11.638
2018	Der Vorstand der Volkswagen AG beurteilt den Geschäftsverlauf und die wirtschaftliche Lage insgesamt positiv.	12.153
2019	Der Vorstand der Volkswagen AG beurteilt den Geschäftsverlauf und die wirtschaftliche Lage insgesamt positiv.	14.029
2020	Der Vorstand der Volkswagen AG beurteilt den Geschäftsverlauf und die wirtschaftliche Lage vor dem Hintergrund der umfassend und anhaltend negativen Auswirkungen der Ausbreitung des Coronavirus SARS-CoV-2 insgesamt positiv.	8.824
2021	Der Vorstand der Volkswagen AG beurteilt den Geschäftsverlauf und die wirtschaftliche Lage vor dem Hintergrund der aktuellen Herausforderungen insgesamt positiv.	15.428
2022	Der Vorstand der Volkswagen AG beurteilt den Geschäftsverlauf und die wirtschaftliche Lage vor dem Hintergrund der politischen und ökonomischen Entwicklungen im Jahr 2022 sowie der Transformation der Branche als herausfordernd, aber insgesamt positiv.	15.836

Abb. 21: Volkswagen – Gesamtaussagen

der Gewinn liefert genug Grundlage dafür, dass Volkswagen auch dieses Jahr – wie die vorherigen und folgenden – als »insgesamt positiv« bezeichnet. Die Formulierungen der Jahre 2021 und 2022 bringen angesichts der beiden Rekordgewinne möglicherweise ein gewisses Understatement zum Ausdruck. Warum lautete die Formulierung nicht: »Es war ein grandioses Geschäftsjahr«? Hat *Volkswagen* Bescheidenheit gelernt? Vielleicht. Oder deutet der Vorstand hier an, dass am strahlend blauen Himmel des Gewinns die ein oder andere Wolke aufzieht? Wir werden uns dieser Frage in späteren Kapiteln widmen.

Praktischerweise sind die zusammenfassenden Aussagen in den Abschlüssen des Konzerns einfach zu finden. Wer den Abschluss herunterlädt oder online betrachtet, betätigt die Suchfunktion (bei PDF-Dokumenten zum Beispiel mit der Tastenkombination STRG + F), tippt das Wort »Gesamtaussage« ein, und schon findet man die entsprechenden Ausführungen. Diese Art der Bilanzanalyse dauert ca. fünf Sekunden und funktioniert mit den meisten Abschlüssen der großen börsennotierten Unternehmen, aber nicht mit allen. Bei *Adidas* beispielsweise lautet die entsprechende Überschrift »BEURTEILUNG VON GESCHÄFTSENTWICKLUNG, RISIKEN UND CHANCEN SOWIE AUSBLICK DURCH DAS MANAGEMENT«. Wer des Lesens mächtig ist, findet die Gesamtaussage. Das funktioniert auch dann, wenn es überhaupt keine Überschrift gibt, die auf die Gesamtaussage hindeutet, was schon mal vorkommen kann. Die Firma *Bayer* führt es vor, denn eine Überschrift, die auf eine Gesamtaussage hinweist, sucht man vergeblich. Es hilft Orientierung am generellen Aufbau des Lageberichtes, und zwar mit dem Blick auf den sogenannten Wirtschaftsbericht. Ein Lagebericht kommt immer vom Großen ins Kleine, das heißt, es beginnt mit der Weltwirtschaft, engt dann ein auf die Entwicklung der Branche. Vorbereitet mit diesen Metainformationen, beginnt daraufhin der Bericht über die Entwicklung des Unternehmens, der eigentliche Wirtschaftsbericht. Der erste Satz dieses Teils oder der erste Absatz enthält normalerweise die zusammenfassende Gesamtaussage mit oder ohne entsprechende Kapitelüberschrift. *Bayer* entfaltet an dieser Stelle sprachliche

Eleganz ungeahnten Ausmaßes. In Kapitel 2 war die Rede von der Akquisition der Firma *Monsanto* durch *Bayer* und davon, dass *Bayer* im Jahr 2020 einen Verlust in Höhe von über 10 Milliarden EUR hinnehmen musste. Der Börsenkurs hatte sich halbiert, und die kurzfristigen Verbindlichkeiten überstiegen erstmals seit Jahren das kurzfristige Vermögen. Insgesamt war das Geschäftsjahr 2020 also ein Desaster allererster Güte. Im ersten Satz des Wirtschaftsberichtes bringt es der Vorstand auf den Punkt:

> *»Das operative Geschäft war im Jahr 2020 stabil – trotz erheblicher unvorhergesehener Entwicklungen.«*

Stabil.

Vielleicht wie in »stabiler Seitenlage«?

Das Wort hat eine Tendenz zum Günstigen, ohne notwendig günstig sein zu müssen. Ob dies den Anforderungen des DRS 20 entspricht oder nicht, liegt im Auge des Betrachters. Oder im Auge der Wirtschaftsprüfung, die mit der Formulierung offenbar keine Schwierigkeiten hatte. Im darauffolgenden Jahr 2021 erwirtschaftete *Bayer* einen Gewinn von einer Milliarde EUR. Vielleicht rechtfertigt das im Nachhinein die Künste der Wortfindung.

Die dritte Frage an jeden Jahresabschluss

Sprache ist verräterisch. Insbesondere im Zeitablauf lohnt daher ein Vergleich der Aussagen, die das Gesetz beziehungsweise der DRS 20 vorschreiben. Dann ist es wie im wirklichen Leben: Je nebulöser die Aussage, desto trüber ist die Situation.

Daher lautet die dritte Frage an jeden Jahresabschluss:

Wie fasst der Vorstand die Entwicklung des Geschäftsjahres zusammen?

Die Unterfragen hierzu sind:

- Ist die Formulierung eindeutig?
- Wie verhält sich die Formulierung im Zeitablauf?

- Gibt es eine Überschrift, die sofort auf die Gesamtaussage hinweist?
- Ändern sich die Überschriften, oder entfallen sie?
- Wie leicht macht es der Konzern dem Publikum, die Gesamtaussage sofort zu erfassen?

Lesen Sie und folgen Sie Ihrem Gefühl. Es wird Sie nicht trügen.

Nach der Klärung dieser dritten Frage haben Sie nunmehr etwa fünf bis zehn Minuten investiert, in denen Sie jeden Abschluss in Angriff nehmen, bevor Sie auch nur eine einzige Zahl betrachten. Es kommt immer auf den Einzelfall an, aber nach meiner Einschätzung führen die Antworten auf diese drei Fragen zu etwa der Hälfte der Gesamterkenntnisse, die sich aus einem Jahresabschluss gewinnen lassen.

Die gewonnenen Antworten versetzen Sie in einen bestimmten Erwartungszustand, mit dem Sie sich nunmehr dem Zahlenteil zuwenden können.

3 Ohne Zahlen geht es nicht, aber aller Anfang ist leicht

Im Herzen des Jahresabschlusses befinden sich die Bilanz und die Gewinn- und Verlustrechnung. Es hilft nichts, tiefer gehende Aussagen lassen sich aus einem Jahresabschluss nur bei Betrachtung der Zahlen gewinnen. Leider schrecken viele Menschen davor zurück, die Rechenwerke einer Würdigung zu unterziehen. Sie zählen verschiedene Gründe auf: Man verstehe nichts von Zahlen, man könne es nicht beurteilen, es sei sowieso alles gelogen und so weiter.

Eine Veröffentlichung der Hans-Böckler-Stiftung publiziert ein prominentes Zitat:

»Bilanzpolitik bedeutet, legal die Unwahrheit zu sagen.«

Diese Aussage ist ein Schlag ins Gesicht aller lauteren Buchhalter und Buchhalterinnen, deren teils langjährige Ausbildung und gesetzliche Arbeitsgrundlagen darauf ausgerichtet sind, in den Büchern der Unternehmen die tatsächlichen Verhältnisse abzubilden. Die zitierte Aussage ist schon deswegen falsch, weil einschlägige Rechtssysteme bestimmte Vorgehensweisen und damit bestimmte Ausprägungen der Bilanzpolitik erzwingen. In Deutschland, Österreich und der Schweiz dominiert der gesetzliche Zwang zur Vorsicht alle Überlegungen. Es entspricht deutschsprachigem Kulturgut und bedeutet, dass die Bewertung von Vermögen im Zweifel eher etwas zu niedrig, die Bewertung von Verbindlichkeiten im Zweifel eher etwas zu hoch ausfallen darf – aber nicht andersherum! Diese Vorgehensweise senkt den Gewinn, damit die Höhe möglicher Gewinnausschüttungen, lässt das Geld somit eher im Unternehmen und dient so dem Gläubigerschutz. In allen Ländern unseres Planeten gelten die Prinzipien der Wahrheit und Klarheit, aber die vorsichtige Bewertung steht nicht überall im Vordergrund. Unternehmen, deren Anteile an internationalen Börsen gehandelt werden, bilanzieren gemäß internationalen Vorschriften. Diese heißen »International Financial Reporting Standards«. Sie werden IFRS abgekürzt und entgegen korrekter englischer Aussprache in Deutschland normalerweise

Wahrheit international
Deutschland
Handelsgesetzbuch, § 264:
»Der Jahresabschluß der Kapitalgesellschaft hat unter Beachtung der Grundsätze ordnungsmäßiger Buchführung ein den tatsächlichen Verhältnissen entsprechendes Bild der Vermögens-, Finanz- und Ertragslage der Kapitalgesellschaft zu vermitteln.«
Handelsgesetzbuch, § 252
»es ist vorsichtig zu bewerten«
Österreich
Unternehmensgesetzbuch, § 222:
»Der Jahresabschluß hat ein möglichst getreues Bild der Vermögens-, Finanz- und Ertragslage des Unternehmens zu vermitteln.«
Unternehmensgesetzbuch, § 201:
»Der Grundsatz der Vorsicht ist einzuhalten«
Schweiz
Obligationenrecht, Art. 958
»Die Rechnungslegung soll die wirtschaftliche Lage des Unternehmens so darstellen, dass sich Dritte ein zuverlässiges Urteil bilden können.«
Obligationenrecht, Art. 958c:
»Sie [die Rechnungslegung] muss vorsichtig sein.«
International Financial Reporting Standards, IFRS
»Decision Making Purposes«

Abb. 22: Ziele der Bilanzierung im Vergleich

»Ifris« ausgesprochen (in der Schweiz blamiert man sich damit, dort wird eine englischsprachige Abkürzung auch englischsprachig ausgesprochen). Im Vordergrund der IFRS steht nicht die vorsichtige Bewertung, sondern vielmehr die Vergleichbarkeit von Unternehmen für Investoren. Das führt zu ein paar entscheidenden Unterschieden zu deutschsprachigen Bilanzierungsregeln. Tendenziell lassen die Regelungen der IFRS etwas mehr Spielraum für optimistische Prognosen. Gleichzeitig fordern die IFRS deutlich mehr Transparenz. Abb. 22 listet die wesentlichen Prinzipien auf.

Optimistischere Berichterstattung wird somit begleitet von höherer Transparenz. Hier mit dem Ausdruck »Unwahrheit« zu hantieren, ignoriert die Natur der Vorschriften und ist vermutlich lediglich propagandistischer Ausdruck einer angesichts vieler Zahlen empfundenen Hilflosigkeit.

Zunächst bestehen die Bilanz und die Gewinn- und Verlustrechnung (abgekürzt: GuV) – egal nach welchen Rechtsvorschriften – tatsächlich unter anderem aus vielen Zahlen. Und wie sich eine Landkarte nur sinnvoll lesen lässt, wenn klar ist, wo die Himmelsrichtungen liegen und wie sich symbolische Darstellungen von Flüssen und Straßen unterscheiden, erschließen sich Bilanz und GuV, wenn die dahinter liegende Rechenmechanik bekannt ist.

In diesem Kapitel geht es um den fundamentalen Bilanzzusammenhang, den ich zunächst in größtmöglicher Einfachheit und unter strikter Vermeidung sperriger Fachsprache vorstelle. Auf diese Weise entstehen die gedanklichen Instrumente, mit denen sich Bilanzen so einfach lesen lassen wie die Zeitung am Morgen.

Keine Angst, die Bilanzmechanik beherrschen Sie mit den Grundrechenarten. Bilanzlesen ist wie Radfahren: Man verlernt es nicht.

Fangen wir an.

Weltsprache Bilanz seit über 500 Jahren

Der Bilanz und der GuV liegt ein Rechenschema zugrunde, das auf der ganzen Welt und theoretisch auch an jeder Stelle des Weltalls immer genau gleich funktioniert. Es ist einfach, genial, und eine bemerkenswerte Konsequenz dieses Schemas besteht darin, dass alle Buchhalterinnen und Buchhalter dieses Planeten die gleiche Sprache sprechen. In den folgenden Abschnitten lernen Sie diese Sprache.

Aller Anfang ist leicht – eine einfache Rechnung

Stellen Sie sich vor, Sie haben 20 EUR in der Tasche und möchten nachher mit dem Taxi zu einem nahe gelegenen Ziel fahren. Sie beschäftigen sich jetzt mit der Frage, wie viel von den 20 EUR Sie vor der Fahrt beispielsweise für einen Kaffee oder ein belegtes Brötchen ausgeben können, um anschließend immer noch in der Lage zu sein, das Taxi zu bezahlen. Das hängt logischerweise von den Kosten der Taxifahrt ab. Nehmen wir also an, das Taxi kostet normalerweise 10 EUR, und zur Sicherheit, weil vielleicht die Ampeln nicht so grün sind wie gewünscht oder weil Sie noch ein Trinkgeld geben möchten, schätzen Sie die Kosten der Taxifahrt auf 12 EUR.

Zusammengefasst: Sie haben 20 EUR und fahren nachher mit dem Taxi für höchstens 12 EUR. Wie viel Geld können Sie vor der Fahrt gefahrlos ausgeben?

Das können Sie tatsächlich erfolgreich ausrechnen und haben damit allen Ernstes die erste Hürde gemeistert.

Folgendes haben Sie gerechnet:

20 EUR minus 12 EUR gleich 8 EUR

Mit der Einführung rechnerischer Symbole schreibt es sich:

20 EUR – 12 EUR = 8 EUR

Abstrakt formuliert enthält die Rechnung drei Komponenten:

- Vermögen
- Schulden
- und den verbleibenden Rest.

Das sieht abstrakt so aus:

Vermögen – Schulden = Rest

Die Rechnung fällt leicht, weil wir alle in der Grundschule die Grundrechenarten gelernt und seither vielfach erfolgreich angewendet haben. Wir fühlen uns aus guten Gründen mit dieser Rechnung sicher. Aber nun erinnern Sie sich bitte erneut an die Grundschule: Zuerst haben wir das Addieren gelernt und danach das Subtrahieren. Vielen fiel das Subtrahieren ein klein wenig schwerer. Damals haben uns die Lehrerinnen eine Rechenhilfe beigebracht, um zu prüfen, ob die Subtraktion richtig war.

Die Probe

Die rechnerische Probe stellt sicher, dass die einfache Subtraktion richtig erfolgte. Die Probe funktioniert, indem sie die Rechnung umstellt.

Dies war die Rechnung:

20 EUR – 12 EUR = 8 EUR

Per Subtraktion wurde der Rest ausgerechnet. Mithilfe der Probe lässt sich prüfen, ob die Subtraktion erfolgreich richtig war.

Dies ist die Probe:

20 EUR	=	12 EUR	+	8 EUR

Das Vermögen muss genauso groß sein wie die Schulden zuzüglich des in der vorherigen Subtraktion ausgerechneten Restes. Wenn das stimmt, stimmt auch die Subtraktion.

Abstrakt und ohne Zahlen ausgedrückt, stellt sich der Vorgang so dar:

Die Rechnung:

Vermögen	–	Schulden	=	Rest

Die Probe:

Vermögen	=	Schulden	+	Rest

Von der Probe ist es nur noch ein kurzer Weg zur Bilanz.

Die Visualisierung einer einfachen Rechnung

Die Konstruktion einer Bilanz wurde erstmals 1426 in den Aufzeichnungen genuesischer Kaufleute nachgewiesen und 1494 (unter anderem zwei Jahre nachdem Kolumbus nach Amerika gesegelt war) von dem italienischen Mönch Luca Pacioli umfangreich beschrieben (deswegen trägt eine mächtige Software des Rechnungswesens den Namen *LucaNet*). Im Mittelalter haben die Menschen nicht die Schulbildung genossen, der wir uns heute erfreuen. Viele Menschen konnten nicht oder nur sehr mühsam die einfachsten Rechentransaktionen durchführen, sie konnten kaum lesen und schreiben und haben bei Rechenvorgängen häufig Fehler gemacht. Diese Handicaps störten die Kaufleute in Venedig, die daher darüber nachdachten, wie sie den Vorgang der Subtraktion und deren Probe so visualisieren konnten, dass beide immer feh-

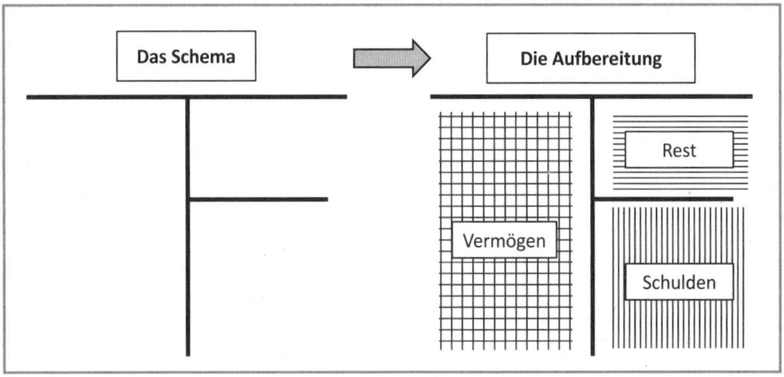

Abb. 23: Visualisierung einer Subtraktion

lerfrei gelingen. Die Überlegungen mündeten in ein Schema, das sich mit den Grundrechenarten erschließt und die Komponenten Vermögen, Schulden und Rest gut verständlich aufbereitet, wie Abb. 23 zeigt.

Um die Probe zu machen, wird unter den jeweiligen Blöcken links und rechts die Summe ausgerechnet. Wenn die Summen links und rechts genau gleich groß sind, dann stimmt die Probe. Für das Beispiel mit dem Taxi stellt es Abb. 24 dar.

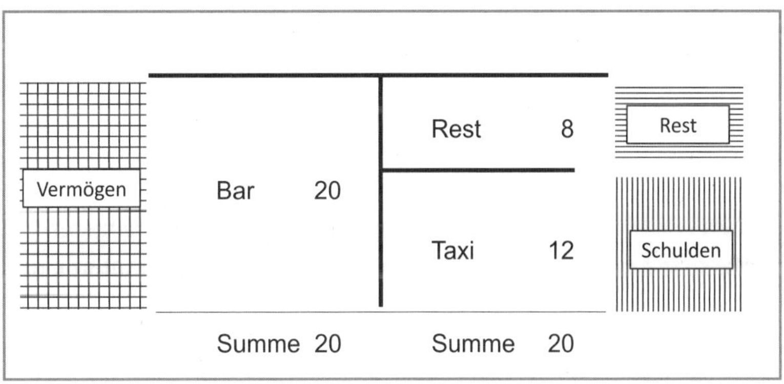

Abb. 24: Die erste Bilanz

Das ist die erste Bilanz dieses Buches. Zahlreiche weitere werden folgen. Das Verständnis dieser Darstellung ist der Schlüssel für alles Weitere. Bei einer Bilanz handelt es sich um die visuelle Aufbereitung einer Subtraktion mit eingebauter Probe. Auf der linken Seite stehen 20 EUR. Auf der rechten Seite stehen zusammen auch 20 EUR, die sich aus der Taxifahrt für 12 EUR und dem verbleibenden Rest in Höhe von 8 EUR zusammensetzen. Die Summen links und rechts sind gleich, also ist die Probe erfolgreich.

Die Position der Taxiverbindlichkeit weist eine Besonderheit auf: Es handelt sich um eine gedankliche Reservierung für ein Ereignis. Bitte beachten Sie: Es fließt kein Geld, es ist nur reserviert. Diese Reservierungsposition heißt: Rückstellung.

Genau dieses Schema, die Gegenüberstellung von Vermögen, Schulden und dem verbleibenden Rest nebst Prüfsumme, ist das **Bilanzschema**, das Herz aller Jahresabschlüsse auf der ganzen Welt. Auch die kleinsten Abschlüsse enthalten mindestens eine Bilanz. Größere Abschlüsse erstrecken sich darüber hinaus auf die Gewinn- und Verlustrechnung und weitere Elemente, aber das Mindeste, was jeder Abschluss präsentiert, ist so eine Bilanz.

Bei dieser Gelegenheit erschließen sich die drei wichtigsten Grundbegriffe der Bilanzierung, die ihrerseits oft in Jahresabschlüssen auftauchen:

1. Ansatz
2. Bewertung
3. Ausweis

Diese drei Begriffe sind das Herzstück des Rechnungswesens. Leider hören sie sich nicht besonders interessant an, das ist schade, denn die Bedeutung dieser Worte ist fundamental. Hier wird über Betrug, Leben und Tod eines Unternehmens und seine Art und Weise, sich zu präsentieren, entschieden. Die Begriffe sind so wichtig, dass sie Gegenstand der nächsten drei Abschnitte sind.

Ansatz

Die Frage des **Ansatzes** entscheidet, ob eine Position in der Rechnung auftaucht oder nicht. Auf Englisch dreht es sich um die Frage der »Recognition«, was sich etwas lässiger anhört. Die Antwort lautet entweder Ja oder Nein. Sollen 20 EUR Bargeld angesetzt werden? Ja, denn zweifelsfrei befindet sich dieses Geld in der Hosentasche, also stehen auf der linken Seite 20 EUR. Soll die Taxifahrt bedacht sein? Ja, denn es nicht zu tun, könnte den Fehler auslösen, zu viel Geld auszugeben, sodass die spätere Taxifahrt nicht mehr bestritten werden kann. Also stehen auf der rechten Seite 12 EUR für die Fahrt als gedankliche Reservierung. Eine vorübergehende Übelkeit oder große Freude hingegen sind ganz klar nicht ansatzfähig. Nur Vermögen, Schulden und der verbleibende Rest sind ansatzfähig.

Während der jährlichen Inventur zählen die Mitarbeiter eines Unternehmens das gesamte Vermögen und alle Schulden einmal durch; diese Aktivität lässt sich die Wirtschaftsprüfung nicht entgehen, denn für die Wahrheit eines Abschlusses ist es absolut entscheidend, dass nur Dinge angesetzt werden, die tatsächlich existieren.

Alle Bilanzbetrüger setzen immer auf der linken Seite Vermögen an, das nicht existiert. Dies praktizierte in den Neunzigerjahren des letzten Jahrhunderts die Firma *Flowtex*. Sie verkaufte Maschinen, mit denen ihre Kunden beispielsweise unter Straßen hindurch Löcher bohren konnten. Der Vorteil dieses Verfahrens liegt auf der Hand: Wer Leitungen verlegt oder Krötentunnel gräbt, muss die Straße nicht aufreißen und anschließend wieder neu asphaltieren – das spart Zeit und Geld. Unter der Aufsicht der Wirtschaftsprüfung zählten die Mitarbeiter von *Flowtex* die Bohrmaschinen durch, die mit ihrer Fahrerkabine etwa so groß wie kleine Bagger waren. Zu Feierabend verließen alle Beteiligten das Lager mit den Maschinen. Und während die Prüfer sich von den Strapazen des Tages erholten, kehrten Mitarbeiter von *Flowtex* an den Ort des Geschehens zurück und verbrachten die Maschinen in ein anderes Lager, sie entfernten die Inventurnummern und klebten neue Nummern auf die Maschinen. Auch dekorierten sie die Fahrerkabinen der Maschinen um mit flauschigen Schmusewürfeln, die am Rückspiegel hängen, wippenden Elvis-Presley-Figuren oder dergleichen. Am nächsten Tag nahm die Zählung ihren Lauf. *Flowtex* setzte auf diese Weise viel mehr Maschinen an, als tatsächlich existierten. Als der Betrug schließlich aufflog, hatten Anleger über 5 Milliarden Mark verloren. Das hatte die *P&R AG* im Vergleich zu *Flowtex* zwar geschickter eingefädelt, weil sie noch nicht einmal echte Hardware zwecks Doppelzählung benötigte, aber im Prinzip handelt es sich um die immer gleiche Masche: Man erfindet Vermögen, das es nicht gibt. Auch *Wirecard* hat das so gemacht – was Sie später in diesem und detailliert in Kapitel 4 nachlesen können.

Bewertung

Auf die Frage des Ansatzes folgt die **Bewertung**, die auf Englisch »Valuation« heißt. Dabei geht es um die Höhe des Betrages. Im Fall der Taxifahrt wurden vorsichtshalber höhere Ausgaben geschätzt, sicher ist sicher. Damit folgte die Bewertung dem Prinzip, dass vorsichtig zu bewerten ist. Die Bewertung des Vermögens war einfach: Bargeld in Höhe von 20 EUR hat einen Wert von genau 20 EUR. Bewertungsfragen aber können über Leben und Tod entscheiden und enorme Komplexität entfalten.

Volkswagen hat für den Abschluss 2015 deutlich mehr Tage benötigt (113), als dies üblicherweise erforderlich war. Was hat *Volkswagen* in der Zeit eigentlich gemacht?

Ganz einfach: bewertet.

Volkswagen hat mögliche Zahlungsverpflichtungen berechnet, weil das Unternehmen bei den amerikanischen Behörden aufgeflogen war. *Volkswagen* hatte mit einer Prozesswelle zu rechnen und deren finanzielle Folgen abzuschätzen. Also musste *Volkswagen* Rückstellungen ansetzen und sie bewerten. Sie erinnern sich: Rückstellungen sind gedankliche Reservierungen für Aus-

Kurvenanalyse: In diesem Bild ist die Elbphilharmonie ca. 20 Mal versteckt

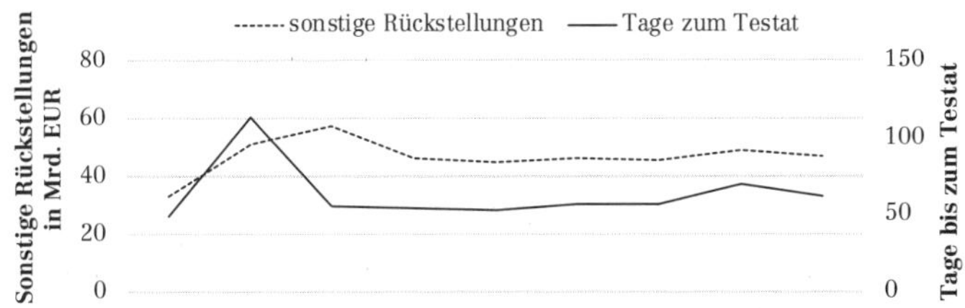

	2014	2015	2016	2017	2018	2019	2020	2021	2022
Tage zum Testat	49	113	55	54	53	57	57	70	62
sonstige Rückstellungen	33	51	57	46	45	46	46	49	47

Abb. 25: Volkswagen – Entwicklung der Rückstellungen (Mrd. EUR)

zahlungen in der Zukunft. Für genau dieses Risiko konnte *Volkswagen* nicht auf Beispielfälle zurückblicken, vielmehr handelte es sich das erste Mal um ein Bewertungsproblem solcher Dimension. Den Verlauf der Position mit dem Titel »sonstige Rückstellungen« im Zeitablauf stellt Abb. 25 dar.

Für das Jahr 2015 schnellten die Rückstellungen um 18 Milliarden EUR nach oben. In Worten: achtzehn Milliarden Euro! Das entspricht dem gut Zwanzigfachen der Kosten für die Hamburger Elbphilharmonie. Im Jahr 2016 legte *Volkswagen* fast sieben Milliarden nach. Jeder einzelne Euro benötigt eine stichhaltige Begründung – mit einer blanken Schätzung irgendeines Buchhalters ist es nicht getan. In letzter Zeit hat man sich nach diversen Gerichtsprozessen, Strafzahlungen und so weiter in der Größenordnung von 50 Milliarden EUR eingependelt. Das hat *Volkswagen* in der gewohnten Geschwindigkeit geschafft, aber das Abschlussjahr 2015 hat viele Menschen sehr stark beschäftigt, weil sie erstmals eine Bewertungsfrage dieser Größenordnung zu klären hatten.

Nach Klärung von Ansatz und Bewertung verbleibt die Frage nach der Art der Darstellung, die Frage des Ausweises.

Ausweis

Der **Ausweis** betrifft die Art der Darstellung, wobei es sich um Klarheit und Detaillierung der Darstellung dreht. Auf Englisch spricht man von der »Presentation«. Im Fall des Taxis wurden die Zahlen ohne Stellen nach dem Komma und mit einer Abkürzung für die Währung dargestellt (20 EUR). In Jahresabschlüssen finden sich Zahlen in ganzen Millionen Euro oder in ungerundeten Beträgen bis zur zweiten Stelle nach dem Komma. Interessante Fragen des Ausweises drehen sich um Summierungen und Zusammenfassungen. Ein Weltstandard des Ausweises positioniert im Bilanzschema das Vermögen links, die Schulden und den Rest rechts. Das war es dann mit dem Weltstandard, denn ob die Schulden unten oder oben rechts erscheinen, regeln die Standards der Länder unterschiedlich.

Clevere Betrüger nutzen Vorschriften des Ausweises zur Verschleierung ihrer Übeltaten. So geschehen bei *Wirecard*. Ein Cash-Acquirer muss in dem Land, in dem er seinen Geschäften nachgeht, einen Sicherheitsbestand Geld lagern. Denn wenn etwas mit der technischen Geldtransaktion schiefgeht oder Kunden die Transaktion rückabwickeln, möchte man sicherstellen, dass derjenige, der die Transaktion technisch durchgeführt hat, in der Lage ist, mögliche Schäden auszugleichen oder eine Rückabwicklung schnell durchzuführen.

Konkret bedeutet das, dass im Verhältnis zum Transaktionsvolumen ein bestimmter Geldbetrag des Cash-Acquirers im Land der Leistungserbringung als Reserve auf den örtlichen Bankkonten des Unternehmens liegen muss. Keiner dieser Dienstleister jedoch hat in jedem Land, in dem er seine Leistung anbietet, eigene Bankkonten. Also bedienen sich die Dienstleister der Hilfe von Treuhändern. Der Cash-Acquirer überweist Geld auf das Konto des Treuhänders, das Geld liegt jetzt nicht mehr auf dem Bankkonto des Cash-Acquirers, sondern auf dem Bankkonto des lokalen Treuhänders. Es liegt dort – wie man sagt – »zu treuen Händen«, daher der Name. Der Treuhänder handelt als Befehls-

Konzernbilanz für das Geschäftsjahr 2017

Aktivseite

zum 31. Dezember 2017

	Euro	Euro	Euro	Euro
1. Barreserve				1.770
a) aus Zahlungsdiensten			0	
b) aus sonstigen Tätigkeiten			1.770	
2. Forderungen an Kreditinstitute				399.929.957
a) aus Zahlungsdiensten			359.048.740	
davon auf Treuhandkonten	103.577.102			
b) aus sonstigen Tätigkeiten			40.881.217	
aa) täglich fällig		39.917.309		
bb) andere Forderungen		963.908		
3. Forderungen an Kunden				26.934.905

Abb. 26: Payone – Davon-Ausweis der Treuhandkonten

empfänger auf Anweisung. Der Cash-Acquirer könnte das Geld auch jederzeit zurückverlangen, er müsste dies nur anfordern, und der Treuhänder müsste diese Anweisung ausführen. Das Geld auf dem Bankkonto des Treuhänders ist also praktisch so gut wie das Geld auf dem eigenen Bankkonto. Damit kommt die Frage der Bezeichnung dieses Geldes, also die Frage des Ausweises ins Spiel.

Handelt es sich um eine Forderung gegen den Treuhänder? Oder ist es Geld auf einem Bankkonto? Kurz: Forderung oder Geld? Für genau diesen Fall gibt es eine deutsche und eine internationale Antwort.

Das HGB verlangt den Ausweis als Forderung. Ein Beispiel: Die Firma *Payone* betreibt das gleiche Geschäft wie *Wirecard*, ist also ein Cash-Acquirer (der letzte verfügbare Abschluss stammt aus dem Jahr 2017, weil *Payone* danach unter das Dach des Sparkassenverlages schlüpfte. Dessen Abschlüsse sehen gänzlich anders aus und helfen nicht für einen Vergleich hinsichtlich der Forderungen an Treuhänder). Bitte beachten Sie in Abb. 26 den Ausweis der Beträge, die auf Treuhandkonten liegen – die Positionen sind umrandet, die anderen Angaben können Sie vorerst ignorieren.

Aus dem Vorsichtsprinzip folgt eine gewisse Orientierung auf Vermögen, das alle Beteiligten absichert. Das führt zu einem detaillierten Ausweis des Vermögens. Einzelne Bestandteile einer Oberposition zeigt die Bilanz erläuternd mit dem sogenannten Davon-Ausweis. »Davon auf Treuhandkonten« ist ein schönes Beispiel dafür.

Unternehmen, die nach IFRS bilanzieren, müssen anders ausweisen. Hier steht nicht die Darstellung des Vermögens im Vordergrund, sondern die Frage, ob eine Verfügungsmöglichkeit über Geld vorliegt. Diese andere Perspektive ist weder richtig noch falsch, es ist einfach eine andere Methode, die Dinge zu betrachten. Wenn es weniger um Vermögen als solches geht, sondern mehr darum, ob das Unternehmen darüber verfügen kann, hier: über das Geld, dann ist es egal, ob ein Treuhänder über das Geld verfügt oder das Unternehmen, das ihn beauftragt. Daher bezeichnet man das Geld auf dem Konto des Treuhänders als »äquivalent« zum unmittelbar eigenen Geld, als gleichwertig dazu. Das Geld auf dem Konto eines Treuhänders ist daher ein sogenanntes Zahlungsmitteläquivalent. Also weisen die Unternehmen Geldbestände, die auf den Konten eines oder mehrerer Treuhänder liegen, als Zahlungsmitteläquivalent aus, und zwar addiert mit den unmittelbar verfügbaren Zahlungsmitteln auf den eigenen Bankkonten.

Die Überschrift lautet:

»Zahlungsmittel und Zahlungsmitteläquivalente«

Abb. 27 zeigt die originale linke Seite der Bilanz *Wirecards* aus dem Jahr 2018. Es ist nicht erforderlich, dass Sie alle Positionen und Zahlen betrachten. Bitte beachten Sie nur folgende Elemente: den Ausweis der Zahlungsmittel zusammen mit den Zahlungsmitteläquivalenten. Diese Position ist umrandet. Und wo Sie schon dabei sind, werfen Sie noch einen Blick auf die Summe des gesamten Vermögens.

Die Summe des Vermögens beläuft sich auf 5,8 Milliarden EUR. Unter Nummer 6 präsentiert die Bilanz 2,7 Milliarden EUR als Zahlungsmittel und Zahlungsmitteläquivalente. Anders als im HGB-Abschluss gibt es hier keinen Davon-Ausweis, der darüber informiert, wie viel von diesen 2,7 Milliarden EUR Treuhänder aufbewahren.

Bei *Wirecard* hat sich später herausgestellt, dass der Treuhänder in Wirklichkeit kein Geld für *Wirecard* aufbewahrte. 1,9 Milliarden EUR waren einfach weg und haben mutmaßlich nie existiert. Der Betrug hat also genau in der Position der Zahlungsmittelaquivalente stattgefunden. Die Tücke besteht darin, dass man normalerweise – also vor *Wirecard* – in der Position Zahlungsmittel und Zahlungsmitteläquivalente keine Manipulation

Aktiva

in Mio. EUR	31.12.2018	31.12.2017 angepasst*
I. Langfristige Vermögenswerte		
1. Immaterielle Vermögenswerte		
Geschäftswerte	705,9	675,8
Kundenbeziehungen	452,1	484,9
Selbsterstellte immaterielle Vermögenswerte	138,2	120,0
Sonstige immaterielle Vermögenswerte	113,3	109,3
	1.409,5	1.390,0
2. Sachanlagen	81,5	57,5
3. Nach der Equity-Methode bilanzierte Beteiligungen	14,0	14,6
4. Finanzielle und andere Vermögenswerte / verzinsliche Wertpapiere	413,6	310,2
5. Steuerguthaben		
Latente Steueransprüche	10,8	9,1
Langfristiges Vermögen gesamt	1.929,4	1.781,4
II. Kurzfristige Vermögenswerte		
1. Vorräte und unfertige Leistungen	10,6	13,3
2. Forderungen aus dem Acquiringbereich	684,9	442,0
3. Forderungen aus Lieferungen und Leistungen und sonstige Forderungen	357,4	274,7
4. Steuerguthaben		
Steuererstattungsansprüche	13,1	11,0
5. Verzinsliche Wertpapiere und Festgelder	139,6	109,1
6. Zahlungsmittel und Zahlungsmitteläquivalente	2.719,8	1.901,3
Kurzfristiges Vermögen gesamt	3.925,5	2.751,4
Summe Vermögen	5.854,9	4.532,8

Abb. 27: Wirecard – Aktivseite (Ausschnitte der veröffentlichten Bilanz)

vermutete, denn nichts ist so einfach nachzuprüfen wie ein Kontostand. Der gute alte Kontoauszug sorgt für Nachweis und Sicherheit. Die Position Zahlungsmittel ist per se einfach nicht besonders verdächtig. Die Unverdächtigkeit der Position Zahlungsmittel strahlt aus auf die Position der Zahlungsmitteläquivalente, sodass niemand etwas Böses vermutet. Die eigentliche Betrugsposition der Zahlungsmitteläquivalente, also des Geldes auf Konten der Treuhänder, hat sich gewissermaßen versteckt in einer übergeordneten Summe, die als »Zahlungsmittel und Zahlungsmitteläquivalente« ausgewiesen wurde. Diese Äquivalente werden im ganzen Abschluss von *Wirecard* nicht genauer analysiert oder präsentiert, also ausgewiesen, sodass deren verdächtige Entwicklung über die Jahre hinweg nicht ins Auge sprang.

Es war somit ein Aspekt des Ausweises, der den Betrug durch *Wirecard* begünstigt hat. Wie genau *Wirecard* 1,9 Milliarden EUR erfinden konnte, dazu kommen wir in Kapitel 4.

Überprüfen Sie Ihr Wissen, bevor es weitergeht!

Sie haben bis hierher gelernt, was eine Bilanz ist, nämlich die visuelle Darstellung einer Subtraktion mit Probe. Sie haben außerdem gelernt, welche Bedeutung die Ausdrücke Ansatz, Bewertung und Ausweis haben.

Dieses Verständnis ist absolut elementar für alle weiteren Schritte. Sie sollten nicht weiterlesen, wenn Sie sich mit diesen Grundlagen nicht sicher fühlen. Bitte überprüfen Sie Ihre Sicherheit anhand folgender Testfragen:

1. Sie haben 100 EUR in der Tasche, in Kürze laden Sie eine Bekannte oder einen Freund zum Essen ein. Es wird höchstens 75 EUR nebst 7 EUR Trinkgeld kosten. Wie viel Geld können Sie vor dem Essen noch ausgeben?
2. Wie lautet die Probe zu dieser Rechnung?
3. Stellen Sie die Rechnung in der Form einer Bilanz dar.

4. Wie lauten die Prüfsummen links und rechts unter der Bilanz?
5. Was sind die Unterschiede zwischen Ansatz, Bewertung und Ausweis?

Wenn Sie diese Aufgaben lösen können, sind Sie bereit für den nächsten Abschnitt (Lösungen auf Seite 263). Nun bringen wir das Bilanzschema durch die Einführung der Gewinn- und Verlustrechnung in Bewegung.

Der Start ins Business – was hat die Bilanz mit der Gewinn- und Verlustrechnung zu tun?

Eine Bilanz listet Vermögen, Schulden und den verbleibenden Rest zu einem Stichtag auf. Die Unternehmen müssen per Gesetz nur eine Bilanz pro Jahr herstellen, in der betrieblichen Realität kommt es auf den Willen des Managements an: Gut sortierte Unternehmen erstellen eine Bilanz jeden Monat zum letzten Tag des Monats. Aber es gibt Geschäftsleute, die für die Steuerung ihres Unternehmens einfach nur in die Kasse oder auf das Bankkonto gucken, einmal im Jahr ihren Steuerberater seinen Job machen lassen und sich nicht weiter für die Bilanz interessieren. Es ist dann etwas Glücksache, ob dieser Managementansatz zum Erfolg führt oder in die Insolvenz. Denn zwischen den Stichtagen der Bilanzerstellung ereignen sich die Dinge, die zu wirtschaftlichem Erfolg oder dessen Gegenteil führen.

In unserem Beispiel hatten Sie 20 EUR in der Hosentasche und überlegten, später mit dem Taxi für höchstens 12 EUR zum Bahnhof zu fahren. Die Rechnungsperiode schließen wir jetzt ab, um auf dieser Grundlage in die nächste Abrechnungsperiode zu starten und einen Geschäftsvorfall in die Bilanz zu schreiben. Den Rest in Höhe von 8 EUR frieren wir dafür zunächst ein, um später einen genaueren Blick zu entwickeln, wodurch sich der Rest ändert. Der Anfangsrest ist oberhalb der gestrichelten Linie dargestellt (Abb. 28).

		Anfangsrest	8
Bar	20		
		Taxi	12
Summe	20	Summe	20

Abb. 28: Basisbeispiel – Ausgangslage

Stellen Sie sich nun vor, dass Sie einen Schreibstift für 4 EUR erwerben und ihn anschließend für 10 EUR verkaufen. Dabei entsteht ein Gewinn in Höhe von 6 EUR. Aber eins nach dem anderen.

Im ersten Schritt erwerben wir den Stift für 4 EUR. Dafür trennen wir uns von 4 EUR Bargeld und erhalten dafür einen Stift. Bilanziell ausgedrückt, lässt sich formulieren: Das Geldvermögen nimmt um 4 EUR ab, dafür nimmt das Stiftvermögen um 4 EUR zu. Die Abnahme des Geldvermögens tragen wir in die Bilanz ein, und sofort entsteht ein Problem. Die Bilanz geht nicht auf. Das liegt daran, dass zwar die Abnahme des Geldvermögens verzeichnet ist, aber die Zunahme des Stiftvermögens noch nicht. Daher geht die Probe nicht auf, die Bilanz ist noch falsch. Also tragen wir jetzt noch die Zunahme des Stiftvermögens in die Bilanz ein. Fachausdruck: Wir setzen den Stift an. Er hat einen Wert von 4 EUR. Außerdem ist ein Geldvermögen in Höhe von 16 EUR angesetzt. Zusammen ergibt das auf der linken Seite eine Summe von 20 EUR. Auf der rechten Seite hat sich an der Taxi-Rückstellung nichts geändert, weil der Erwerb eines Stiftes sich nicht auf die Taxifahrt auswirkt. Also bleibt der Rest unverändert. Die Summen links und rechts sind gleich hoch, die Probe stimmt, die Bilanz geht auf. Abb. 29 zeichnet die Schritte nach.

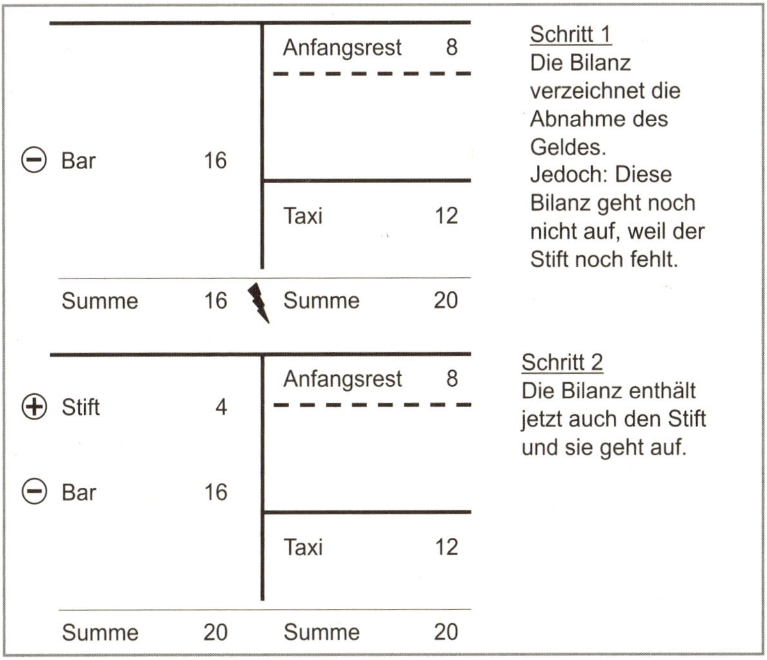

Abb. 29: Basisbeispiel – Auszahlung und dann?

Jetzt kommt es zum Verkauf des Stiftes. An dieser Stelle gönnen wir uns noch mehr Präzision im Detail, weil sie hilft, den Gestaltungsmöglichkeiten einer Bilanz auf die Spur zu kommen.

»Wenn Du nicht weißt, wohin, buch's in den Gewinn«

Den Verkauf unterteilen wir in zwei einzelne Maßnahmen, die auch in der Realität getrennt voneinander stattfinden. Zuerst bezahlt der Kunde den Verkaufspreis, eine Minute später (oder früher, aber jedenfalls separat hiervon) trennen wir uns vom Stift. Das sind in der Buchhaltung tatsächlich zwei verschiedene Vorgänge, die Abb. 30 aufbereitet.

Zuerst erhalten wir von einem Kunden 10 EUR. Das führt dazu, dass das Geldvermögen von 16 EUR auf 26 EUR ansteigt.

Die Bilanz geht wieder nicht auf, und wir stehen vor der Frage: »Was fehlt?« Irgendwo in diesem Schema müssen wir jetzt noch 10 EUR eintragen, aber wo? Es gibt ausnahmslos genau drei Bereiche, in denen sich etwas ändern kann, im Vermögen, in den Schulden oder dem verbleibenden Rest. Wenn wir genau jetzt, also in dieser Sekunde, einen Monats- oder Jahresabschluss aufzustellen hätten, müssten wir Schulden ansetzen für die Auslieferverpflichtung des Stiftes. Aber in diesem Beispiel sind wir noch nicht am Monatsletzten, es handelt sich vielmehr um einen normalen Arbeitstag, und auf dem Tisch liegen 10 EUR des Kunden. Was also tun damit? Das Geld ist in der Kasse, der Stift liegt ge-

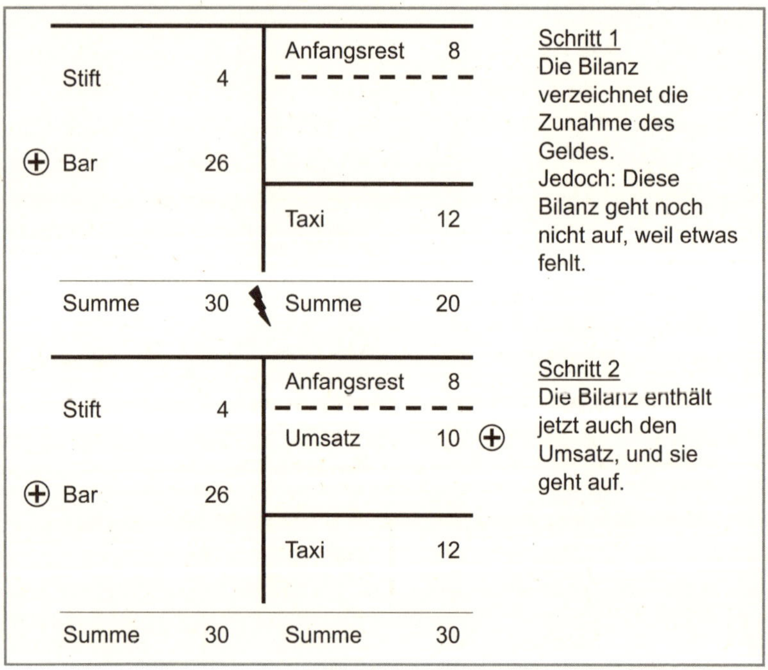

Abb. 30: Basisbeispiel – Einzahlung und Umsatz

danklich noch auf der Ladentheke und ist genau jetzt noch immer Teil unseres Vermögens. Die Taxifahrt ist unverändert mit 12 EUR zurückgestellt. An dieser Stelle greift eine alte Weisheit der Buchhaltung, die da lautet:

»Wenn du nicht weißt, wohin, buch's in den Gewinn.«

Mit Gewinn ist der Rest gemeint. Das bedeutet: Das Vermögen nimmt zu, die Schulden bleiben unverändert, und wir rechnen aus, wie sich der Rest verändert. Der Rest wird größer, es geht nicht anders. Dieses Größerwerden des Restes betiteln wir im Bilanzschema mit dem Etikett: Umsatz.

Die Bilanz geht wieder auf, und jetzt ist der Moment gekommen, in dem wir den Stift an den Käufer aushändigen. Das läuft darauf hinaus, dass das Stiftvermögen abnimmt, und zwar um 4 EUR auf 0 EUR, denn der Stift ist jetzt weg. Dann muss sich noch etwas ändern, damit die Bilanz aufgeht, und dieses Mal ahnen Sie es schon: Der Rest wird wieder kleiner. Die Abnahme des Restes trägt jetzt den Titel »Materialverbrauch«.

In der Realität finden jeden Tag Tausende Geschäftsvorfälle statt oder in großen Unternehmen Hunderttausende von Buchungen, und am Ende des Monats erzeugt die Buchhaltung den Abschluss. Das machen wir hier bereits nach genau einem Geschäfts-

			Anfangsrest		8	
⊖	Stift	0				
			Umsatz		10	
			Mat.verbr.	-	4	⊖
	Bar	26	JÜ	=	6	⊜
			Taxi		12	
	Summe	26	Summe		26	

Abb. 31: Basisbeispiel – Der Gewinn

vorfall, indem wir den Gewinn ausrechnen. Er ergibt sich in Höhe von 6 EUR aus dem Umsatz in Höhe von 10 EUR abzüglich des Materialverbrauches in Höhe von 4 EUR. Wenn dies der einzige Geschäftsvorfall des gesamten Jahres war, dann entspricht dieser Gewinn vereinfacht dem Jahresüberschuss (in Abb. 31 abgekürzt: »JÜ«).

Es ist genau diese Position, die über Wohl und Wehe eines Unternehmens entscheidet. Hier möchten die Eigentümer eines Unternehmens möglichst große Zahlen sehen, damit das Unternehmen Gewinn an sie ausschütten kann. Hier besteht das Finanzamt auf korrekt berechneten Gewinnen und setzt die davon abhängigen Steuern fest. Hier können Mitarbeiter, Kunden und Lieferanten erkennen, wie es dem Geschäftspartner geht. Die Zahl an dieser Stelle hängt mit der Gesamtaussage des Vorstandes zusammen, die Berechnung dieser Zahl steht im Zentrum der Arbeit der Wirtschaftsprüfung. Es ist die wichtigste Zahl des Jahresabschlusses.

Das Beispiel enthält bereits jede Menge Details, die wir nun mit Begriffen der Fachsprache aufladen.

Schwierige Fachsprache für einfache Zusammenhänge

Die linke Seite einer Bilanz heißt Aktivseite, die rechte Passivseite. Die Begriffe sind eine Einladung für Missverständnisse aus mehreren Gründen. »Aktiv« bedeutet einfach nur links. Es bedeutet vor allem nicht: Sportlich, rege, gesund, gut oder was auch immer man sonst mit dem Wörtchen verknüpfen möchte. »Passiv« bedeutet nicht lahm, hinnehmend, unsportlich oder dergleichen. Es bedeutet rechts. Die Formulierung Passiv weist den Weg zu einem weiteren Missverständnis: Passiv ist leider ein Wort für zwei unterschiedliche Sachverhalte.

Unter der Überschrift Passiv stehen sowohl Schulden als auch der verbleibende Rest. Das sind zwei sehr unterschiedliche Positionen. Im Englischen sind die entsprechenden Ausdrücke weniger

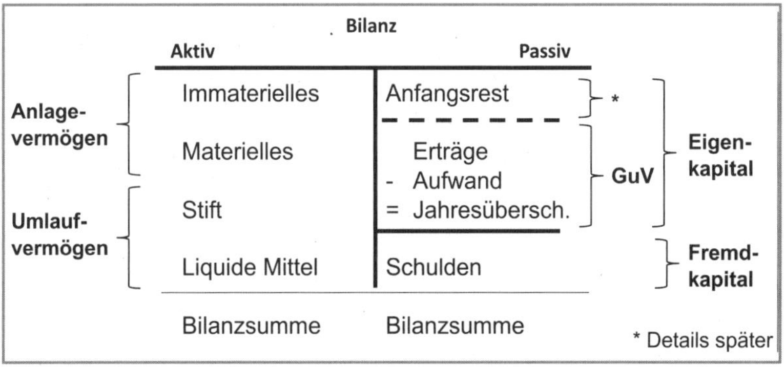

Abb. 32: Fachausdrücke

missverständlich. Die linke Seite heißt dort »Assets«, also Vermögen. Die rechte Seite heißt »Liabilities and Equity«, also Verbindlichkeiten und eine Art Gleichheit, die in diesem Zusammenhang genau den Rest bedeutet, der für die Gleichheit der linken und der rechten Seite verantwortlich ist. Das Schöne an »Liabilities and Equity« ist das Wörtchen »and«, denn es macht klar, dass es auf der rechten Seite um zwei Positionen geht, die vom Charakter her ganz unterschiedlich sind.

Die linke Seite kann man abschreiben

Das Vermögen wird in einer Bilanz gewohnheitsmäßig in Anlage- und Umlaufvermögen unterteilt. Die vergleichbaren Ausdrücke auf Englisch lauten »fixed assets« und »current assets«. Kurz gesagt kann ein Unternehmen das Anlagevermögen öfter als einmal verwenden, das Umlaufvermögen genau einmal. Das hat steuerlich dramatische Konsequenzen.

Umlaufvermögen wie zum Beispiel Bargeld oder Handelsware nutzt grundsätzlich nicht ab, aber Anlagevermögen wie ein Haus, eine Maschine oder Werkzeug aller Art schon. Also schreibt die Buchhaltung Vermögensgegenstände nach deren Kauf auf die linke Seite und verringert ihren Wert während ihrer Nutzungs-

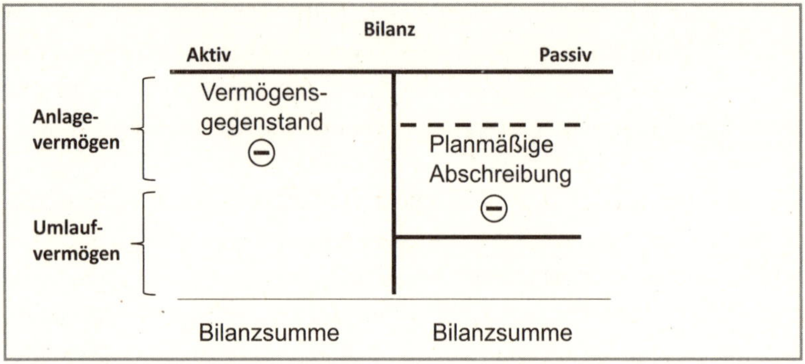

Abb. 33: Konzept Abschreibungen

dauer jedes Jahr anteilig. Diese planmäßigen Wertminderungen sind die sogenannten Abschreibungen, in Steuerdeutsch: »Absetzung für Abnutzung« – abgekürzt AfA. Das Konzept vermittelt Abb. 33.

Woher weiß ein Unternehmen, wie lang die Nutzungsdauer eines Vermögensgegenstandes ist? Zum Zweck der Steuerersparnis wäre es toll, wenn die Vermögensgegenstände eine möglichst kurze Nutzungsdauer hätten, dann könnten die Unternehmen sie schnell und mit besonders hohen Beträgen abschreiben. Die Unternehmen würden sich so viele betriebliche Rennautos, betriebliche Swimmingpools oder andere Annehmlichkeiten kaufen, bis sie keine Gewinne mehr bilanzieren und versteuern müssten. Sie ahnen es, so läuft das nicht. Vielmehr veröffentlichen alle Finanzministerien der Welt Tabellen mit allen erdenklichen Nutzungsdauern. Abb. 34 zeigt einen Ausschnitt aus der deutschen AfA-Tabelle, die sich auf Fahrzeuge bezieht.

Es ist die Nutzungsdauer, mit der Vater Staat aktiv in das Wohlergehen seiner Bürgerinnen und Bürger eingreift. Im Coronajahr 2020 beispielsweise senkte das Bundesfinanzministerium in Berlin die Nutzungsdauer von Computern kurzerhand auf nur noch ein Jahr. Das bedeutete, dass wir alle unsere Computer im Jahr 2020 sofort auf null abschreiben durften, auch wenn wir sie erst im gleichen Jahr gekauft hatten. Die Schweizer Finanzbehörden genehmigen verhältnismäßig kurze Nutzungsdauern wie beispielsweise 2,5 Jahre für Fahrzeuge. Dafür sind Unternehmen in späteren Jahren schneller profitabler, weil frei von Abschreibungen, oder sie kaufen neue Vermögensgegenstände ein, woran der Staat dann jeweils partizipiert. In Österreich altern Autos steuerlich länger, sie haben eine Nutzungsdauer von acht Jahren; es kommt dort hinzu, dass die österreichischen Finanzbehörden – egal, was das Auto tatsächlich gekostet hat – höchstens 40.000 EUR steuerlich als Abschreibung akzeptieren, also pro Jahr 5.000 EUR. Diese besondere Regelung resultiert daraus, dass Österreich bis zum Jahr 1992 auf Autos eine Luxussteuer in Höhe von 30 % des Anschaffungspreises erhoben hatte. Als die Behörden diese Regelung abschafften, begrenzten sie gleichzeitig die Höhe möglicher Abschreibungen, mutmaßlich, um den steuerlichen Ausfall für den Staatssäckel zu dämpfen. Ohne einschlägige Statistiken zu kennen, vermute ich, dass der Anteil an Fahrzeugen der Oberklasse in Österreich geringer ist als in der Schweiz und in Deutschland. Kurz: Die Nutzungsdauern sind eher steuerpolitisch gewollte als technisch fundierte Zeiträume.

In Deutschland schreibt das Finanzministerium für alle Autos unabhängig vom Anschaffungspreis eine steuerliche Nutzungsdauer von sechs Jahren vor, wohingegen es für Fahrräder – seien sie elektrisch betrieben oder konventionell – eine siebenjährige Nutzungsdauer festlegt (vgl. Abb. 34).

Wollte der Staat Unternehmen motivieren, ihren Mitarbeiterinnen und Mitarbeitern schöne Fahrräder zur Verfügung zu stellen, könnte das Finanzministerium die Nutzungsdauer der Räder entsprechend absenken. Tut es aber nicht, was Rückschlüsse auf steuerpolitisch Gewolltes ermöglicht.

Steuerpolitisch motiviert ist auch die Grenze, ab der die Buchhaltung Vermögen überhaupt auf die linke Seite schreiben muss. Nicht alles, was sich mehrfach nutzen lässt, muss zwingend auf der linken Seite der Bilanz erscheinen, denn sonst müssten die Unternehmen jede Büroklammer einzeln ansetzen. Also definieren die Finanzministerien mitunter Kaufpreise, ab denen Vermögen unter Berücksichtigung der Nutzungsdauern auf der linken Seite der Bilanz auftauchen muss. In Deutschland liegt die Grenze

Welche Steuerpolitik finden Sie
in den Nutzungsdauern der Anlagegüter?

Fundstelle	Anlagegüter	Nutzungsdauer
4	Fahrzeuge	
4.1	Schienenfahrzeuge	25
4.2	Straßenfahrzeuge	
4.2.1	Personenkraftwagen und Kombiwagen	6
4.2.2	Motorräder, Motorroller, Fahrräder u.ä.	7
4.2.3	Lastkraftwagen, Sattelschlepper, Kipper	9
4.2.4	Traktoren und Schlepper	12
4.2.5	Kleintraktoren	8
4.2.6	Anhänger, Auflieger, Wechselaufbauten	11
4.2.7	Omnibusse	9

Abb. 34: Screenshot einer originalen AfA-Tabelle

bei 800 EUR, in Österreich bei 1.000 EUR, die Schweiz aber kennt keine feste Grenze; dort verfügen die Unternehmen über Ermessensspielräume, bei denen die Vorsicht immer eine große Rolle spielt. Größere Unternehmen aktivieren erst ab Größenordnungen um die 4.000 CHF. Für mittelständische Unternehmen liest man Daumenregeln von um die 1.000 CHF, aber es gibt keine festgeschriebenen Werte.

Umlaufvermögen unterliegt keiner planmäßigen Abschreibung, weil es nur kurzfristig im Unternehmen verbleibt. Umfangreich sind Regelungen zur Bewertung des Vermögens, wenn es zu Änderungen von Marktpreisen kommt oder sich abzeichnet, dass beispielsweise Schreibstifte nicht mehr für 10 EUR zu verkaufen sind. Die Literatur zur Bewertung von Vermögen füllt Regalmeter. Für die Bilanzanalyse spielt das alles keine Rolle, denn über die Bewertung haben sich andere Leute den Kopf zerbrochen, und das Ergebnis bestätigt die Wirtschaftsprüfung. Als Konsumenten der Abschlüsse dürfen wir ganz einfach das Endergebnis der linken Seite der Bilanz zur Kenntnis nehmen. Ob Anlage- oder Umlaufvermögen, die Zahlen der Bilanz informieren über die Werte, die dem Unternehmen gehören.

Kein eigenes und kein fremdes Kapital

Auf der rechten Seite der Bilanz finden wir missverständliche Fachausdrücke. Die Schulden tragen den Titel »Fremdkapital«. Missverständlich daran ist das Halbwort »-kapital«. Darunter möchte man sich gerne vorstellen, irgendwo liege Geld auf einem Konto. In unserem Beispiel hatten wir eine Rückstellung über 12 EUR für die Fahrt mit einem Taxi gebildet. Rückstellungen sind Fremdkapital, was mit »Kapital«, wie es oft verstanden wird, nichts zu tun hat. Die Rückstellung ist eine Verbindlichkeit! Verwechseln Sie Fremdkapital nicht mit Kapital, denn es hat damit nichts zu tun.

Besser ist es auch nicht mit dem bilanziellen Rest, der den Titel »Eigenkapital« trägt. Das echte Kapital in der Form von Bargeld in unserem Beispiel beläuft sich auf 26 EUR, die sich in der Kasse befinden. Das hat mit dem sogenannten »Eigenkapital« genau gar nichts zu tun. Der Ausdruck »Eigenkapital« bezeichnet einfach nur den verbleibenden Rest, wenn man vom Vermögen die Schulden abzieht. Ersparen Sie sich weitere Überlegungen, weil sie zu nichts als Verwirrung führen!

Innerhalb des Eigenkapitals jedoch spielt die Musik. Der Umsatz in Höhe von 10 EUR vergrößerte den Rest, und die Auslieferung des Stiftes verkleinerte ihn um 4 EUR. Die Differenz lieferte den Jahresüberschuss in Höhe von 6 EUR. Offenbar sind diese Bewegungen von größter Bedeutung für den Geschäftserfolg eines Unternehmens. Daher verdienen diese Veränderungen des Restes, also des Eigenkapitals, ganz besondere Aufmerksamkeit: Es ist die Gewinn- und Verlustrechnung, die diese Bewegungen aufzeichnet. Sie ist oft Gegenstand von Diskussionen, sodass sich für das lange Wort Gewinn- und Verlustrechnung eine Abkürzung eingebürgert hat, die wir schon kennen: GuV (das wird oft ausgesprochen wie »Guff«); es gibt auf Englisch verschiedene Bezeichnungen wie zum Beispiel »Income Statement« oder »Profit and Loss Statement«. Die Abkürzung des letzteren Ausdrucks ist weitverbreitet: »PnL« (ausgesprochen »Pi an El«). Die GuV ist Teil des Eigenkapitals. Für das

Verständnis eines Jahresabschlusses ist es absolut entscheidend, zu wissen, dass eine GuV Teil der Bilanz ist.

Innerhalb des Eigenkapitals gibt es ein paar Feinheiten, deren Verständnis so manchem Abschluss seine Geheimnisse entreißt.

Einzelne Positionen des Eigenkapitals

Kommen wir zur Position, die im Beispiel als »Anfangsrest« ganz rechts oben im Eigenkapital stand. In Wirklichkeit stehen dort mehrere unterschiedliche Positionen, die sich dadurch unterscheiden, wie sie zustande kommen.

Die Positionen befüllen sich auf zwei möglichen Wegen, die man strikt auseinanderhalten muss. Die eine Methode geht auf die Verwendung des erwirtschafteten Gewinns zurück. Die andere Methode geht auf die Gründung des Unternehmens zurück (Abb. 35).

Wir beginnen mit der Gewinnverwendung. Im Beispiel hatte das Unternehmen einen Gewinn in der Höhe von 6 EUR erwirtschaftet. Grundsätzlich könnte das Unternehmen den Gewinn ausschütten, denn in der Kasse befinden sich 26 EUR. Nun könnte die Geschäftsführung auf die Idee kommen, den Gewinn nicht ausschütten zu wollen, weil sie das Geld beispielsweise benötigt, um demnächst eine größere Maschine oder einen anderen Vermö-

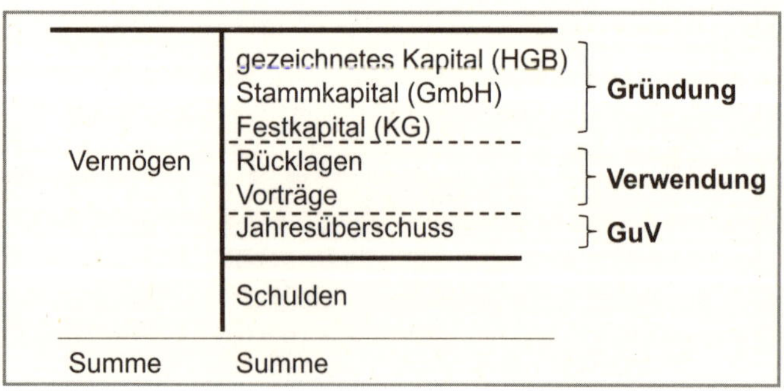

Abb. 35: Das Eigenkapital

gensgegenstand zu erwerben. Dann schlägt die Geschäftsführung der Gesellschafterversammlung vor, den Gewinn ganz oder zumindest teilweise einzubehalten. Gespräche dieser Art sind ausgesprochen delikat, weil der Gewinn grundsätzlich den Gesellschaftern zusteht, und welchen Grund sollten diese haben, auf ihren Gewinn zu verzichten? Im Mittelstand ist das Unternehmen, so sagt man, das erste Kind der Familie. Darin gleichen sich alle Familienunternehmen auf der ganzen Welt. Es ist also gar nicht ungewöhnlich, dass Unternehmen mit dem Einverständnis ihrer Eigentümer etwa ein Drittel des Gewinnes ausschütten und den Rest einbehalten. In unserem Beispiel würde das bedeuten, dass wir 2 EUR ausschütten und 4 EUR einbehalten. Für die Einbehaltung gibt es zwei Möglichkeiten. Die einfachste besteht darin, dass der Gewinn in Höhe von 4 EUR »auf neue Rechnung vorgetragen« wird. Das bedeutet, dass die Bilanz den Jahresüberschuss unter der Bezeichnung »Gewinnvortrag« im Eigenkapital ausweist (Abb. 36).

Fast genauso einfach, aber eben nicht wirklich ganz so einfach ist es, wenn die Gesellschafter die Vorstellung entwickeln, das Geld dauerhafter dem Unternehmen zur Verfügung stellen zu wollen. Dann würde der einbehaltene Gewinn nicht einfach nur »vorgetragen«, sondern unter der Überschrift »Gewinnrücklage« im Eigenkapital ausgewiesen (Abb. 37).

Dieser Unterschied ist für die Folgeperioden relevant. Einen

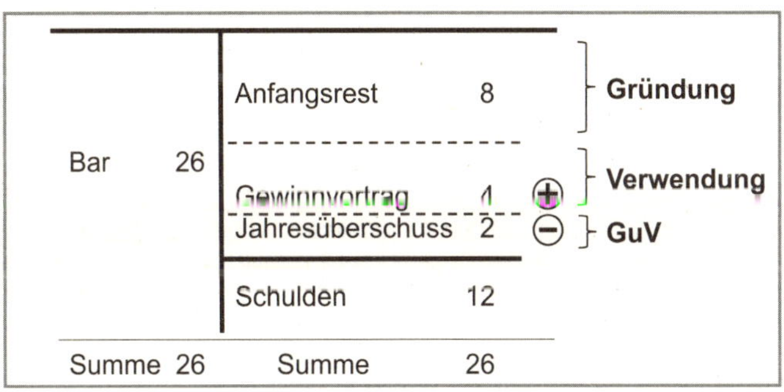

Abb. 36: Gewinnvortrag

Gewinn, den das Unternehmen einfach vorträgt, kann es jederzeit ausschütten, wenn genug Geld in der Kasse ist und die Gesellschafter es beschließen. Wenn sich der einbehaltene Gewinn in eine Gewinnrücklage verwandelt, könnte das Unternehmen ihn grundsätzlich ebenfalls ausschütten, aber dann kommt das Gesellschaftsrecht ins Spiel. Möglicherweise steht in der Satzung (zum Gesellschaftsvertrag gleich mehr) oder in Verträgen, die das Unternehmen betreffen, dass das Unternehmen die Rücklagen nur für Ausschüttungen verwenden darf, sofern die Mehrheit der Gesellschafter oder eine Zweidrittelmehrheit einverstanden sind. Wenn das Unternehmen nur einer Person gehört, ist das alles kein Problem, aber wenn es mehrere gibt, kann es eine konfliktreiche Spielwiese sein, auf der Juristinnen und Juristen schwierige Fragen diskutieren. Beispiele: Hatte das Unternehmen rechtzeitig zur Gesellschafterversammlung eingeladen? Hatte die erforderliche Anzahl Gesellschafter teilgenommen? Entspricht das Protokoll der Versammlung den Formvorschriften? Haben die Gesellschafter dem Protokoll zugestimmt? Wenn sie nicht persönlich der Versammlung beiwohnten, ließen sie sich vorschriftsgemäß vertreten? Und so weiter und so fort. Wenn die Gesellschafter alles richtig gemacht haben, kommt es zur Ausschüttung des verbleibenden Gewinns.

Im Beispiel schüttet das Unternehmen 2 EUR aus (Abb. 38).

Durch die Auszahlung verringert sich auf der linken Seite das

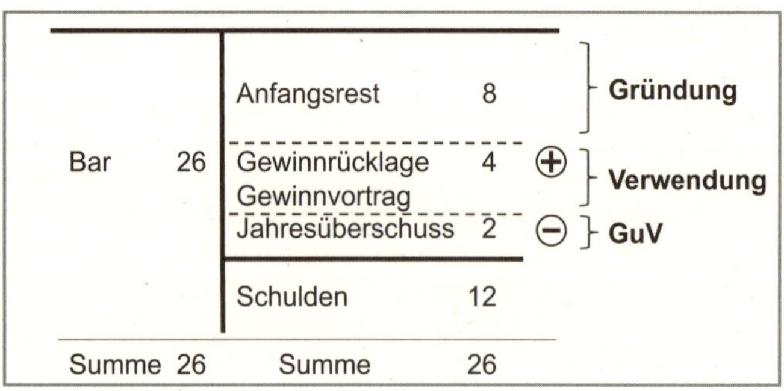

Abb. 37: Bildung einer Gewinnrücklage

Geldvermögen, und auf der anderen Seite verringert sich der Rest, indem der Jahresüberschuss auf null absinkt.

Die andere Methode, den Anfangsrest zu befüllen, findet bei Gründung der Gesellschaft statt oder bei einer späteren Kapitalerhöhung.

Wenn ein oder mehrere Menschen ein Unternehmen gründen, läuft das technisch so ab, dass sie auf ein Bankkonto Geld einzahlen. Den Kontoauszug legen sie einem Notar vor. Bei dieser Gelegenheit geben sie sich bestimmte Regeln, die das Unternehmen betreffen; das ist der sogenannte Gesellschaftsvertrag. Darin steht beispielsweise:

- Jeder eingezahlte Euro entspricht einem Stimmrecht.
- Das Geschäftsjahr beginnt am 1. Januar und endet am 31. Dezember.
- Die Gesellschafterversammlung tagt zweimal im Jahr.

Die Einzahlung des Geldes unter notarieller Aufsicht führt dazu, dass das Unternehmen sein erstes Vermögen erhält, das in der Bilanz steht, und die Gesellschafter über ihre beurkundeten Stimmrechte verfügen. Schulden liegen zum Zeitpunkt der Gründung noch nicht vor, sodass wieder nur der Rest bleibt, um die Einzahlung zu spiegeln. Diese Gründungsposition des Restes heißt je nach Gesellschaftsform unterschiedlich: Bei einer Aktiengesell-

Abb. 38: Gewinnausschüttung

schaft ist es das gezeichnete Kapital, bei einer GmbH das Stammkapital, bei einer Kommanditgesellschaft das Festkapital. Aber egal, wie es heißt, es entsteht bei Gründung der Gesellschaft, indem die Gesellschafter das Gründungskapital einzahlen und die Buchhaltung den Sachverhalt entsprechend ausweist. Abb. 39 zeigt eine Situation, in der die Gesellschafter beschlossen haben, insgesamt 50 EUR für die Gründung eines Unternehmens aufzubringen.

Sie haben die Bank überredet, ein Bankkonto für ein Unternehmen einzurichten, das es noch gar nicht gibt. Banken kennen hierfür das sogenannte Konto für ein »Unternehmen in Gründung«. Schließlich konnten die Gesellschafter dem Notar einen Kontoauszug vorlegen, der beweist, dass das neue Unternehmen über Geld verfügt. Bei einer GmbH müssen das beispielsweise mindestens 25.000 EUR sein. Außerdem haben die Gesellschafter sich ausgewiesen und in Gegenwart des Notars die Verträge unterzeichnet, die dieser vorher vorgelesen hat. Auf dieser Grundlage reicht der Notar alle Unterlagen beim Registergericht ein, und wenn ihm kein Fehler unterläuft, trägt das Registergericht das Unternehmen in das Handelsregister ein. Jetzt existiert es.

In der Regel zahlen Gesellschafter mehr ein als nur die Anteile, die ihre Stimmrechte repräsentieren. Insbesondere bei börsengehandelten Unternehmen ist das der Fall. Bei einer Aktie beispielsweise könnte es sich so verhalten, dass eine Aktie für 50 EUR

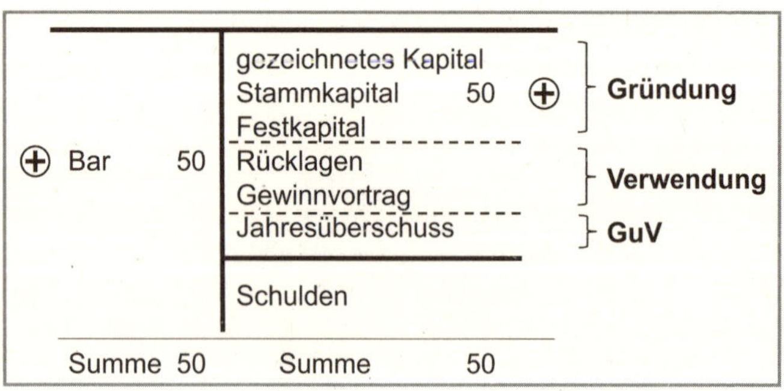

Abb. 39: Herstellung des Kapitals zur Abbildung der Stimmrechte

genau ein Stimmrecht repräsentiert, aber aufgrund geschickter Werbung und eines bestechenden Geschäftsmodells kauft ein Anleger die Aktie für 120 EUR. Dann würde das gezeichnete Kapital um 50 EUR ansteigen, und weitere 70 EUR landen in der sogenannten Kapitalrücklage (Abb. 40).

Das passiert entweder bei der Gründung eines Unternehmens oder – wenn das Unternehmen schon existiert – bei einer Kapitalerhöhung, indem das Unternehmen neue Anteilsscheine druckt und an der Börse verkauft.

An der Börse kommt es dann zum sogenannten Bookbuilding-Verfahren, bei dem die Banken mögliche Verkaufspreise im Vorfeld sondieren und schließlich die neuen Aktien zu einem vermuteten Marktpreis anbieten. Bei solchen Gelegenheiten können Unternehmen mitunter gewaltige Beträge einsammeln, wofür *Delivery Hero* ein schönes Beispiel ist.

Delivery Hero bildet die gesammelten jährlichen Ergebnisse (fast ausschließlich Verluste, wie wir weiter oben gesehen hatten) in der Form einer Rücklage ab, die zwar »Gewinnrücklage« heißt, aber infolge der angesammelten Verluste negative Zahlen enthält. Warum *Delivery Hero* die Position nicht als »Verlustvortrag« betitelt, muss an dieser Stelle offenbleiben, vielleicht ist man der Auffassung, das Minuszeichen vor den Milliarden sei ausreichend transparent. Die Gelder für die Finanzierung des Geschäftsmodells kann *Delivery Hero* in der Form von Kapitalerhöhungen an

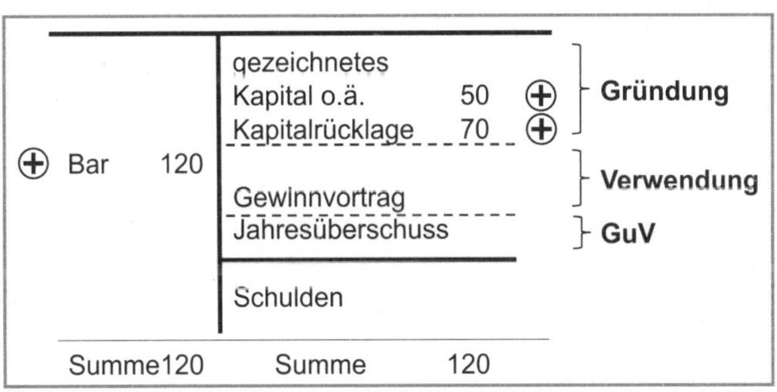

Abb. 40: Bildung einer Kapitalrücklage

Verständnisfrage: Wer bezahlt die Verluste von Delivery Hero?

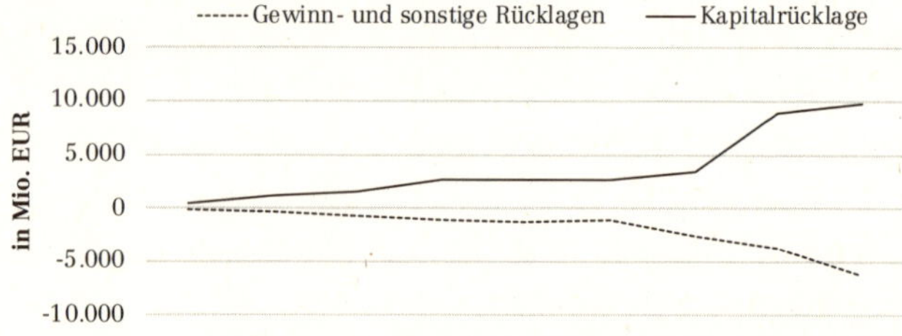

	2014	2015	2016	2017	2018	2019	2020	2021	2022
Gewinn- und sonstige Rücklagen	-154	-433	-681	-1.125	-1.257	-1.063	-2.520	-3.670	-6.282
Kapitalrücklage	423	1.204	1.583	2.661	2.688	2.746	3.485	8.902	9.763

Abb. 41: Delivery Hero – Entwicklung der Rücklagen in Mio. EUR

der Börse einsammeln, die entsprechenden Beträge erhöhen vor allem die Kapitalrücklage. Abb. 41 stellt die Positionen einander gegenüber.

Zwei Jahre verdienen besondere Erwähnung: Am 30. Juni 2017 notierte die Frankfurter Börse erstmals die Aktien von *Delivery Hero*. Für etwa eine Milliarde EUR konnte *Delivery Hero* Aktien verkaufen. Daher stieg die Kapitalrücklage deutlich an. Im Jahr 2021 erhöhte *Delivery Hero* das Eigenkapital beträchtlich, sodass die Kapitalrücklage auf 8,9 Milliarden EUR stieg. Im Jahr 2022 schließlich steht nach einer weiteren Kapitalerhöhung angesammelten Verlusten von 6,3 Milliarden EUR eine Kapitalrücklage von 9,8 Milliarden EUR gegenüber. Solange sich *Delivery Hero* über Kapitalerhöhungen finanziert, kann es immer so weitergehen.

Sie haben die erste Bergetappe erreicht

Wir haben in diesem Kapitel gesehen, wie anhand eines einfachen Geschäftsvorfalls in einer Bilanz eine GuV entsteht und am Ende ein Gewinn. Wir sahen, wie die Gesellschafterversammlung über die Verwendung des Gewinns entscheidet. Es wird in einem Abschnitt des fünften Kapitels vertiefend um die Frage gehen, wie viel Geld die Eigentümer eines Unternehmens aus dem Unternehmen ziehen oder lieber nicht. Und wir haben gesehen, wie Gesellschafterinnen und Gesellschafter ein Unternehmen gründen und eine erste Bilanz entsteht. Schließlich haben wir gesehen, wie sich Unternehmen mit Kapitalerhöhungen finanzieren und wie sie das im gezeichneten Kapital und der Kapitalrücklage abbilden. Außerdem haben Sie jede Menge Fachbegriffe gelernt.

Das Basisbeispiel beruhte auf dem Kauf und Verkauf eines Stiftes gegen Bargeld. In den folgenden beiden Kapiteln werde ich dieses Basisbeispiel nur zweimal variieren. Danach werden Sie über die gedanklichen Instrumente verfügen, jeder Bilanz ihre Geheimnisse zu entlocken. Aber vor dieser Erkenntnis liegt noch etwas Arbeit. Es ist nicht schwer, kommen Sie mit!

Bargeldlose Bilanzgestaltung für Einsteiger

Die erste Variante des Basisbeispiels weist den Weg in die Welt fataler Bilanzirrtümer und krimineller Bilanzmanipulation. Wir starten mit der Ausgangslage (20 EUR Bargeld, 12 EUR Taxirückstellung und ein verbleibender Anfangsrest von 8 EUR). Der erste Schritt besteht wieder im Erwerb eines Schreibstiftes für 4 EUR. Im Unterschied zum Anfangsbeispiel erfolgt der Erwerb des Stiftes nicht gegen Bargeld, sondern der Lieferant des Stiftes legt dem Stift eine Rechnung bei, mit der er um Überweisung bittet. Der Stift liegt jetzt auf dem Tisch des Hauses und muss in der Bilanz auftauchen. Aber dieses Mal fließt kein Geld ab, dafür aber entsteht eine Verbindlichkeit aus Lieferungen und Leistungen (abgekürzt »Verb. LuL«). Diese Verbindlichkeit steht in der Bilanz im Bereich der Schulden, und damit geht die Bilanz wieder auf, wie es Abb. 42 zeigt.

Im nächsten Schritt verkaufen wir den Stift. Aber diesmal nicht gegen Bargeld, sondern ebenfalls mit einer Rechnung und der Bitte um Überweisung von 10 EUR. In der Praxis kann man sich diesen Vorgang so vorstellen, dass jemand den Stift aus dem Lager nimmt, verpackt und einen Versandaufkleber auf die Verpackung klebt. In dieser Sekunde ist die Leistung des Verkäufers erbracht. Mit dem Ausdruck des Versandaufklebers erzeugt das EDV-System eine Rechnung, die es dem Kunden üblicherweise per E-Mail zusendet. Wenige Minuten später kommt ein Spediteur und holt die Ware ab. Aber bevor der Spediteur die Ware abholt, entsteht zunächst ein neues Bilanzbild (Abb. 43).

Der Versand der Rechnung führt zu einer sogenannten Forderung aus Lieferungen und Leistungen (abgekürzt »Ford. LuL«). Beim Barverkauf haben wir zuerst die erhaltenen 10 EUR verbucht und erst im Anschluss das Herausrücken des Stiftes in die Bilanz

		Anfangsrest	8
⊕ Stift	4		
Bar	20	Taxi	12
		Verb. LuL	4 ⊕
Summe	24	Summe	24

Abb. 42: Ein Stift, eine Verbindlichkeit

		Anfangsrest	8
⊕ Ford. LuL	10	Umsatz	10 ⊕
Stift	4		
Bar	20	Taxi	12
		Verb. LuL	4
Summe	34	Summe	34

Abb. 43: Forderung und Umsatz

eingetragen. Auf die gleiche Weise bilanzieren wir jetzt zuerst das Entstehen der Forderung. Eine Forderung ist fast das Gleiche wie echtes Geld, und auf jeden Fall handelt es sich um einen Vermögensgegenstand, der sich auf der linken Seite der Bilanz findet. Analog zum Barverkauf vergrößert die Forderung das Vermögen und damit auch den Rest. Diese Vergrößerung des Restes hieß beim Barverkauf »Umsatz«, und genauso verhält es sich im Fall einer Forderung. Das Vermögen wird größer, und in der GuV entsteht ein Umsatz.

Im Anschluss kommt der Spediteur und holt den Stift ab, was das Vermögen und gleichzeitig den Rest verringert, das ist genauso wie bei dem Beispiel mit dem Barverkauf. Jetzt lässt sich bereits der Jahresüberschuss ausrechnen, der wie beim Barverkauf die Höhe von 6 EUR hat (Abb. 44).

Bitte beachten Sie, dass sich in der Kasse die ganze Zeit überhaupt nichts getan hat. Tatsächlich haben ein Gewinn und ein Kassenbestand oder Kontostand absolut nichts miteinander zu tun! Je früher Sie das verinnerlichen, desto besser.

Dieses Bilanzbild ermöglicht eine Analyse, die immer Bestandteil jeder Bilanzanalyse sein muss, nämlich: Kann dieses Unternehmen seine Rechnungen bezahlen (Abb. 45)?

Die Antwort lautet, es könnte eng werden. Wenn es auf die Idee käme, den Lieferanten und gleichzeitig die Taxifahrt zu bezahlen und den Gewinn auszuschütten – es wäre unmöglich. Denn es

			Anfangsrest		8
	Ford. LuL	10	Umsatz		10
			Mat.verbr.	-	4
⊖	Stift	0	JÜ	=	6
	Bar	20	Taxi		12
			Verb. LuL		4
	Summe	30	Summe		30

Abb. 44: Materialverbrauch / Gewinn

		Anfangsrest	8
Ford. LuL	10	Umsatz	10
		Mat.verbr.	- 4
Stift	0	JÜ	= 6
Bar	20	Taxi	12
		Verb. LuL	4
Summe	30	Summe	30

Abb. 45: Die erste Bilanzanalyse

wäre mehr Geld erforderlich (6 EUR + 12 EUR + 4 EUR = 22 EUR), als in der Kasse liegt (20 EUR). Verallgemeinert besteht die Analyse darin, zu fragen, ob das kurzfristige Vermögen größer ist als die kurzfristigen Verbindlichkeiten. Einschlägige Beispiele für etwas kitzlige Fälle sind Gegenstand des ersten Teils von Kapitel 5. Bringen wir unser Beispiel kurz zu Ende (Abb. 46).

Zunächst erhält der Lieferant sein Geld, das Geldvermögen nimmt auf 16 EUR ab, die Verbindlichkeit sinkt auf null. Dann überweist der Kunde die Forderung in Höhe von 10 EUR. Die Forderung sinkt auf null, die Kasse steigt auf 26 EUR, die Auszahlung des Gewinns wäre nun kein Problem mehr.

Weder die Auszahlung an die Lieferanten noch die Einzahlung des Kunden hatte Auswirkungen auf den Gewinn. Wie gesagt: Der Gewinn und der Bestand liquider Mittel haben absolut nichts miteinander zu tun. Das ist der Grund, warum an genau dieser Stelle die Tür aufgeht zu Themen absichtlicher oder versehentlicher fehlerhafter Bilanzierung, die einen Gewinn zeigt, der nicht existiert. Wenn dies mit Absicht geschieht, kommt das Strafrecht ins Spiel. Aber eins nach dem anderen.

Es geht um die Frage, auf welche exakte Art und Weise eine Forderung auf die linke Seite kommt, die dazu führt, dass in der GuV ein Umsatz steht. Allgemeiner formuliert: Wie kommt ein Vermögensgegenstand auf die linke Seite der Bilanz, der das Ver-

		Anfangsrest		8
⊖ Ford. LuL	0	Umsatz		10
		Mat.verbr.	-	4
Stift	0	JÜ	=	6
⊕ ⊖ Bar	26	Taxi		12
		Verb. LuL		0 ⊖
Summe	26	Summe		26

Abb. 46: Bezahlung Kunde und Lieferant

mögen vergrößert und den Gewinn auch? Am Beispiel *Flowtex* hatten wir gesehen, dass die Firma Horizontalbohrmaschinen auf die linke Seite geschrieben hatte, die in Wirklichkeit gar nicht existierten. Mit Forderungen ist es leider noch viel einfacher. Technisch besehen benötigt man dafür einen Computer, einen Drucker und einen Buchhalter. Um es vorweg zu sagen: Forderungen müssen immer auf der Basis einer tatsächlich erbrachten Leistung beruhen. Die Leistung muss realisiert sein, weswegen man vom sogenannten Realisationsprinzip spricht (auf Englisch ein wirklich wichtiger Ausdruck: »Recognition of Revenue«). Im Fall der Auslieferung des Stiftes hatte das Unternehmen die Leistung realisiert, als jemand in der Logistik einen Versandaufkleber auf die Verpackung geklebt hatte (Abb. 47).

Dieser Vorgang kann im Detail durchaus zu Diskussionen führen.

Stellen Sie sich vor, es geht nicht um einen Kugelschreiber, sondern um die Auslieferung einer komplizierten Maschine, die eine oder mehrere Millionen EUR kostet und mit der der Hersteller der Maschine einen großen Gewinn erwirtschaftet. Am Ende des Geschäftsjahres steht die Maschine fertig, qualitätsgesichert, getestet und verpackt zur Auslieferung bereit. Aber der Spediteur kann erst im Januar kommen. Dann gilt die Leistung auch erst im Januar als erbracht, wenn der Lkw des Spediteurs den Kunden

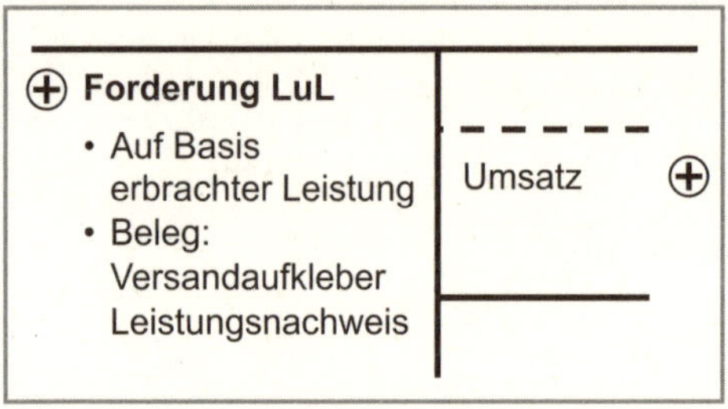

Abb. 47: Das Prinzip Forderung

erreicht hat, und erst dann darf der Lieferant die Rechnung schreiben, weil er es so mit dem Kunden vereinbart hat. Aber nun steht die Maschine Ende Dezember fix und fertig in der Lagerhalle des Produzenten, der unbedingt den Gewinn, den er mit der Maschine erzielt, in das alte Geschäftsjahr buchen möchte. Vielleicht hängt der Bonus der Geschäftsführung davon ab, vielleicht entsteht andernfalls ein Verlust, der zu kritischen Gesprächen mit Banken führt, vielleicht sieht der Jahresabschluss ganz einfach besser aus. Wie auch immer, die Lösung besteht darin, dass der Hersteller der Maschine die Vereinbarung mit dem Kunden ändert. Man kennt und schätzt sich seit Jahren, sodass es nach einem Telefonat und der Bestätigung per E-Mail darauf hinausläuft, dass der Kunde den Abtransport der Maschine in eigener Regie organisiert. Er erhält dafür einen Preisnachlass und kümmert sich um die Logistik. Dann hat der Hersteller der Maschine seine Leistung erbracht, bevor der Spediteur die Maschine abholt. Zum Beweis stellt der Hersteller die Maschine in einen extra dafür eingerichteten Auslieferungsbereich für fertige Erzeugnisse. Das hilft dabei, die Wirtschaftsprüfung davon zu überzeugen, die Maschine zweifelsfrei als realisierte Leistung zu interpretieren (Abb. 48).

Ein guter Auslieferungsbereich besteht aus einem Raum, den eine abschließbare Tür sichert. In Ermangelung entsprechender Baulichkeiten tut es auch etwas Kreppband, das auf dem Boden rund um die Maschine klebt und auf das jemand mit dokumenten-

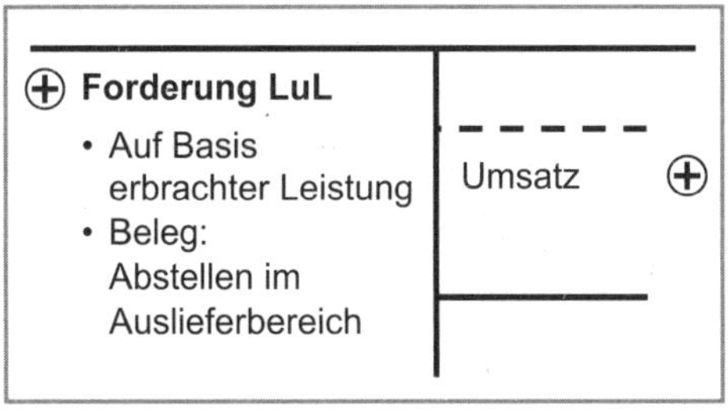

Abb. 48: Forderung und Auslieferungsbereich

echtem Filzstift das Wort »Auslieferungsbereich« geschrieben hat. Die Kreativität beim Nachweis einer erbrachten Leistung kennt keine Grenzen, wovon sie in den Prüfungsgesellschaften Lieder mit vielen Strophen singen können.

Irren ist menschlich

Manchmal ist es keine Kreativität, sondern der gemeine Irrtum, der sich in die Bilanzierung von Forderungen schleicht. Dieses Risiko ist besonders hoch, wenn es sich um Forderungen gegen eine Versicherung oder den Gegner eines Gerichtsprozesses handelt. Folgende Denkfiguren kommen ins Spiel:

- Wenn ein Schaden entstand, der grundsätzlich versichert ist, meldet das Unternehmen der Versicherung den Schaden, die Versicherung vergibt eine Schadennummer. Außerdem liegt ein gültiger Versicherungsvertrag vor, und der Versicherungsmakler schätzt schriftlich ein, dass die Versicherung diese Art von Schaden typischerweise reguliert. Aufgrund dieser Beleglage könnte die Buchhaltung die Forderung gegen die Versicherung in die Bilanz schreiben und den entsprechenden Ertrag verbuchen.
- Oder das Unternehmen führt einen Prozess wegen Schadensersatz. Der Anwalt schwört Stein und Bein, dass das

Unternehmen den Prozess gewinnt; oder das Unternehmen hat den Prozess bereits in erster Instanz gewonnen, nur die Frist, um Berufung einzulegen, ist noch nicht verstrichen. Die juristische Einschätzung und das erstinstanzliche Obsiegen könnten die Buchhaltung animieren, eine Forderung gegen den Prozessgegner zu bilanzieren.

Beides ist falsch (Abb. 49).

Sosehr es sich die renditehungrige Geschäftsführung wünschen mag: Beide Forderungen sind sogenannte Eventualforderungen und daher nicht ansatzfähig. Wer dennoch ansetzt, erstellt einen falschen Abschluss.

Ich spreche aus eigener peinvoller Erfahrung. Als ich den Konzernabschluss 2018 von *Vapiano* verantwortete, lagen sowohl ein Versicherungsfall als auch ein Prozess gegen den Verkäufer eines Restaurants auf dem Tisch. Die Beleglage sprach – so meinte ich – eine eindeutige Sprache. Der Versicherungsmakler schätzte den Versicherungsfall als regulierungsfähig ein, unser Anwalt legte sich fest und schätzte die Klage gegen den Verkäufer als erfolgversprechend ein. Er schrieb, das Obsiegen vor Gericht sei »eher wahrscheinlich als unwahrscheinlich«. Auf dieser Grundlage bilanzierten wir mit der gebotenen Bewertungsvorsicht die jeweiligen Forderungen. Die Wirtschaftsprüfung testierte den Abschluss.

Für den Abschluss des Folgejahres zeichnete ein neuer Prüfer verantwortlich, der schon im Rahmen seiner Vorprüfung zu einem

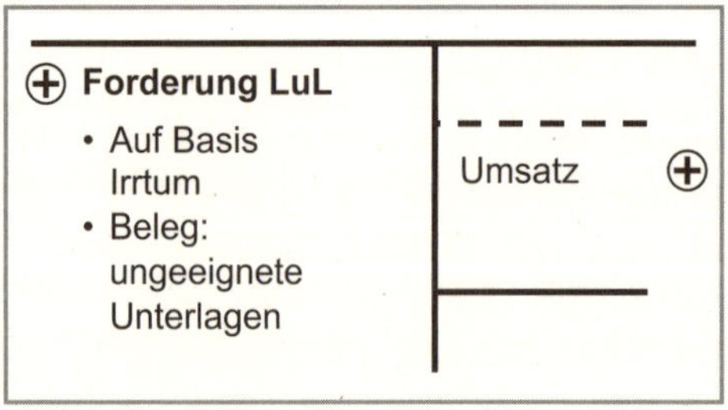

Abb. 49: Forderung und Irrtum

ausgesprochen schmerzhaften Gespräch bat. Er erläuterte, dass Eventualforderungen nicht ansatzfähig seien. Zunächst argumentierte ich mit der vorsichtigen Bewertung, aber damit kam ich nicht weit, weil schon der Ansatz dieser Forderungen gegen die Versicherung und den Prozessgegner, so belehrte mich der Wirtschaftsprüfer, fehlerhaft war; ich war völlig konsterniert. Kein Prüfer hatte je an dieser Stelle Schwierigkeiten gesehen. Ich äußerte also, dass ich immer schon so bilanziert hätte und dies auch in anderen Firmen nicht ungewöhnlich sei. Es könne also sein, sagte ich, *Vapiano* sei mit der kritisierten Bilanzierungspraxis in guter Gesellschaft. Unvergesslich ist mir die abschließende Bemerkung des Prüfers, die er mit der Präzision eines Fallbeils auf mich niedergehen ließ. Er sagte: »Mir ist klar, dass viele Unternehmen so bilanzieren. Meine Mandanten nicht.«

Im Abschluss von *Vapiano* für das darauffolgende Jahr 2019 findet sich daher folgende Passage:

> *»1.8.3 Anpassung von Vergleichszahlen*
>
> *In der Konzernbilanz zum 31. Dezember 2017 sowie zum 31. Dezember 2018 bilanzierte der Konzern sonstige finanzielle Vermögenswerte aus Schadensersatzansprüchen gegen Vermieter sowie gegen Versicherungsunternehmen von TEUR 2.024 bzw. TEUR 2.835. Für diese Vermögenswerte lag zum jeweiligen Bilanzstichtag die einen juristisch durchsetzbaren Rechtsanspruch begründende endgültige Zahlungszusage der Versicherung bzw. ein gegen die Anspruchsgegner von Schadensersatzforderungen letztinstanzlich rechtskräftiges Gerichtsurteil noch nicht vor. Die jeweiligen Ansprüche bestanden damit nicht mit ›an Sicherheit grenzender Wahrscheinlichkeit‹, weshalb die Ansatzvoraussetzungen für Vermögenswerte nicht zweifelsfrei erfüllt waren.«*

Zitat: »Ansatzvoraussetzungen nicht zweifelsfrei erfüllt«. Zusammen 4,8 Millionen EUR. Wie peinlich!

Waren wir an einen besonders pedantischen Prüfer geraten?

Kochte da jemand seine ganz eigene Suppe auf unsere Kosten? Oder lag ich falsch trotz der guten Gesellschaft vieler anderer Unternehmen, in der ich mich wähnte? Um es vorwegzunehmen: Ich bin dem Prüfer sehr dankbar, dass er mich von meinem Irrtum befreite und das Unternehmen davor beschützte, dass ganz andere Institutionen diesen Fehler finden könnten. Denn genau das widerfuhr der ehrwürdigen *DVB Bank SE*.

Die Bank blickt auf eine lange Geschichte seit ihrer Gründung im Jahr 1923 zurück. Das Geldinstitut hatte sich auf Finanzierungen im Verkehrssektor spezialisiert und gehörte zunächst der Deutschen Bahn. Im Jahr 1988 erlebte die Bank ihren Börsengang. Als *Reisebank* ist sie vielen Menschen bekannt, weil sie mit Filialen zum Geldwechseln an vielen Bahnhöfen und Flughäfen bis heute präsent ist. Seit dem Jahr 2002 hat die *DZ-Bank*, eine Genossenschaftsbank, mehr und mehr Anteile der *DVB Bank* erworben, und beide sind schließlich im Jahr 2022 rechtlich verschmolzen worden. Daher gibt es die *DVB Bank SE* als eigenständige Rechtspersönlichkeit heute nicht mehr. Das hat jedoch nichts mit dem schwerwiegenden Bilanzierungsfehler zu tun, den die Bank am 22. Februar 2016 im Bundesanzeiger bekannt geben musste:

> *»Die zum 31. Dezember 2013 innerhalb des Bilanzpostens Sonstige Aktiva aufgrund von gerichtlich durchzusetzenden gesetzlichen Schadensersatzansprüchen aktivierte Forderung in Höhe von 111 Mio. € ist als Eventualforderung gemäß IAS 37.10 zu qualifizieren und damit nicht ansatzfähig.«*

In Worten: Einhundertundelf Millionen Euro … nicht ansatzfähig.

Den Fehler hatte seinerzeit die Deutsche Prüfstelle für Rechnungslegung (DPR) festgestellt. Diese Institution gibt es nicht mehr, seit der Gesetzgeber in Folge des *Wirecard*-Skandals das System der Prüfung und Prüfungsüberwachung neu sortiert hat. Die DPR war ursprünglich eine Art Verein mit Anerkennungsvereinbarung durch die BaFin. Daher war die Zusammenarbeit mit der DPR grundsätzlich freiwillig für Unternehmen. Wenn die nicht kooperierten, hat die DPR den Fall an die BaFin übergeben, die dann andere Geschütze auffahren konnte. *Wirecard* hatte nicht kooperiert, die DPR hatte den Sachverhalt der BaFin übergeben, aber es war bereits zu spät. Infolge der Insolvenz von *Wirecard* hat der Gesetzgeber entschieden, dass die DPR ihre Arbeit künftig als hausinterne Abteilung der BaFin fortsetzt. So kann sie schneller und direkter agieren. Spätestens seit 2016 jedoch liegt der Öffentlichkeit die Information vor, dass Eventualforderungen nicht ansatzfähig sind. Begründete Zweifel an dieser Position sind nicht bekannt, es dauert einfach etwas, bis sich das wirklich herumgesprochen hat.

Forderungen erfinden ist kriminell

Schlimmer als Irrtum ist der Vorsatz. Im dritten Kapitel haben wir erfahren, wie *Wirecard* Forderungen gegen Treuhänder unter der Überschrift »Zahlungsmittel und Zahlungsmitteläquivalente« ausgewiesen hat. Nun stellen wir fest, dass Forderungen bilanztechnisch dadurch entstehen, dass jemand eine Rechnung schreibt, die die Buchhaltung verarbeitet. Diese beiden Erkenntnisse zusammen stützen die Vermutung, dass *Wirecard* die bilanzielle Liquidität herstellte, indem es Rechnungen an Treuhänder verbuchte, ohne den Treuhändern notwendigerweise echtes Geld auf deren Konten überwiesen zu haben. *Wirecard* hätte demzufolge Rechnung geschrieben, ohne Leistungen zu erbringen; es wäre also genau bei der »Recognition of Revenue« zu einem Problem gekommen (Abb. 50).

Wie stellt man es an, dass die Wirtschaftsprüfung einem so billigen Trick nicht auf die Schliche kommt? Dafür muss man die Arbeitsweise der Prüfungsgesellschaften verstehen. Sie starten ihre Arbeit immer anhand der einzelnen Bilanzpositionen, sie betrachten also die bilanzierte Forderung und stellen zuerst die Frage, ob es sich um eine besonders alte Forderung handelt, was den Verdacht auslöst, dass der Schuldner grundsätzlich nicht be-

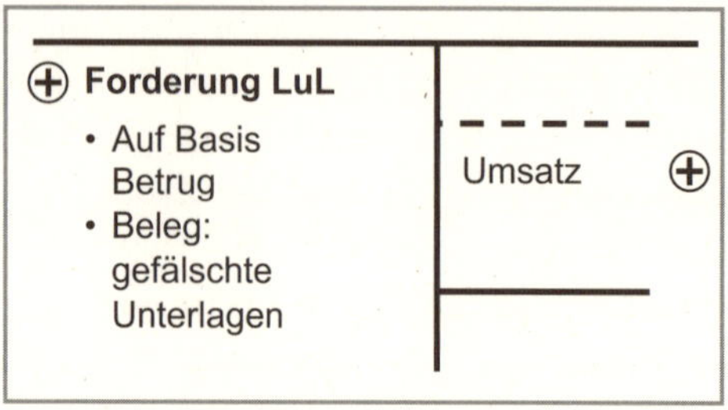

Abb. 50: Forderung und Betrug

zahlt. Von Kreislaufzahlungen bei *Wirecard* war bereits die Rede. Dies lässt die Vermutung zu, dass es zu diesen Forderungen regelmäßig oder wenigstens wiederkehrend Einzahlungen im Kreis der Konzerngesellschaften gab. Dann schrieb *Wirecard* vermutlich neue Rechnungen, sodass sich die Gesamtposition entsprechend erneuerte. Aus prüferischer Perspektive bei einem Blick in die Buchhaltung erweist sich die Forderung nicht als staubiger Ladenhüter, sondern als aktives Geschäftsgebaren und senkt das Misstrauen sofort stark ab. Im nächsten Schritt schreibt die Wirtschaftsprüfung den Schuldner an und fragt ihn, wie viel er dem geprüften Unternehmen schuldet. Dabei handelt es sich um das sogenannte »Saldenbestätigungsschreiben«. Zu allen Jahreswechseln werden Tausende dieser Schreiben versandt und Geschäftspartner um Bestätigung gebeten. Auch der Treuhänder von *Wirecard* ist dieser Aufforderung vermutlich nachgekommen. Nichts hielt ihn davon ab, per Brief zu bestätigen, dass *Wirecard* ihm gegenüber eine Forderung in Höhe von 1,9 Milliarden EUR hat. Mit so einer Bescheinigung erkennt ein Schuldner noch nicht einmal rechtsverbindlich den Anspruch des Gläubigers an. Es geht nur um Bilanzierung, und da ist Papier geduldig. An dieser Stelle ist die Prüfung der Forderung abgeschlossen. Die Forderung »lebt« und bewegt sich, und der Schuldner bestätigt die Höhe der Forderung. Versetzen Sie sich in die Position einer Prüfungsassistentin, die unter Zeitdruck versuchen muss, zu möglichst vielen Bilanzpositionen Belege einzusammeln. Wenn ihr die Saldenbestätigung vorliegt, legt sie sie in die Akte und ist mit ihrer Arbeit fertig.

Wirecard hatte zuletzt schlechte Presse. Die Financial Times hatte wiederkehrend über zumindest zweifelhafte Geschäftspraktiken berichtet. Solche Berichte hatte *Wirecard* gekontert mit dem Verdacht, die Journalisten arbeiteten zusammen mit Akteuren des Finanzmarktes, die auf fallende Kurse setzen (sogenannte Shortseller). Die BaFin hatte sich vor diesen Karren spannen lassen und Ermittlungen gegen die Journalisten eingeleitet. Aber *Wirecard* stand unter Druck und beauftragte eine andere Prüfungsgesellschaft mit einer Sonderprüfung, um die im Raum stehenden Vorwürfe ein für alle Mal zu entkräften und damit auch die normale Abschlussprüfung zu einem befriedigenden Ende zu führen. Am Ende verlangten die Prüfer von *Wirecard*, die 1,9 Milliarden EUR von dem Bankkonto eines philippinischen Treuhänders auf ein deutsches Konto zu überweisen, um die Existenz des Betrages zu beweisen. In der Sprache des Pokers würde man sagen: Die Prüfer wollten sehen. In der Sprache der Prüfung wollten sie ganz einfach die Inventur begleiten. Zu der Überweisung ist es nicht gekommen, sodass *Wirecard* am 18. Juni 2020 um 10:43 h CET/CEST folgende Meldung veröffentlichte:

> *»Der Abschlussprüfer der Wirecard AG, die Ernst & Young GmbH Wirtschaftsprüfungsgesellschaft, München, hat die Wirecard AG darüber informiert, dass über die Existenz von im Konzernabschluss zu konsolidierenden Bankguthaben auf Treuhandkonten in Höhe von insgesamt 1,9 Milliarden Euro (dies entspricht in etwa einem Viertel der Konzernbilanzsumme) noch keine ausreichenden Prüfungsnachweise zu erlangen waren.*
>
> *Es bestehen Hinweise, dass dem Abschlussprüfer von einem Treuhänder bzw. aus dem Bereich der Banken, welche die Treuhandkonten führen, unrichtige Saldenbestätigungen zu Täuschungszwecken vorgelegt wurden, damit dieser ein unrichtiges Vorstellungsbild über das Vorhandensein der Bank-*

guthaben bzw. die Führung von Bankkonten zugunsten der Wirecard-Gesellschaften erhalte. Der Vorstand arbeitet mit Hochdruck daran, den Sachverhalt in Abstimmung mit dem Abschlussprüfer weiter aufzuklären.«

Der Vorstand Jan Marsalek arbeitete tatsächlich mit Hochdruck – an seinem Untertauchen. Am gleichen Tag um 18:18 h CET/CEST berichtete *Wirecard*, Jan Marsalek sei »von seiner Tätigkeit als Vorstand der Wirecard AG freigestellt«. Tags darauf stieg dieser in ein Flugzeug, das ihn von einem Kleinflughafen in Österreich nach Minsk in Weißrussland brachte, wo sich seine Spur verlor. Die Prüfungsgesellschaft muss sich seither die Frage gefallen lassen, warum *Wirecard* die Existenz von »einem Viertel der Konzernbilanzsumme« noch im Vorjahr nachweisen konnte.

Die erste Variante des Basisbeispiels drehte sich um Forderungen und Verbindlichkeiten und damit um die Entkoppelung von liquiden Mitteln und dem Gewinn eines Unternehmens. *Wirecard* hatte Forderungen auf die Aktivseite geschrieben, die der Grundlage entbehrten. Wie sich das bilanziell zu einem großen Bild formt, werden wir später im vierten Kapitel sehen. Was sich sonst noch auf der linken Seite der Bilanz anstellen lässt, ist Gegenstand des nächsten Abschnitts.

Vermögen mit Grundrechenarten aufblasen

Wir kommen zur zweiten und letzten Variante des Basisbeispiels. Es geht wie gewohnt mit der Anfangsbilanz los (Vermögen: 20 EUR, Taxi-Rückstellung 12 EUR, Anfangsrest 8 EUR). Wieder geht es um die Anschaffung eines Stiftes, diesmal jedoch über einen Umweg. Zunächst erwirbt das Unternehmen das Material, das erforderlich ist, um einen Stift zusammenzubauen, also Mine, Feder, Hülle und Kappe, das kostet 4 EUR. Das Unternehmen bezahlt bar und legt sich das Material sofort ins Lager. Anstelle des fertigen Stiftes verfügt das Unternehmen jetzt über das Material für den Stift (Abb. 51).

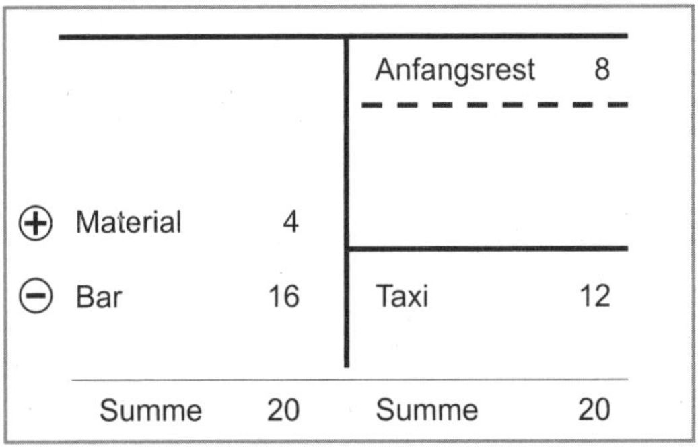

Abb. 51: Erwerb von Material

Im nächsten Schritt entnimmt ein Techniker oder Mechaniker dem Lager das Material und stellt einen Stift her. Zunächst füllt er den Materialentnahmeschein aus oder bedient ein EDV-System, um bekanntzugeben, dass das Material jetzt nicht mehr im Lager liegt. Die Buchhaltung notiert den Verbrauch des Materials in der Bilanz. Das Vermögen schrumpft, der Rest verkleinert sich. Dieses Kleinerwerden des Restes trägt den Titel Materialverbrauch, in Abb. 52 abgekürzt »Mat.verbr.«

Nun hat der Mechaniker zwar das Material verbraucht, aber dafür hat er einen Stift hergestellt. Der Stift liegt fertig in der Lagerhalle und ist bereit für seine Auslieferung. Jedoch verzeichnet die Bilanz den Stift noch nicht, weswegen wir das jetzt nach-

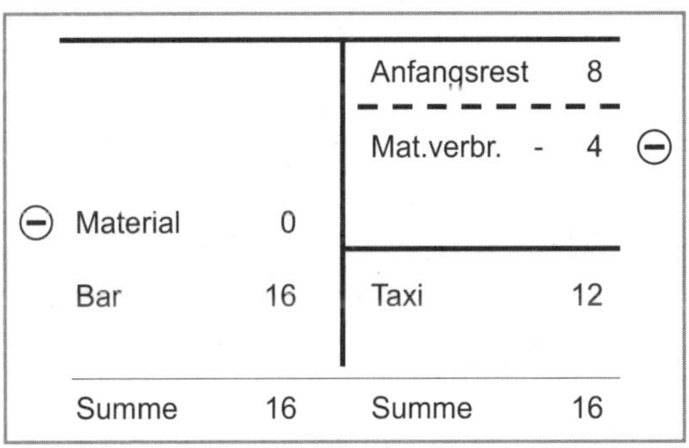

Abb. 52: Materialverbrauch

			Anfangsrest		8	
⊕	Stift (UV)	4	Mat.verbr.	-	4	
			Bestand ↗	+	4	⊕
	Material	0				
	Bar	16	Taxi		12	
	Summe	20	Summe		20	

Abb. 53: Bestandserhöhung

holen müssen. Der Stift ist Teil des Vermögens, steht daher auf der linken Seite und erhöht das Vermögen. Dies führt wie gewohnt zu einer Erhöhung des Restes, die den Titel trägt: »Erhöhung oder Verminderung des Bestandes an fertigen und unfertigen Erzeugnissen«, so steht es im § 275 des HGB. In Abb. 53 lautet die Bezeichnung »Bestand ↗«.

Im Ergebnis sieht es jetzt so aus, als habe das Unternehmen den Stift für Bargeld direkt eingekauft. Das Besondere am Beispiel bestand darin, dass der Stift den Umweg über die GuV genommen hat. Die Aktivierung hat den Materialaufwand neutralisiert, es ist weder zu Gewinn noch zu Verlust gekommen. Sie merken sich bitte den Effekt, dass die Aktivierung Aufwand neutralisiert, denn damit lässt sich Gewinn herstellen.

In der Einleitung dieses Buches hatte ich berichtet, dass mich zu meinem Amtsantritt in einem Unternehmen im Jahr 2010 die Leiterin der Buchhaltung darüber informierte, es sei fehlerhaft bilanziert worden. Die Buchhaltung hatte auf die linke Seite der Bilanz »Arbeitsfortschritt für Projekte« (englisch: »Work in Progress«, kurz WIP) geschrieben, die in der Realität nicht existierten. Vielmehr gab es Dokumentation zu Projekten, die man hoffte, alsbald zu akquirieren. Natürlich darf man so etwas bilanziell nicht ansetzen, aber dennoch war es geschehen und hatte damit Aufwand in der GuV neutralisiert. In der Folge zeigte das Unternehmen einen (vermeintlichen) Gewinn, und damit waren alle zufrieden – zunächst.

Sie, verehrte Lesende, haben es jetzt fast geschafft.

Noch eine zweite Variante der Vermögensänderung tritt in der Realität auf, sie hat es in sich und entscheidet über Karrieren im Management, wie wir gleich erkennen können.

Die aktivierte Eigenleistung

Kehren wir zurück zum Beispiel mit dem selbst hergestellten Stift. Wir hatten ihn auf die linke Seite in das Umlaufvermögen geschrieben, weil der Stift dem Verkauf dient. Die Position der GuV hieß »Erhöhung oder Verminderung des Bestandes an fertigen und unfertigen Erzeugnissen«. Stellen wir uns nun vor, dass der Stift dauerhaft im Unternehmen verbleiben und langfristig (mehr als ein Jahr) dem Unternehmen dienen soll. Dann handelt es sich bei dem Stift nicht um Umlaufvermögen, sondern um Anlagevermögen. Das ändert nichts an der Bilanzmechanik der Aktivierung, aber die Resterhöhungsposition der GuV trägt dann den Titel »andere aktivierte Eigenleistungen«, in der Abb. 54 abgekürzt mit »akt. EL«.

Das ist ein etwas sperriger Ausdruck, der sich jedoch prakti-

			Anfangsrest		8	
⊕	Stift AV	4	Mat.verbr.	-	4	
			akt. EL	+	4	⊕
	Material	0				
	Bar	16	Taxi		12	
	Summe	20	Summe		20	

Abb. 54: Aktivierte Eigenleistung

scherweise selbst erklärt: eine selbst erbrachte Leistung, die das Unternehmen auf die Aktivseite schreibt.

Damit haben wir die ersten Positionen der GuV, wie sie der § 276 des HGB vorsieht, besprochen. Das Gesetz listet wörtlich auf wie folgt:

1. Umsatzerlöse
2. Erhöhung oder Verminderung des Bestands an fertigen und unfertigen Erzeugnissen
3. andere aktivierte Eigenleistungen
4. sonstige betriebliche Erträge
5. Materialaufwand

Die wenigsten Menschen kennen die Positionen der Bestandsveränderung oder der aktivierten Eigenleistungen. Dabei haben sie als Ertragspositionen gewaltigen Einfluss darauf, ob das Unternehmen Gewinn oder Verlust erwirtschaftet. Das konservative HGB hat es bis zum Jahr 2009 strikt verboten, selbst erstellte immaterielle Vermögensgegenstände zu aktivieren. Das wurde später etwas unrealistisch angesichts der Programmierleistungen, die die Mitarbeiter oder Lieferanten von Unternehmen erbringen. Seit dem Jahr 2010 dürfen sich Unternehmen aussuchen, ob sie selbst erstelltes immaterielles Vermögen aktivieren oder nicht. Damit ist die Frage, ob dies geschieht oder nicht, für jeden HGB-Abschluss eine Standardfrage. Die weitverbreitete Auffassung im Mittelstand besteht darin, dass eine solche Aktivierung schlicht und ergreifend ein unanständiger Vorgang ist und man so etwas noch nie gemacht hat. Umso interessanter ist es, wenn Unternehmen an genau dieser Stelle erstmals kreative Anstrengungen unternehmen. Das Schöne daran ist, dass es immer sofort auffällt.

Welche erstmalige Anwendung eines Wahlrechtes fällt Ihnen auf den ersten Blick auf?

Konzernbilanz zum 30.06.2019

Aktiva

	30.06.2019 €	Vorjahr €
A. Anlagevermögen		
I. Immaterielle Vermögensgegenstände		
1. Selbst geschaffene gewerbliche Schutzrechte und ähnliche Rechte und Werte	1.324.858,20	0,00
2. Entgeltlich erworbene Konzessionen, gewerbliche Schutzrechte und ähnliche Rechte und Werte sowie Lizenzen an solchen Rechten und Werten	6.803.711,11	4.913.157,57
3. Geschäfts- oder Firmenwert	217.834,15	0,00
Summe immaterielle Vermögensgegenstände	8.346.403,46	4.913.157,57

Abb. 55: Kühne – Hinweis auf aktivierte Eigenleistung (Ausschnitte aus der veröffentlichten Konzernbilanz)

Beispiel für Bilanzkosmetik

Die Firma *Carl Kühne KG* gibt es seit 1722. Damit gehört sie zu den ältesten und traditionsreichsten Unternehmen in Deutschland. Sie verkauft überwiegend Gemüse in Essig und Varianten davon. Weitere Produkte von *Kühne* sind Senf, Salatfix und seit einiger Zeit Fleischsoßen. Ein schneller Blick auf die Bilanz des Jahres 2019 weckt sofort die Aufmerksamkeit aller Menschen, die wissen, dass selbst erstellte immaterielle Vermögensgegenstände bilanziert werden dürfen, aber nicht bilanziert werden müssen (Abb. 55).

Die Position »Selbst geschaffene gewerbliche Schutzrechte …« hat einen Bilanzwert von 1,3 Millionen EUR, im Vorjahr aber einen Wert von 0,00 (in Worten: null). Also hat *Kühne* offenbar erstmals für das Jahr 2019 von dem Wahlrecht der Aktivierung Gebrauch gemacht. Man fragt sich: Warum? Auf der Suche nach Antworten hilft ein Blick in die ersten Zeilen der GuV und deren Vergleich mit Zeile 15, in der der Konzernjahresüberschuss steht (Abb. 56).

Mit Umsatzerlösen von um die 340 Millionen EUR gehört *Kühne* in die Gruppe der größeren mittelständischen Unternehmen. In zwei aufeinanderfolgenden Jahren haben sich die Bestände um

Wäre *Kühne* ohne aktivierte Eigenleistung
und Bestandserhöhung profitabel?

Konzern-Gewinn- und Verlustrechnung für das Geschäftsjahr vom 01.07.2018 bis zum 30.06.2019

	Geschäftsjahr €	Vorjahr €
1. Umsatzerlöse	343.444.330,07	339.568.052,70
2. Erhöhung des Bestandes an fertigen und unfertigen Erzeugnissen	4.148.161,90	4.152.852,47
3. Andere aktivierte Eigenleistungen	1.767.839,20	2.212.856,37
	349.360.331,17	345.933.761,54
15. Konzernjahresüberschuss	2.766.396,18	10.471.405,41

Abb. 56: Kühne – Ertragskomponenten und Konzernjahresüberschuss (Ausschnitte aus der veröffentlichten Konzern GuV)

jeweils über 4 Millionen EUR erhöht, was bedeutet, dass *Kühne* mehr produziert hat als verkauft. Die aktivierten Eigenleistungen beliefen sich im Vorjahr auf rund 2,2 Millionen EUR, im Geschäftsjahr kamen die per Wahlrecht erstmals aktivierten immateriellen selbst erstellten Vermögensgegenstände hinzu. Ein Blick auf die letzte Zeile der GuV verdeutlicht: Ohne die Bestandserhöhung und die aktivierte Eigenleistung hätte die Geschäftsführung einen Verlust berichten müssen. Das würde erklären, warum die Ausschüttung des Gewinnes ein Jahr später ungewohnt mager ausfällt. Diese Ausschüttung zusammen mit der wichtigsten Frage aus Kapitel 1 nach der Dauer der Erstellung des Abschlusses ergibt eine Art bilanzanalytischen Fußabdruck, der sich für Spurensuche eignet (Abb. 57).

Es hat offenbar etwas länger gedauert, den Abschluss 2019 zu erstellen, als in den Vorjahren. Wer selbst erstelltes immaterielles Vermögen aktiviert, muss dies der Wirtschaftsprüfung erklären. Mitarbeiter müssen ganzjährig Stundenzettel ausfüllen, die die Vorgesetzten abzeichnen. Das hergestellte Produkt muss selbstständig bewertbar und veräußerbar sein. All dies zu dokumentieren, verschlingt Zeit, die gerade im Jahresabschluss immer ein besonders knappes Gut ist. Das kann, muss jedoch nicht der

Zahlenanalyse:
Was haben die Tage zum Testat mit dem Gewinn zu tun?
Wie finden die Gesellschafter die Ausschüttung?

Thema / Jahr	2017	2018	2019	2020
Tage zum Testat	112	121	131	125
Umsatz	328.321	339.568	343.444	344.761
Gewinn	10.107	10.471	2.766	4.041
Bestandsveränderung (GuV)	119	4.153	4.148	– 8.334
Zunahme selbst erstelltes immat. Vermögen	0	0	1.325	332
Ausschüttung	4.842	5.776	4.727	159

Abb. 57: Kühne – das ganze Bild (Zahlen in Tsd. EUR)

Grund dafür sein, dass die Wirtschaftsprüfung den Abschluss 2019 später testierte als in den Vorjahren.

Kühne hatte sich im betrachteten Zeitraum auf Innovationen konzentriert und beispielsweise Gemüsechips entwickelt. Bitte fragen Sie sich: Wie oft kaufen Sie Gemüsechips? Welche Gemüsechips sind Ihnen im Supermarkt aufgefallen? Haben Sie das Gefühl, dass Gemüsechips unersetzliche Produkte sind, die in keinem Supermarkt fehlen sollten? Wenn Sie Zweifel am Markterfolg von Gemüsechips beschleichen: Wo genau bleiben Gemüsechips, wenn ein Unternehmen sie herstellt, aber nicht in gleicher Zahl verkauft? Und wo sieht man das in der GuV? Und schließlich: Wenn die Gesellschafter Gewinnausschüttungen in Höhe von gut sechs Millionen EUR gewohnt sind, welche Empfindungen löst eine Ausschüttung von knapp 160 Tsd. EUR aus? Und was bedeutet das für die Karriere der Geschäftsführung?

Die Antworten auf diese Fragen sind natürlich Spekulation. Unterlegt mit den Daten der Abschlüsse, könnte sie wie folgt ausfallen: *Kühne* ist im größeren Umfang auf seinen Produkten sitzen geblieben, was sich an der Bestandserhöhung ablesen lässt. In so einer Situation erstmals mit der Aktivierung selbst erstellter immaterieller Vermögensgegenstände gegenzusteuern, ist mindestens verdächtig. Wenn dann der mit solchen Methoden errechnete Gewinn eine besonders magere Gewinnausschüttung nach sich zieht, endet die Geduld der Gesellschafter schneller, als die Geschäftsführung das Wort »Aktivseite« aussprechen kann. Fakt ist: Den Abschluss des Jahres 2020 unterzeichnete eine andere Geschäftsführung als den des Jahres 2019.

Wir als Verbraucher können uns seither an einer breiteren Produktpalette von *Kühne* erfreuen als vor der Innovationsoffensive mit den Gemüsechips. Es hatte sein Gutes.

Start-up-Unternehmen und die aktivierte Eigenleistung

Nicht nur alte Unternehmen wie *Kühne*, sondern vor allem Start-up-Unternehmen, die Softwareprodukte vertreiben, setzen sich mit aktivierten Eigenleistungen auseinander. Eine gute Idee für eine IT-Handelsplattform, Anwendungen künstlicher Intelligenz, ein revolutionäres Computerspiel oder einfach eine coole App lösen Programmierarbeit in erheblichem Umfang aus. Keine Kundin, kein Kunde bezahlt diese Leistung, bevor das Produkt marktreif ist und so dem Start-up Umsatz beschert. Während der Programmierung waltet die Hoffnung, Marktanteile zu ergattern und eine zunehmende, sowie letztlich gigantische Menge von Anwendern und Kunden zu motivieren, über Abonnements der Software oder Werbeeinnahmen dem Start-up gewaltigen Umsatz zu bescheren, für die das Start-up die Software nur noch anpassen muss, um die Kundenmassen zu bewältigen. Man spricht dabei von der Skalierbarkeit des Geschäftsmodells, wofür die Firma *Facebook* ein perfektes Beispiel ist. Zu Beginn und während der Programmierarbeit entstehen diesen Start-ups zunächst erhebliche Verluste. Die Suche nach Investoren, die all das bezahlen, gestaltet sich erheblich einfacher, wenn das Unternehmen bereits Gewinne präsentieren kann. Es liegt dann auf der Hand, den Aufwand der Programmierung als selbst erstellten Vermögensgegenstand zu aktivieren. Bei der Suche nach Aufwand kann es zur sogenannten kreativen Buchhaltung kommen.

Jenseits der reinen Programmierung gibt es weiteren Aufwand, den die Geschäftsführung für erforderlich halten könnte, das Programm zu erstellen. Wenn beispielsweise ein Meeting mit ein paar Personen stattfindet, die sich direkt oder auch indirekt mit der Software beschäftigen, könnten nicht nur die Miete des Besprechungsraumes, die Kosten seiner Reinigung und die Kosten des ausgeschenkten Kaffees Grundlage der Aktivierung sein. Die Buchhaltung könnte darüber hinaus die Arbeitsstunden aller Menschen, die am Meeting teilnehmen, der Besprechung zuordnen und mit den Bedingungen der jeweiligen Arbeitsverträge inklusive etwaiger Bonusvereinbarungen bewerten. Die Kosten gemeinsamen Essens und Trinkens im Anschluss an das Meeting kämen hinzu. Und die Kosten der An- und Abreise. Und die Heizungskosten. Und verbrauchter Strom und Wasser. Und die Abfallentsorgung. Und die Abschreibungen der Computer. Und die Abschreibung der Büromöbel. Und die anteilige Miete des Treppenhauses, das zum Meeting-Raum führt. Und die Kosten der Fachzeitschriften. Und auch die Kosten der Tageszeitung, solange sie hin und wieder Berichterstattung über IT enthält. Und Kosten der Rechtsberatung für Details der Software. Und, und, und …

Solange die Buchhaltung akkurat rechnet sowie die Details der Rechnungen mit Belegen untermauert, kann die Geschäftsführung dem diesbezüglichen Gespräch mit der Wirtschaftsprüfung entspannt entgegensehen, dessen Stunden sie wiederum auf die entwickelte Software aktivieren könnte. Vor allem jedoch kann sich das Start-up möglichen Investoren als vielversprechendes Geschäftsmodell präsentieren, solange die Investoren die Sache mit den aktivierten Eigenleistungen nicht durchschauen.

Der Zusammenhang von Gewinnen einerseits und aktivierten Eigenleistungen und Bestandsveränderungen andererseits stellt nach meiner Beobachtung tatsächlich eine Art Geheimwissen dar, denn ich konnte seither in vielen Unternehmen erleben, dass dieser Zusammenhang nicht wirklich allgemein bekannt ist. Letztlich beschäftigen sich nur ein paar Menschen in der Buchhaltung maximal einmal im Monat damit, die Bestandsveränderung des Lagers oder intern angearbeitete Projekte korrekt abzubilden. Das sind nicht sehr viele Menschen – genauer gesagt: Es sind zu wenige.

Sie haben die zweite Bergetappe erreicht

Wir haben bis hierher ein Basisbeispiel mit zwei Variationen kennengelernt.

Das Basisbeispiel enthielt Einkauf und Verkauf eines Produktes jeweils gegen Bargeld. Die erste Variante enthielt den gleichen Geschäftsvorfall, jedoch erfolgten Einkauf und Verkauf auf Rechnung statt mit unmittelbarer Barzahlung. Die zweite Variante beschäftigte sich mit Bestandsveränderung und aktivierter Eigenleistung.

Zusammen mit dem Konzept der Forderungen beziehungsweise Verbindlichkeiten und dem Verständnis von Rückstellungen als gedanklicher Reservierung verfügen Sie nun über die Instrumente, um jedem veröffentlichten Abschluss ein paar Geheimnisse zu entlocken.

Dabei erhalten Sie Unterstützung von der Wirtschaftsprüfung und deren Testat sowie von der Geschäftsleitung und deren zusammenfassender Gesamtaussage. Und Sie können sehen, wie lange es gedauert hat, bis die Wirtschaftsprüfung den Abschluss unterzeichnet hat. Somit sind Sie für die Bilanzanalyse einschließlich des Zahlenteils ausgebildet.

Wie es so ist bei der Ausbildung, vielleicht möchten Sie Ihren Wissensstand zunächst einer Überprüfung unterziehen?

Selbsttest:
Sie wissen jetzt schon mehr, als Sie denken

Sie müssen es nicht selbst ausrechnen, aber Sie sollten in der Lage sein, ein paar Begriffe aus der Bilanz und der GuV inhaltlich einordnen zu können. Dabei sollten Sie sich am Fazit des letzten Kapitels orientieren. Ob Sie dazu in der Lage sind, können Sie anhand folgender Fragen überprüfen (Lösung auf Seite 263):

1. Wenn ein Unternehmen Vermögen erwirbt: Hat das zum Zeitpunkt des Erwerbes Einfluss auf den Gewinn? Wann und wodurch entsteht ein Effekt auf Gewinn oder Verlust?
2. Wie hängt eine GuV mit der Bilanz zusammen?
3. Welche Ertragspositionen gibt es in einer GuV?
4. Welche Positionen sind betroffen, wenn ein Unternehmen Material verbraucht?
5. Aus welchen Komponenten besteht das Eigenkapital einer Bilanz? Welche Zusammenhänge bestehen zu einer Gründung beziehungsweise Kapitalerhöhung?
6. Welche Voraussetzung muss erfüllt sein, damit ein Unternehmen eine Forderung buchen darf?
7. Was ist eine Eventualforderung, und was muss für sie beachtet werden?
8. Welche Besonderheiten gelten für selbst erstelltes immaterielles Vermögen?

Wenn Sie mit diesen Fragen keine Schwierigkeiten hatten, sind Sie vorbereitet, das Herz der Jahresabschlüsse, nämlich die vielen Zahlen, einer kritischen Würdigung zu unterziehen.

4 Im Herzen der Finsternis – der Zahlenteil

Viele Menschen melden sich gedanklich ab, wenn die Worte Bilanz oder Gewinn- und Verlustrechnung fallen. Sollten Fachausdrücke wie Aktiv, Passiv, Lagebericht und Anhang hinzukommen, wird es schnell zappenduster. Nicht für Sie, denn Sie haben im vorherigen Kapitel so viel Orientierung erhalten, dass Sie nun hoffentlich mit Neugier statt Befürchtung in den Zahlenteil des Jahresabschlusses aufbrechen. Damit steht die Frage im Raum, in welcher sinnvollen Reihenfolge Sie sich das Werk vornehmen. So vielfältig die Geschäftsmodelle, so unterschiedlich die Inhalte bestimmter Abschlusspositionen sein können: Es gibt ein paar Fragen, die immer wiederkehren und die mit schöner Regelmäßigkeit die wirklich entscheidenden Informationen über ein Unternehmen zutage fördern. Die folgenden Abschnitte geben eine Reihenfolge der Bilanzanalyse vor, die sich in vielen Fällen bewährt hat und die Schritt für Schritt den Abschlüssen ihre Geheimnisse entreißt.

Wer es jenseits der Bilanzanalyse noch genauer wissen möchte, kann in Kapitel 6 nachlesen, wie eine Buchhaltung Buchungssätze in der EDV herstellt und welche Buchungssätze zu den folgenden Kapiteln gehören. Sie können alle folgenden Inhalte aber auch problemlos ohne diese Details verstehen.

An erster Stelle steht der Umsatz, echt oder erfunden

Die ersten drei Fragen der Abschlussanalyse funktionierten ohne Zahlen. Die nunmehr vierte Frage ist die erste, die sich explizit auf Zahlen bezieht. Es ist die Frage nach dem Umsatz eines Unternehmens.

Der Umsatz ist das, was ein Unternehmen dafür einnimmt, dass es Waren oder Dienstleistungen verkauft. In den ersten Tagen jeder kaufmännischen Ausbildung, ob im Betrieb, in der Berufsschule oder in einem betriebswirtschaftlichen Studium, lernt man: Umsatz ist Menge mal Preis. Wenn ein Produkt 1.000 EUR kostet und das Unternehmen drei Stück davon verkauft, macht es einen Umsatz von 3.000 EUR. Wenn ein Beratungsunternehmen mit seinem Kunden einen Stundensatz von 150 EUR vereinbart und 36 Beratertage à 8 Stunden verkauft, errechnet sich ein Umsatz von (150 mal 8 mal 36 gleich) 43.200 EUR. Wenn ein Friseur einen Haarschnitt für 26,80 EUR anbietet und an einem Tag 17 zahlende Kunden bedient, entsteht ein Tagesumsatz von 455,60 EUR. Insofern birgt jeder Arbeitstag die Chance auf Umsatz, wohingegen jeder Sonn- und Feiertag die Chance verringert, weswegen der Monat Mai grundsätzlich immer ein schlechter Monat für die Unternehmen ist. Nicht nur der Maifeiertag ist frei, sondern es kommen der Pfingstmontag hinzu sowie Christi Himmelfahrt und in einigen Ländern auch noch Fronleichnam. Die Geschäfte sind ein paar Tage geschlossen, an Feiertagen geben die Einkaufsabteilungen keine Bestellungen auf, es wird nichts produziert, und die Unternehmen liefern keine Waren aus. Glücklicherweise gibt es pro Jahr nur einen Mai.

Vom Umsatz muss das Unternehmen sämtlichen Aufwand bestreiten für Personal, eingekaufte Waren und Dienstleistungen, für Abschreibungen und Sonstiges, und am Ende bleibt hoffentlich ein Gewinn übrig.

Die Höhe des Umsatzes informiert darüber, wie groß das Unternehmen ist, welche Bedeutung es hat, welche Chancen sich bieten und welche Risiken möglicherweise lauern. Wenn der Umsatz stark wächst, ist das ein Hinweis auf künftige Erfolge, weil die Produkte sich gut verkaufen, und sinkender Umsatz könnte der Vorbote größerer Krisen sein. Kurz: Der Umsatz ist die Antwort auf die allgemeine Frage: Worüber reden wir hier eigentlich?

Die Bedeutung der Automobilindustrie

Es gibt Umsatzdimensionen, die sind so enorm, dass sie sich kaum fassen lassen. Im Jahr 2022 haben die deutschen Automobilhersteller *BMW*, *Mercedes-Benz* und *Volkswagen* (im Folgenden abgekürzt: *BMV*) einen Umsatz von zusammen 572 Milliarden EUR erwirtschaftet. Zum Vergleich: Das Bruttoinlandsprodukt (abgekürzt: BIP) beschreibt die Summe aller Waren und Dienstleistungen, die ein Land produziert. Deutschland hat im Jahr 2021 ein BIP von 4,3 Billionen Dollar, die Schweiz von 800 Milliarden Dollar, Österreich von 480 Milliarden Dollar. Der Umsatz der Automobilhersteller mit Firmensitz in Deutschland ist also größer als das BIP von Österreich und in etwa so groß wie das BIP von Schweden. Diese Rechnung enthält nicht die internationalen Hersteller wie Ford und Opel, die ebenfalls in Deutschland produzieren, und auch nicht die gesamte Zulieferindustrie. Dies mag ein Gefühl dafür vermitteln, welche Dimension und Bedeutung die Autoindustrie hat.

Die Diskussionen rund um den Klimawandel deuten darauf hin, dass die Technologie des Verbrennungsmotors der Gesundheit des Planeten nicht länger zuträglich ist. Der amerikanische Autobauer *Tesla* setzt konsequent – also ausschließlich – auf elektrisch betriebene Fahrzeuge und liegt damit in einem Trend, dem sich auch die deutschen Autobauer nicht verschließen. *Tesla* hat es trotz oder wegen seiner technologischen Fokussierung geschafft, in relevante Größenordnungen beim Umsatz vorzudringen. Im Vergleich zu den deutschen Autobauern schneidet sich *Tesla* im Jahr 2022 insgesamt 12 % aus dem Umsatzkuchen (Abb. 58).

Tesla baut seine Autos innovativ um die Elektronik herum, die

Autos werden mitunter als fahrende Smartphones bezeichnet. Das ermöglicht die Assoziation, die heutige Lage des Fahrzeugmarktes stelle sich für die deutsche Automobilindustrie so dar wie der Handy-Markt für *Nokia* vor der Erfindung der Smartphones durch dessen Konkurrenz. Die Telefone von *Nokia* bediente man mit dem Druck auf dafür vorgesehene Tasten, falls sich jemand erinnert. Nokia beherrschte den Handymarkt fast vollständig und wurde von der Konkurrenz mit ihren Smartphones und deren Touch-Displays praktisch über Nacht hinweggefegt.

Vermutlich sind es Überlegungen und Erwartungen dieser Art, die dazu führen, dass der Marktwert von *Tesla* sehr hoch ist. Man kann diesen Wert ausrechnen, indem man die Anzahl der Aktien eines Unternehmens mit dem Preis der Aktien multipliziert. Das Resultat ist die sogenannte Marktkapitalisierung (englisch: »Market Capitalization«, kurz: Market Cap). Der Marktwert von *Tesla*

Firma	**Umsatz** (Mio. EUR)
BMW	142.610
Mercedes	150.017
VW	279.232
BMV	**571.859**
Tesla	**76.375**

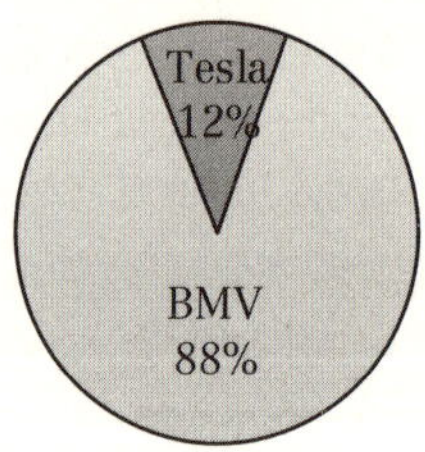

Abb. 58: Umsatzanteile Tesla und deutsche Autobauer

Firma	**Market Cap** (Mio. EUR)
BMW	69.120
Mercedes	76.200
VW	68.510
BMV	**213.830**
Tesla	**563.473**

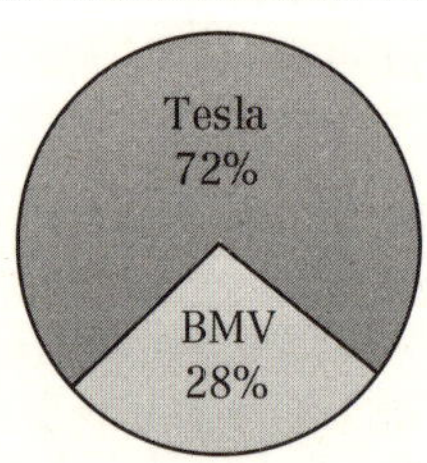

Abb. 59: Marktwert Tesla und deutsche Autobauer

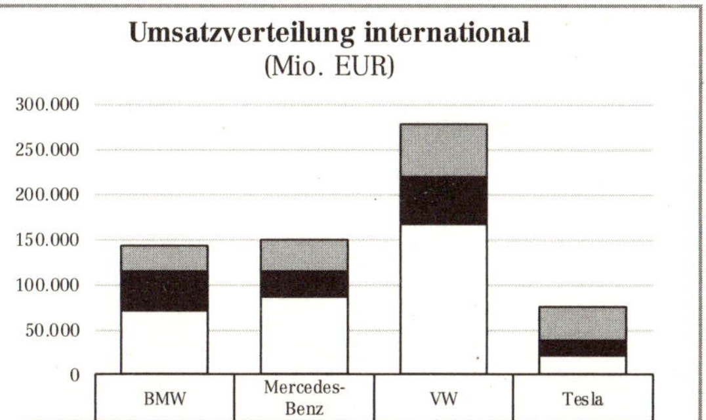

	BMW	Mercedes-Benz	VW	Tesla
USA	28.751	35.829	60.077	38.021
China	41.881	27.324	51.444	17.012
Rest	71.978	86.864	167.711	21.343

Abb. 60: Umsätze der Autohersteller nach Vertriebsgebieten, in Mio. EUR, Tesla mit Wechselkurs 31. 12. 22 umgerechnet

ist im Sommer 2023 fast dreimal so groß wie der Marktwert aller deutschen Autobauer zusammen (Abb. 59).

Dies bringt zum Ausdruck, welche Potenziale die Aktienmärkte *Tesla* zuschreiben. Sie scheinen derzeit deutlich höher als die Potenziale von *BMV.*

Die Abschlüsse der großen Unternehmen enthalten sogenannte Segmentinformationen, in welchen Ländern die Unternehmen wie viel Umsatz erwirtschaften. Globales Agieren bringt auch globale Risiken mit sich. Dies gilt besonders für Unternehmen, die sowohl in den USA als auch in China ihre Produkte verkaufen. Eine Auseinandersetzung zwischen diesen Ländern könnte Auswirkungen auf die regionalen Umsätze nach sich ziehen. Abb. 60 zeigt die Umsatzverteilung der Autobauer *BMV* und *Tesla* für das Jahr 2022, unterteilt in die USA, China und den Rest der Welt.

Im Großen und Ganzen verkaufen die Unternehmen in der gleichen Größenordnung sowohl in die USA als auch nach China, wobei die USA, außer für *BMW,* die Nase vorn haben. Sie produzieren die Fahrzeuge auch in den jeweiligen Ländern. Würden die Regierungen die Unternehmen zwingen, sich zwischen den USA und China zu entscheiden, hätte dies in jedem Fall enorme Auswirkungen auf die Umsätze der Autobauer. Dies mag erklären, weswegen multinationale Unternehmen dazu tendieren, sich in politischen Auseinandersetzungen zurückzuhalten.

Ohne Umsatz ist alles nichts

Der Umsatz ist die alles entscheidende Größe einer GuV. Welche Aufwendungen ein Unternehmen auch hat, solange der Umsatz größer ist als der Aufwand, entsteht Gewinn. Ist der Umsatz zu niedrig und deckt nicht den Aufwand, kommt es zu Verlusten. Der Umsatz ist die wichtigste Zahl für die Vertriebsabteilungen, er ist das Ziel von Werbekampagnen, von Marketing, von Image und Markenführung. Ganze Ausbildungsgänge beschäftigen sich nur mit dem Umsatz. Social Media sind deswegen erfolgreich, weil die Unternehmen die User so gezielt ansprechen können, dass es zu messbaren Auswirkungen auf den Umsatz kommt. Markenprodukte lassen sich teurer verkaufen als No-Name-Artikel, weswegen die Markenpolitik so enorme Bedeutung in jeder Industrie hat. Zugespitzt: Ohne Umsatz ist alles nichts. In vielen Unternehmen gilt die Devise: Alles für den Umsatz!

Die entsprechenden Bemühungen finden ihren Niederschlag in der Buchhaltung, im einfachsten Fall, indem die Buchhaltung Rechnungen für erbrachte Leistungen oder verkaufte Produkte schreibt. In schwierigeren Fällen kommt es zu Gestaltungsaktivitäten hinsichtlich der erbrachten Leistungen, wie wir am Beispiel des Auslieferungsbereiches für fertige Produkte sehen konnten.

Der Druck, wirtschaftliche Erfolge aufzuzeigen, nimmt bisweilen bizarre Formen an. In beratenden Unternehmen wie Anwaltskanzleien, Steuer- und Unternehmensberatungen dreht sich in wirtschaftlicher Hinsicht alles um die Stunden, die man dem Mandanten in Rechnung stellen kann, auf Englisch die »billable hours« oder kurz die »Billables«. Je länger die Fachleute arbeiten, desto mehr Umsatz kann die Beratungsfirma abrechnen, was deren Tendenz zu Überstunden erklärt. Es gibt Unternehmen des

Einzelhandels, die aus den Zentrallagern heraus ihre Geschäfte mit mehr Produkten versorgen, als die lokale Geschäftsfläche fassen kann, nur um den Verkauf zu motivieren, die Produkte endlich unters Volk zu bringen. Sonderangebote, Schlussverkäufe in Sommer und Herbst und sonstige Rabattaktionen sollen die Unternehmen von ihrer Ware befreien, die andernfalls die Regale und die Verkaufsräume verstopft. Der Druck kann dazu führen, dass der Vertrieb Rechnungen schreibt und in der Buchhaltung für Leistungen verbuchen lässt, die streng genommen noch gar nicht abrechenbar sind. Das sieht dann zunächst gut aus für den Monats- oder Jahresabschluss, weil der Vertrieb für Umsatz gesorgt hat. Solange die Rechnung nicht fällig ist, herrscht noch Ruhe, aber nach einem oder zwei Monaten steht die Frage im Raum, warum die Kundschaft die Rechnungen nicht bezahlt, und dann wird es ungemütlich. Einfach mal ein paar Rechnungen zu schreiben, ist eben keine Lösung und fliegt den handelnden Personen früher oder später um die Ohren. Es gibt prominente Beispiele.

Umsatzerträge erfinden ist schrecklich einfach

Es kommt vor, dass Unternehmen Dinge auf die linke Seite ihrer Bilanz schreiben, die gar nicht existieren, und alles nur, um in der GuV einen Umsatz oder, allgemeiner gesprochen, einen Ertrag zu zeigen. Die Firmen *Flowtex* und *P&R* sind unrühmliche Beispiele hierfür, und zuletzt hat es *Wirecard* auf die Spitze getrieben.

Wer auf die linke Seite der Bilanz eine Forderung schreibt, hat in der GuV einen Umsatz. Genau dieser Mechanismus ist den Abschlüssen von *Wirecard* abzulesen, jedoch in abgewandelter Form. Wir hatten bereits gesehen, dass *Wirecard* Forderungen an Treuhänder auf der linken Seite der Bilanz unter dem Titel »Zahlungsmittel und Zahlungsmitteläquivalente« bilanziert hatte. Die Position entsteht normalerweise, indem das Unternehmen dem Treuhänder Geld auf sein Konto überweist. Der bilanzielle Mechanismus besteht in der Abnahme von Geld auf unmittelbar eigenen

Konten, dafür der Zunahme einer Forderung gegen den Treuhänder, ohne eine Auswirkung auf Gewinn oder Verlust. Bei *Wirecard* verhielt es sich etwas anders. Wir nehmen heute an, dass auf dem Konto des Treuhänders in den Philippinen gar keine 1,9 Milliarden EUR lagen. Das führt zu dem Schluss, dass die Bilanz die Forderung gegen den Treuhänder nicht deswegen enthielt, weil man ihm 1,9 Milliarden EUR überwiesen hatte, sondern weil *Wirecard* die Forderung mit einer schlichten Rechnung an den Treuhänder verbucht hat, ohne ihm etwas zu überweisen. *Wirecard* hat die Rechnung vermutlich einfach so geschrieben. Auf der linken Seite der Bilanz stieg dadurch das Vermögen – nämlich die Forderung, ausgewiesen unter den Zahlungsmitteln –, und auf der rechten Seite wurde der Rest größer in der Form von Umsatz.

Mutmaßlich ging das jahrelang so, indem *Wirecard* jedes Jahr weitere vermeintliche Forderungen an einen oder mehrere Treuhänder hinzubuchte und dadurch Umsätze beziehungsweise Erträge zeigen konnte. Der Vorgang dürfte – aber das ist Spekulation – über mehrere Firmen hinweg stattgefunden haben, was Spuren verwischte und die Prüfbarkeit zunächst erschwerte. Im Konzernabschluss für das Geschäftsjahr 2018 berichtet *Wirecard*, dass es insgesamt 53 Tochtergesellschaften habe. Davon befanden sich 16 in Asien, verteilt über verschiedene Länder des Kontinentes. Es dürfte schwierig sein, die Spur der Forderungen im Einzelfall nachzuverfolgen, aber im Konzernabschluss, der alles zusammenfasst, lässt sich der Umsatz der einzelnen Jahre mit den Zahlungsmitteln am Ende eines jeden Geschäftsjahres vergleichen. Die Kombination der beiden Informationen unterstützt den Blick auf die Gewinne der Geschäftsjahre in Abb. 61.

Beginnen wir mit dem Jahr 2014: Der Umsatz des gesamten Jahres belief sich auf 601 Millionen EUR. Am Ende des Jahres hatte *Wirecard* 695 Millionen EUR in der Kasse, also 94 Millionen EUR mehr als Jahresumsatz. Im Jahr 2015 waren es dann schon 292 Millionen EUR mehr, und im Jahr 2018 schließlich wollte *Wirecard* über 700 Millionen EUR mehr in der Kasse gehabt haben, als es im ganzen Jahr 2018 Umsatz erzeugt hatte.

Wer hätte nicht gern ein Geschäftsmodell, bei dem am Ende des

Kurvenanalyse: Kann ein Unternehmen am Jahresende in der Kasse mehr Geld haben, als es das ganze Jahr über Umsatz erwirtschaftete?

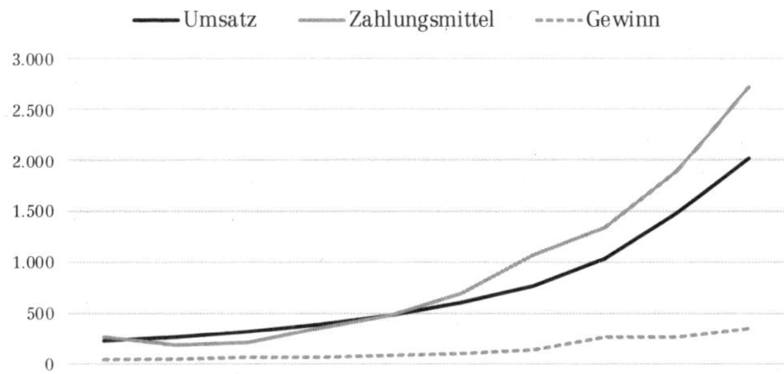

Jahr	2009	2010	2011	2012	2013	2014	2015	2016	2017	2018
Umsatz	229	272	325	395	482	601	771	1.028	1.490	2.016
Zahlungsmittel	273	185	213	358	479	695	1.063	1.333	1.901	2.720
Gewinn	46	54	61	73	83	108	143	267	260	347

Abb. 61: Wirecard – Umsatz, Zahlungsmittel und Gewinn, Zahlen in Mio. EUR

Jahres mehr Geld in der Kasse ist, als man im ganzen Jahr als Umsatz erreicht hat? Es grenzt an ein Wunder! Dabei ist so ein Bilanzbild nicht kategorisch ausgeschlossen. Wenn ein Unternehmen beispielsweise am Ende des Jahres von der Bank ein großes Darlehen erhält und mit dem Geld eine Maschine oder ein Gebäude erst Anfang Januar erwirbt, dann kann es schon einmal vorkommen, dass am 31. Dezember unnatürlich viel Geld in der Kasse liegt. Aber jahrelang immer wieder aufs Neue?

Fassen wir zusammen: *Wirecard* hat deutlich später als andere Unternehmen die Abschlüsse fertiggestellt, die Gremien des Aufsichtsrates nicht so eingerichtet oder besetzt, wie es der Deutsche Corporate Governance Kodex vorsieht, und sich zu diesen Themen in der Entsprechenserklärung nicht besonders einleuchtend geäußert. Die Wirtschaftsprüfung hatte über einen Hinweisgeber berichtet und bei der Gelegenheit die Ausdrücke Scheingeschäfte und Kreislaufzahlungen verwendet. *Wirecard* hatte jahrelang bilanziell zunehmend mehr Geld in der Kasse, als es jährlich im Umsatz zeigte. Kurz: Die Sache stank seit Jahren zum Himmel, und damit steht sozusagen ein Elefant im Raum. Es ist die Frage: Warum hat das niemand bemerkt?

Meine ehrliche Antwort lautet, dass ich als Bilanzleser nicht auf die Idee gekommen wäre, die Position der Zahlungsmittel genauer anzusehen, weil die Position bislang grundsätzlich unverdächtig war (Sie war es bis zum Fall *Wirecard*.).

Markus Braun, der Vorstandsvorsitzende von *Wirecard*, beteuert, er habe nichts von Aktivitäten gewusst, die zu Vermögen geführt hätten, das plötzlich weg ist; die Beurteilung dieser Aussage übernimmt ein Gericht.

Hätte die Wirtschaftsprüfung es sehen müssen? Dazu gibt es zwei Positionen. Die erste lautet, dass *Wirecard* das Prüfungspersonal professionell betrogen hat und die Prüfenden somit Opfer waren. Wer schon einmal einem Betrug aufgesessen ist, kann bestätigen, dass Betrüger normalerweise nette Leute sind, denen man die böse Absicht nicht ansieht und daher auf den Leim geht. Die Wirtschaftsprüferinnen und -prüfer müssen sich zwar eine kritische Grundhaltung bewahren, was sie in ihrem Bestätigungsvermerk ausdrücklich erwähnen, aber sie sind nicht die Staatsanwaltschaft. Wenn man sie mit falschen Belegen und Kreislaufzahlungen in die Irre führt, dann kann es tatsächlich sein, dass sie Dinge als belegt interpretieren, die in der Realität keine Grundlage haben.

Komponente	Abkürzg.	Mrd. EUR
Restliches Vermögen	R.Verm.	3,1
Treuhandvermögen Manila	Manila	1,9
weitere flüssige Mittel	FlüMi	0,8
Bilanzsumme	B.Summe	5,8

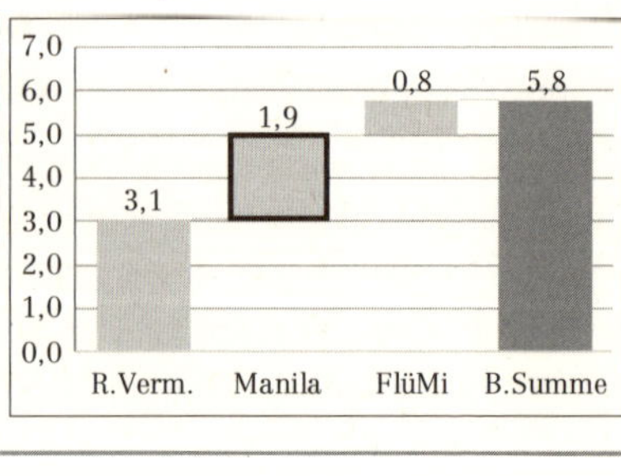

Abb. 62: Wirecard – Bilanzstruktur

Die zweite Position lautet, dass man eine Bilanzposition in Höhe von 2,7 Milliarden EUR intensiver prüfen muss, als eine Saldenbestätigung einfach für bare Münze zu nehmen. Bei einer Bilanzsumme von 5,8 Milliarden EUR machen Zahlungsmittel und Äquivalente in Höhe von 2,7 Milliarden EUR immerhin 46 % der Bilanzsumme aus, die 1,9 Milliarden EUR entsprechen immer noch 33 % der Bilanzsumme (Abb. 62).

Prüfende schränken das Testat ein, wenn sie die Inventur nicht begleiten können. Bei *Vapiano* haben sie beispielsweise die Tomaten in der Salattheke gezählt, um auf die Roh-, Hilfs- und Betriebsstoffe der Bilanz schließen zu können. Bei diesem Anspruch an Genauigkeit müssten sie – so könnte man verlangen – bei einer Vermögensposition der angesprochenen Dimension nach Manila fliegen und sich persönlich von der Existenz des Vermögens überzeugen. Im Kern dampft die ganze Diskussion auf die Frage ein, ob die Prüfungsstandards verlangen, dass die Prüfenden nach Manila hätten fliegen müssen. Im Zusammenhang mit der Aufarbeitung des Falles haben einzelne Personen bei der Prüfungsgesellschaft *EY* ihre Prüferlizenzen niedergelegt, weil sie sich damit möglichen disziplinarischen Maßnahmen durch die APAS entziehen können. Dies spricht dafür, dass die zweite Position mehr Gewicht hat als die erste.

Hätten die Banken, die *Wirecard* in der Spitze über eine Milliarde EUR geliehen hatten, es sehen müssen? In einer Welt mit zunehmender Bedeutung künstlicher Intelligenz müssten die Systeme der Banken merkwürdige Bilanzrelationen wie bei *Wirecard* erkennen, sollte man denken. Dafür müssten die Systeme zunächst mit einschlägiger menschlicher Intelligenz trainiert werden. Im Ergebnis muss man wohl feststellen, dass die Banken genauso hinters Licht geführt wurden wie die Prüfer, der Vorstandsvorsitzende nach eigener Aussage und ich.

Kann man von einer BaFin verlangen, bilanzanalytisch den Finger in diese Wunde zu legen? Dafür müsste die Behörde so aufgestellt sein, dass sie alle Abschlüsse aller ca. 550 an den deutschen Börsen gelisteten Unternehmen vollständig analysiert. Das ist sie offensichtlich nicht.

Den Kapitalmarkt kann man fragen, er antwortet in der Form des Börsenkurses. Der Kurs der Aktie von *Wirecard* stieg bis August 2018 kontinuierlich auf über 200 Dollar an. Bis ins Jahr 2020 wackelte er etwas, aber schaffte immer noch 150 Dollar, bevor er sich infolge der Insolvenz pulverisierte: War da also niemand, dem zu irgendeiner Zeit etwas auffiel? Einige Menschen haben auf fallende Kurse von *Wirecard* gesetzt (sogenannte Shortseller), was sich anhand der Meldungen über Leerverkäufe nach der Insolvenz gut nachvollziehen lässt. Ihre Motive geben Shortseller nicht preis, ihre Methoden und Instrumente sind in der Regel hoch professionell. Daher lässt sich immerhin das Verhalten der Shortseller als Warnsignal interpretieren.

Es bleibt die Vermutung, dass nur eine Minderheit der Menschen die hier erörterte Art der Bilanzanalyse durchführen.

Die vierte Frage an jeden Jahresabschluss

Der Umsatz ist der mächtigste Hebel, der zu Gewinnen in einem Jahresabschluss führt. Er informiert über die Bedeutung eines Unternehmens, über Risiken und Potenziale, und nur wenn der Umsatz groß genug ist, dass er alle Aufwendungen eines Unternehmens übersteigt, entsteht Gewinn. Damit lautet die vierte Frage an einen Jahresabschluss immer:

Wie entwickelt sich der Umsatz im Zeitablauf?

Die Unterfragen dazu sind:

- Steigt er, oder sinkt er?
- Wie verhält sich der Umsatz im Verhältnis zu Forderungen und liquiden Mitteln der Bilanz?
- Bei großen Abschlüssen mit Segmentinformationen: Auf welche Segmente verteilt sich der Umsatz?

Ohne Umsatz ist zwar alles nichts, aber es gibt noch ein paar andere Instrumente, dem Gewinn auf die Sprünge zu helfen, wovon im nächsten Kapitel die Rede sein wird.

Der Gewinn, das goldene Kalb des Kapitalismus

Unternehmen existieren, um Gewinn zu erwirtschaften. Von dieser Sinngebung gibt es nur wenige Ausnahmen, die für Unternehmen gelten, die normalerweise in staatlicher Hand liegen. Es gibt Unternehmen, die Leistungen für die Allgemeinheit erbringen, einfach weil es eine politische Entscheidung gibt, dass diese Leistung zur Verfügung stehen muss. Museen, Kindergärten, Talsperren, Staatsforste, Friedhöfe und der öffentliche Personennahverkehr sind Beispiele für Unternehmen ohne explizite Gewinnerwartungen. Gleiches gilt für die öffentlich-rechtlichen Anstalten des Radios und Fernsehens. Die Fernbahnen in Deutschland, Österreich und der Schweiz gehören dem Staat und erwirtschaften Verluste, die dann vom Staat ausgeglichen werden. Immer wieder gibt es natürlich Diskussionen, ob nicht bestimmte kommunale Unternehmen mit Gewinnorientierung arbeiten und dafür besser in privater Hand liegen sollten. Flughäfen sind hierfür gute Beispiele.

Aber alle Wirtschaftsunternehmen, die sich im Eigentum von Familien oder Aktionären befinden, haben das Ziel, Gewinn zu erwirtschaften. Profitable Gesellschaften schütten ihre (versteuerten) Gewinne ganz oder teilweise aus, sie können Menschen beschäftigen, auskömmliche Löhne und Gehälter bezahlen, die Geschäftsführung und das Management mit Bonuszahlungen beglücken. Sie entwickeln innovative Produkte, um auch weiterhin profitabel zu wirtschaften und sich gegen die Konkurrenz zu behaupten.

Verwandelt sich der Gewinn in Verlust, kommt es zur Krise. Die Unternehmen müssen die Aufwendungen reduzieren, Banken sorgen sich um die Rückzahlung gewährter Darlehen und zwingen die Unternehmen, Beratungsfirmen einzuschalten. Alle Abläufe, alle Produkte kommen dann auf den Prüfstand, die Unternehmen stellen Anträge auf Kurzarbeit, um staatliche Hilfe in Anspruch zu nehmen. Schlimmstenfalls müssen die Unternehmen ihre Belegschaft ganz oder teilweise entlassen, was zu Diskussionen mit

Gewerkschaften und der lokalen oder sogar der nationalen Politik führt. Als infolge der Covid-19-Pandemie flächendeckend Gewinne einbrachen, legte der Staat große Hilfsprogramme auf, um die Unternehmen zu unterstützen. Es gibt sogar Fälle, in denen der Staat Unternehmen ganz oder teilweise erwirbt, um sie als (Mit-) Eigentümer finanziell temporär zu unterstützen. Auf diese Art rettete der Staat die *Lufthansa* während der Coronakrise im Jahr 2020 und die *Commerzbank* während der Finanzkrise im Jahr 2008.

Wenn Unternehmen nicht mehr aus der Verlustzone herausfinden, beantragen sie beim Amtsgericht Insolvenz. Das Insolvenzrecht hat die profitable Fortführung des Unternehmens zum Ziel und stattet daher die Insolvenzverwaltung mit juristischen Superkräften aus. Zunächst erhält die Belegschaft drei Monate lang das sogenannte Insolvenzgeld von der Bundesanstalt für Arbeit. Das verschafft der Insolvenzverwaltung etwas Luft. Während dieser Zeit kann sie alle Verträge beenden, die nachteilig für das Unternehmen sind. Dazu gehören auch Arbeitsverträge. Die Insolvenzverwaltung tut all das, um die Aufwendungen des Geschäftsbetriebes so zu senken, dass sie unter der Höhe des Umsatzes liegen, sodass das Unternehmen wieder Gewinn erwirtschaftet.

Wenn das gelingt, sucht die Insolvenzverwaltung einen Käufer für das sanierte Unternehmen, das somit wieder die Aussicht auf eine Zukunft mit Gewinnen hat. Ziel erreicht.

Vom Verkaufserlös bezahlt sich die Insolvenzverwaltung zunächst selbst und verteilt den verbleibenden Rest an die Gläubiger des Unternehmens. Dieser Rest ist oft sehr klein im Verhältnis zu den Forderungen, die die Gläubiger gegen das insolvente Unternehmen haben. Das Verhältnis drückt sich in der sogenannten Insolvenzquote aus. Sie liegt normalerweise irgendwo zwischen 2 % und 5 %. Für die Banken und die Eigentümer bleibt bei solchen Gelegenheiten in der Regel nichts übrig. Die einschlägige Formulierung ist zwar etwas salopp, aber gehört zum alltäglichen Sprachgebrauch der Insolvenzverwaltungen und der Restrukturierungsberatung, sie lautet: Die Insolvenzverwaltung rasiert die Banken. Sie tut es für den Gewinn.

Der Gewinn ist das goldene Kalb des Kapitalismus. Je höher der Gewinn ist, desto glücklicher sind alle Beteiligten, ohne Gewinn beginnt der Marsch durch das Tal der Tränen.

Gewinnbeiträge

Immer wenn ein Unternehmen etwas der linken Seite der Bilanz hinzufügt (also nicht etwas tauscht, wie zum Beispiel beim Kauf eines Vermögensgegenstandes), entsteht in der GuV ein Ertrag. Den größten Beitrag liefert der Umsatz zu diesem Ertrag. Weitere Beiträge resultieren aus aktivierten Eigenleistungen und Bestandsveränderungen. Für die Aktivierung selbst erstellter immaterieller Vermögensgegenstände sehen die Gesetze Deutschlands, Österreichs und der Schweiz ein Wahlrecht vor. Wir hatten gesehen, wie die Firma *Kühne* von diesem Wahlrecht Gebrauch machte. Dabei war nicht entscheidend, ob *Kühne* dies tat, sondern der Zeitpunkt, unter welchen Umständen das Unternehmen so gehandelt hat. Das Schöne an Abschlüssen nach deutschsprachigen Gesetzen ist, dass man diese Aktivität sofort an zwei Stellen sehen kann: in der Bilanz, wenn erstmals immaterielle Vermögensgegenstände auftauchen, die das Unternehmen selbst erstellt hat, und in der GuV in der Zeile »Aktivierte Eigenleistungen«. So lässt sich mit einem kurzen Blick erkennen, ob der berichtete Gewinn nachhaltig ist oder ob ein Effekt eine Rolle spielt, auf den man sich nicht jedes Jahr gleichermaßen verlassen kann.

In internationalen Abschlüssen gestaltet sich dieser Blick nicht so kurz, weil die Abschlüsse anders aufgebaut sind. Man kommt der aktivierten Eigenleistung und den Bestandsveränderungen auch dort auf die Schliche, aber es sind zwei kleine Umwege erforderlich. Um diese Umwege zu verstehen, folgt ein Ausflug in die kulturellen Unterschiede angelsächsischer und deutschsprachiger Finanzbuchhaltung.

Clash of Culture Gesamtkostenverfahren und Umsatzkostenverfahren

Das deutsche Handelsgesetzbuch, das österreichische Unternehmensgesetz und das Schweizer Obligationenrecht sind dem Gläubigerschutz verpflichtet und zielen damit auf eine bestimmte Form der Transparenz, also des Ausweises. Gemäß der deutschsprachigen Vorschriften und Traditionen berichten die Unternehmen ihre gesamten Kosten in der GuV, weswegen diese Art des Ausweises als »Gesamtkostenverfahren« bekannt ist. Den gesamten Kosten stehen die gesamten Ertragspositionen gegenüber. Dies sind der Umsatz, die Bestandsveränderungen und die aktivierten Eigenleistungen. Die Summe aus diesen Ertragspositionen trägt den Titel Gesamtleistung. Die Differenz aus der Gesamtleistung und den Gesamtkosten bildet den Gewinn.

Das angelsächsische Rechnungswesen folgt dem Ziel des »decision making purpose«, es geht dabei um eine möglichst umstandslose Beurteilung der Wirtschaftlichkeit eines Unternehmens, aber nach etwas anderen Kriterien. Der Fokus liegt nicht auf den gesamten Kosten, sondern auf den Kosten nur des Umsatzes, weswegen die Methode »Umsatzkostenverfahren« heißt. Es kommt im Ergebnis der gleiche Gewinn heraus, aber der Weg dorthin sieht anders aus, wie Abb. 63 zeigt. Diesen Weg muss man verstehen, denn die meisten börsennotierten Unternehmen berichten in ihren Abschlüssen gemäß dem Umsatzkostenverfahren.

Statt der gesamten Kosten weist das Umsatzkostenverfahren zunächst nur diejenigen Kosten aus, die das Unternehmen für die Produkte hatte, die es tatsächlich verkauft hat. Die Kosten für die Bestandserhöhung und die aktivierte Eigenleistung rechnet die Buchhaltung für diese Darstellung heraus und zeigt sie gar nicht. Hinzu kommt, dass das Umsatzkostenverfahren für eine Beurteilung der Wirtschaftlichkeit die Kosten verschiedener Unternehmensbereiche heranzieht und nicht die Kostenarten Material, Personal und Abschreibungen. Stattdessen stellt das angelsächsische Rechnungswesen dem Umsatz zunächst die besagten Herstel-

Klassische Darstellung gemäß Gesamtkostenverfahren			
Materialaufwand	500	Umsatz	1.000
Personalaufwand	300	Bestandserhöhung	100
Abschreibungen	120	aktivierte Eigenleistung	50
Gesamtkosten	**920**	**Gesamtleistung**	**1.150**
Jahresüberschuss	**230**		

Überleitungsschritt			
Materialaufwand	400	**Umsatz**	**1.000**
Personalaufwand	250		
Abschreibungen	120		
Umsatzkosten	**770**		
Jahresüberschuss	**230**		

Klassische Darstellung gemäß Umsatzkostenverfahren			
Umsatzkosten	600	**Umsatz**	**1.000**
Bruttoergebnis	**400**		
Vertrieb	100		
Verwaltung	70		
Jahresüberschuss	**230**		

Abb. 63: Gesamt- und Umsatzkostenverfahren

lungskosten des Umsatzes gegenüber, deren amtliche Bezeichnung lautet: »Herstellungskosten der zur Erzielung der Umsatzerlöse erbrachten Leistungen«. Der englische Ausdruck hört sich deutlich lässiger an, er heißt: »Cost of Goods Sold« – abgekürzt COGS. Dann möchte das Umsatzkostenverfahren eine Zwischensumme sehen, die heißt: »Bruttoergebnis vom Umsatz«.

Hiervon zieht man danach die Kosten des Vertriebes und der allgemeinen Verwaltung ab und landet beim Gewinn.

Diese Art der Darstellung hat den Vorteil, dass das Bilanzpublikum sofort erkennen kann, ob sich das Unternehmen eine große Verwaltung leistet und wie viel Vertriebsaktivität erforderlich ist, um die Produkte zu verkaufen. Die Perspektive ermöglicht Rückschlüsse auf die Effizienz der Organisation, und zwar insbesondere, wenn man Jahresabschlüsse mehrerer Unternehmen miteinander vergleicht. Der Nachteil des Verfahrens besteht darin – ließe sich einwenden –, dass sich nicht sofort erschließt, welchen Einfluss Bestandsveränderungen und aktivierte Eigenleistung auf den Gewinn haben. Dieser Nachteil betrifft jedoch nur Menschen, die die Natur dieser Effekte verstanden haben. Und diese eingeweihte Minderheit findet die Effekte ohnehin im Abschluss, jedoch an anderen Stellen, wie wir noch sehen werden.

Die beiden Verfahren repräsentieren kulturelle Unterschiede und Vorlieben zwischen angelsächsischer und deutschsprachiger Buchhaltung. Die Vorschriften der DACH-Region erlauben seit Langem beide Verfahren. Die Toleranz gegenüber anderen Kulturkreisen hat jedoch ihre Grenzen: Das HGB verlangt bei Anwendung des Umsatzkostenverfahrens, dass die Unternehmen Informationen über Aufwand für Material und Personal separat im Anhang veröffentlichen.

Der deutschsprachige Mittelstand bilanziert gemäß dem Gesamtkostenverfahren, weil er das schon immer so gemacht hat. Börsengehandelte Unternehmen bilanzieren nach dem Umsatzkostenverfahren, weil es internationalen Gepflogenheiten entspricht. Wenn ein Mittelständler sein Unternehmen an die Börse bringt, könnte er versucht sein, vom Gesamtkostenverfahren auf das Umsatzkostenverfahren umzustellen. Aber der Aufwand ist enorm, denn für den Börsengang muss er die geprüften Jahresabschlüsse mehrerer Jahre vorlegen. Für die Umstellung müsste er also rückwirkend mehrere Abschlüsse umstellen und noch einmal prüfen lassen. Diesen Aufwand scheuen die meisten Unternehmen, die an die Börse gehen, weswegen man viele Abschlüsse jüngerer börsennotierter Unternehmen nach dem Gesamtkostenverfahren sieht.

Langer Rede kurzer Sinn: Im Umsatzkostenverfahren findet man aktivierte Eigenleistungen und Bestandsveränderungen nicht auf den ersten Blick, sondern erst auf den zweiten. Das ist der Blick in Anhang und Bilanz.

Die aktivierte Eigenleistung im Anlagespiegel

Alle Bilanzen, ob angelsächsisch oder deutschsprachig geprägt, haben den gleichen Nachteil: Sie zeigen nicht den ursprünglichen Anschaffungspreis eines Vermögensgegenstandes in der Bilanz, sondern den Wert, der sich nach Abschreibungen errechnet. Ein Auto mit einem Neupreis von 100.000 EUR und einer Nutzungsdauer von fünf Jahren steht nach drei Jahren mit 40.000 EUR in der Bilanz, der Anschaffungspreis ist nicht zu erkennen. Diesen Nachteil der Bilanz gleicht der sogenannte Anlagespiegel aus. Er listet die Anschaffungskosten auf und – das ist entscheidend – davon getrennt die darauf entfallenden Abschreibungen. Dadurch bleibt die Information erhalten, wie hoch die Anschaffungskosten des Vermögens waren, beziehungsweise im Fall von selbst erstelltem Vermögen die Herstellungskosten des Vermögens. Die grundsätzliche Struktur eines jeden Anlagespiegels zeigt – mit dem Auto als Beispiel und weiteren erfundenen Zahlen – Abb. 64, rechts unten ergibt sich der Wert, den die Bilanz ausweist.

Der obere Block zeigt die Bewegungen des Geschäftsjahres, also die Zu- und Abgänge zu Anschaffungs- und Herstellungskosten.

		Auto	Anderes	Summe
Anschaffungs- und Herstellungskosten	Anfangsbestand	100	20	120
	Zugänge	0	10	10
	Abgänge	0	-2	-2
	Endbestand	**100**	**28**	**128**
Abschreibungen	Anfangsbestand	40	8	48
	Zugänge	20	3	23
	Abgänge	0	1	1
	Endbestand	**60**	**12**	**72**
Bilanzvermögen	**Nettobuchwert**	**40**	**16**	**56**

Abb. 64: Konzept Anlagespiegel

Dabei unterscheidet der Anlagespiegel zwischen verschiedenen Kategorien von Vermögensgegenständen. Uns interessieren bei dieser Gelegenheit die selbst erstellten immateriellen Vermögensgegenstände, deren Aktivierung der Anlagespiegel auf einen Blick preisgibt.

Bei *Volkswagen* und auch den anderen Autoherstellern findet sich selbst erstelltes immaterielles Anlagevermögen in der Form

Mio. €	Aktivierte Entwicklungskosten für in Entwicklung befindliche Produkte	Aktivierte Entwicklungskosten für derzeit genutzte Produkte
Anschaffungs-/Herstellungskosten		
Stand am 01.01.2022	**10.287**	**44.806**
Währungsänderungen	16	–125
Änderungen Konsolidierungskreis	1	40
Zugänge	9.057	666
Umbuchungen	–1.728	1.738
Als Zur Veräußerung gehalten klassifiziert	4	65
Abgänge	33	2.111
Stand am 31.12.2022	**17.595**	**44.949**
Abschreibungen		
Stand am 01.01.2022	**88**	**26.120**
Währungsänderungen	0	–118
Änderungen Konsolidierungskreis	–	7
Zugänge planmäßig	–	5.058
Zugänge außerplanmäßig	21	65
Umbuchungen	0	1
Als Zur Veräußerung gehalten klassifiziert	0	18
Abgänge	15	2.095
Zuschreibungen	–	–
Stand am 31.12.2022	**93**	**29.021**
Nettobuchwert am 31.12.2022	**17.502**	**15.929**

Abb. 65: Volkswagen – aktivierte Entwicklungskosten (Ausschnitte aus dem VW-Abschluss 2022)

von »Aktivierten Entwicklungskosten«. Abb. 65 zeigt die originalen Anlagespiegel von *Volkswagen*.

Autos, die *Volkswagen* derzeit entwickelt – man darf einen gewissen Fokus auf Elektrofahrzeuge unterstellen –, fallen unter die Kategorie »in Entwicklung befindlich«. Maßnahmen der Modellpflege wie neue Rücklichter oder andere Annehmlichkeiten gehören zur Kategorie »Genutzte Produkte«.

Am 1. Januar des Jahres 2022 zeigte der Anlagespiegel von *Volkswagen* aktivierte Entwicklungskosten in Höhe von 55 Milliarden EUR. Die Zeile »Zugänge« informiert darüber, dass *Volkswagen* für 9,7 Milliarden EUR Aufwendungen in der GuV neutralisiert und auf die Aktivseite der Bilanz geschrieben hat. Aber das ist noch nicht der Gewinneffekt. Dieser ergibt sich erst, wenn man die Abschreibungen des Jahres 2022 abzieht. Sie belaufen sich für die aktivierten Entwicklungskosten auf 5,1 Milliarden EUR (Zeile: »Zugänge planmäßig«). Erst die Differenz in Höhe von 4,6 Milliarden EUR kam dem Gewinn zugute. Wir erinnern uns, der Gewinn für das Jahr 2022 belief sich auf 15,8 Milliarden EUR. Jetzt wissen wir: Er besteht zu 4,6 Milliarden EUR aus aktivierten Eigenleistungen (Abb. 66).

Das macht den Jahresgewinn nicht falsch. Ohne die Entwicklung neuer Fahrzeuge und die damit zusammenhängenden Innovationen würde ein Autohersteller im Wettbewerb zurückfallen und irgendwann aufhören zu existieren. Also muss der Hersteller neue Produkte entwickeln, und die internationalen Rechnungsle-

Komponente	**Abkürzg.**	**Mrd. EUR**
Gewinn	Gewinn	15,8
Zugänge Entwicklungskosten	Zun.Entw.	-9,7
darauf Abschreibungen	AfA Entw.	5,1
Gewinn II	Gewinn II	11,2

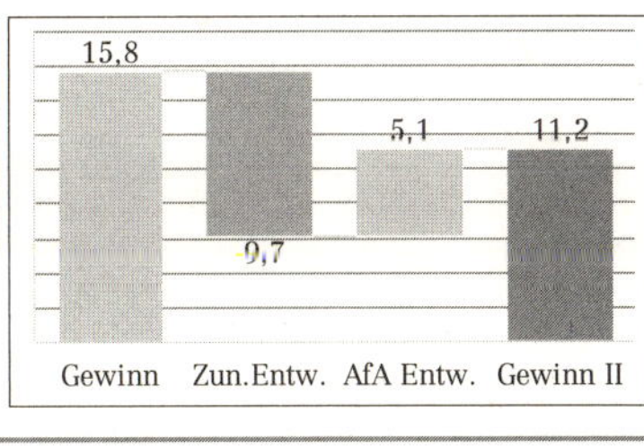

Abb. 66: Volkswagen – Gewinnbeiträge, Abschluss 2022 (Mrd. EUR)

gungsvorschriften (IFRS) kennen keine Wahlrechte, was bedeutet, dass börsengehandelte Unternehmen selbst erstellte immaterielle Vermögensgegenstände aktivieren müssen. Aber beim Ausmaß der Aktivierung gibt es verschiedene faktische Wahlrechte, die in der Zeit bestehen, innerhalb der man nach Aufwand sucht, der der Entwicklung neuer Produkte dient, und wie hartnäckig und kreativ man dabei ist. Die Details bei *Volkswagen* verrät der Abschluss nicht, aber Folgendes ist gesichert:

Der Gewinneffekt aus der Aktivierung selbst erstellter Vermögensgegenstände abzüglich der darauf entfallenden Abschreibungen erreichte im Jahr 2022 bei *Volkswagen* ein neues Rekordniveau von fast 4,7 Milliarden EUR und macht somit 29 % des Gewinns aus.

Weitere Faktoren haben Einfluss auf den Gewinn. Im nächsten Abschnitt geht es dabei um die Bestandsveränderung.

Bestandserhöhung und Gewinn

Zwei Informationen lassen sich aus der Bestandsveränderung gewinnen. Erstens trägt sie zur Gesamtleistung bei und macht das Unternehmen erfolgreich, solange man davon ausgehen kann, dass das Unternehmen nicht auf seiner Ware sitzen bleibt. Zweitens steht die Frage im Raum, welchen Einfluss die Bestandsveränderung auf den Gewinn hat. Dieser zweiten Frage kann man nur annäherungsweise auf die Spur kommen. Im ersten Beispiel aus Abb. 53 hatte die Bestandsveränderung, um es klarer zu machen, genau den Wert des eingekauften Materials für die Herstellung des Schreibstiftes. Der Materialaufwand des Beispiels hing eindeutig und vollständig mit dem Stift zusammen, und im Ergebnis sah es so aus, als hätte das Unternehmen den Stift einfach gekauft.

In der Realität ist das nicht so einfach. Die Buchhaltung nämlich rechnet der Bestandsveränderung die Kosten zu, die zu ihrer Herstellung erforderlich waren. Damit eröffnet sich ein sehr weites Feld. Was hält eine Buchhaltung davon ab, einfach alle Kosten des Unternehmens auf eine Bestandsveränderung zu aktivieren und das Unternehmen damit auf einen Schlag vollkommen erfolgreich zu machen? Es muss vor langer Zeit ein paar Schlaumeier gegeben haben, die genau dies mit dubiosen Absichten in die Tat umgesetzt haben, denn seit Langem begrenzen die Gesetze, ob deutschsprachig oder international, derartigen Auswuchs mit der Definition der Herstellungskosten. Hier der § 255, Abs. 2 des HGB:

> *»Dazu gehören die Materialkosten, die Fertigungskosten und die Sonderkosten der Fertigung sowie angemessene Teile der Materialgemeinkosten, der Fertigungsgemeinkosten und des Werteverzehrs des Anlagevermögens, soweit dieser durch die Fertigung veranlasst ist. Bei der Berechnung der Herstellungskosten dürfen angemessene Teile der Kosten der allgemeinen Verwaltung sowie angemessene Aufwendungen für soziale Einrichtungen des Betriebs, für freiwillige soziale Leistungen und für die betriebliche Altersversorgung einbezogen werden, soweit diese auf den Zeitraum der Herstellung entfallen. Forschungs- und Vertriebskosten dürfen nicht einbezogen werden.«*

Vereinfacht formuliert: Kosten für Material und Arbeit gehören zwingend zu den Herstellungskosten, sofern sie sich einzeln den Produkten zurechnen lassen. Diese Komponenten heißen daher Einzelkosten. Spannend wird es aber in den Wahlrechten, die das Gesetz zulässt und die sich auf die sogenannten Gemeinkosten beziehen. Und das ist ein weites Feld: Was genau sind Kosten der allgemeinen Verwaltung? Wo hört das auf? Das Gesetz verbietet lediglich ausdrücklich die Kosten für Forschung und Vertrieb. Daraus könnte eine erfindungsreiche Buchhalterin schließen, dass alle Kosten außer Forschung und Vertrieb anteilig irgendwie zu den produzierten Produkten gehören, man muss den Zusammenhang nur finden. Der Rest ist eine Frage der Berechnungslogik und der Dokumentation, mit der man sich unter die Augen der Wirtschaftsprüfung wagt. Je mehr Gemeinkosten die Buchhaltung auftreibt, desto höher bewertet fällt die Bestandsveränderung aus. Zusammengefasst geht es um die Frage, wie viele Kosten ein aktiviertes Produkt aus der GuV mit auf die Aktivseite nehmen darf. Je mehr, desto größer ist der Beitrag der Bestandserhöhung zum Gewinn.

Es ist Jahresabschlüssen nicht zu entnehmen, wie hoch der Anteil der Gemeinkosten zuzüglich der Einzelkosten ist, hier bleibt nur die Schätzung. Auf der Suche nach dem Gesamtbetrag, in dem anteilige Gemeinkosten und damit der Gewinneffekt enthalten sind, gibt es zwei Fundstellen, eine gute und eine hilfsweise auch ganz gute:

Die beste Fundstelle ist im Gesamtkostenverfahren die entsprechende Position in der GuV namens Bestandserhöhung. Im Umsatzkostenverfahren hilft ein Blick in die Bilanz. Die Position »Vorräte« enthält als Unterpunkte die beiden relevanten Vermögenspositionen, die sich mit einem Blick ins Lager belegen lassen (gem. § 266 HGB):

- Unfertige Erzeugnisse, unfertige Leistungen
- Fertige Erzeugnisse und Waren

Problematisch an dieser Position sind die Waren, weil sie nicht selbst hergestellt sein müssen, sondern eingekauft sein können. Mit dieser Unschärfe muss die Bilanzanalyse wohl oder übel leben.

Fahren wir fort mit dem Beispiel *Volkswagen*. Die Bilanz zeigt auf der Aktivseite »Vorräte« ohne weitere Details (Abb. 67).

Mio. €	Anhang	**31.12.2022**	31.12.2021
Aktiva			
Kurzfristige Vermögenswerte			
Vorräte	20	52.274	43.725

Abb. 67: Volkswagen – Vorräte in der Bilanz (Ausschnitte aus der veröffentlichten Bilanz)

Um der Bestandsveränderung auf die Schliche zu kommen, folgt man dem Hinweis auf Anhang Nr. 20. Dort sind die unfertigen Erzeugnisse, die fertigen Erzeugnisse und leider auch, wie es das Gesetz verlangt, die Waren zu sehen (Abb. 68).

Die Summe der Unfertigen und Fertigen einschließlich der Waren im Jahr 2021 beläuft sich auf 28,8 Milliarden EUR. Die entsprechende Summe des Jahres 2022 hat die Höhe von 35,5 Milliarden EUR. Das ergibt eine Differenz und damit eine Bestandserhöhung von ca. 6,7 Milliarden EUR. Lassen Sie uns unterstellen, dass davon etwa 30 Prozent zugerechnete Gemeinkosten sind, weil so eine Größenordnung nach meiner Erfahrung eine Art Universalkonstante darstellt, die sich aber für *Volkswagen* weder beweisen noch herleiten lässt. Das würde bedeuten, dass *Volkswagen* etwa 2,0 Milliarden EUR der Gemeinkosten aller Art aus der GuV per Bestandserhöhung herausneutralisiert hat. Nach dem Ergebniseffekt durch die aktivierten Entwicklungskosten ist dies der nächste Effekt, der den Gewinn des Jahres 2022 angeschoben hat. Ohne diese beiden Effekte könnte *Volkswagen* einen Gewinn in Höhe von 9,2 Milliarden EUR berichten. Das macht den kommunizierten Konzerngewinn in Höhe von 15,8 Milliarden EUR immer noch nicht zu einer falschen Zahl, aber es erhellt die Beiträge, die zu dieser Zahl geführt haben. Es kommt dabei nicht darauf an, ob

Mio. €	31.12.2022	31.12.2021
Roh-, Hilfs- und Betriebsstoffe	10.458	9.331
Unfertige Erzeugnisse, unfertige Leistungen	6.041	6.559
Fertige Erzeugnisse, Waren	29.466	22.201
Kurzfristiges Vermietvermögen	5.170	5.291
Geleistete Anzahlungen	1.165	344
Sicherungsgeschäfte Vorräte	–26	–2
	52.274	**43.725**

Abb. 68: Volkswagen – Zusammensetzung der Vorräte, Ausschnitte aus dem veröffentlichten Anhang

der Gemeinkostenanteil genau bei einem Drittel liegt oder einem Viertel oder einer Hälfte. Es kommt auf Tendenzen an, und die sind hier eindeutig. Die Freude über den Gewinn trübt sich ein (Abb. 69).

Das bedeutet: Jeder Blick ans Ende der Gewinn- und Verlustrechnung muss abschweifen auf der Suche nach Beiträgen der aktivierten Eigenleistung und der Bestandsveränderung, um ein Gefühl für die Nachhaltigkeit des Gewinns zu erzeugen. Ohne diese Abschweifung könnte der direkte Blick in die Sonne des Gewinns eine zu starke Blendwirkung erzeugen.

Komponente	**Abkürzg.**	**Mrd. EUR**
Gewinn	Gewinn	15,8
Zugänge Entwicklungskosten	Zun.Entw.	-9,7
darauf Abschreibungen	AfA Entw.	5,1
Gemeinkosten Bestandserhöhung	GK Best.	-2,0
Gewinn III	Gew. III	9,2

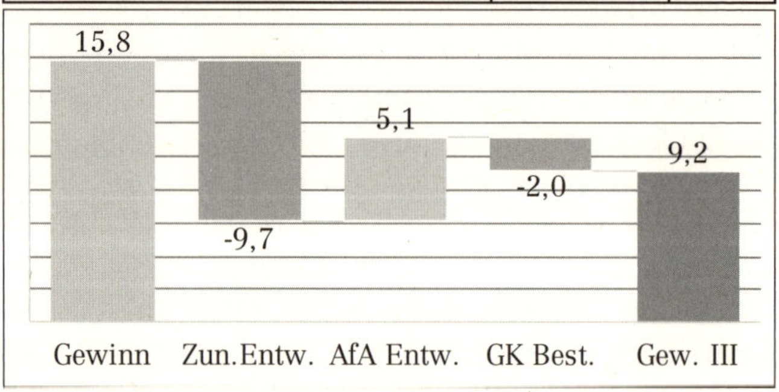

Abb. 69: Volkswagen – Gewinnbeiträge

Die fünfte Frage an jeden Jahresabschluss

Die Frage nach dem Gewinn ist die Frage: Wie geht es dem Unternehmen?

Die Antwort auf die Frage steht am Ende der Gewinn- und Verlustrechnung in der Form einer positiven oder einer negativen Zahl.

Und daher lautet die fünfte Frage an jeden Jahresabschluss:

Hat das Unternehmen Gewinn oder Verlust erwirtschaftet?

Die Unterfragen dazu sind:

- Steigt oder sinkt der Gewinn im Vergleich zu den Vorjahren?
- Wie wäre der Gewinn ausgefallen ohne aktivierte Eigenleistungen und Bestandsveränderungen?

Das Gesamtkostenverfahren liefert die schnellsten Antworten auf die Fragen, das Umsatzkostenverfahren ist zwar etwas weniger schnell, entspricht aber internationalen Sitten und Gebräuchen und hat andere Vorteile.

Die Fragen nach Umsatz und Gewinn repräsentieren das absolute bilanzanalytische Minimum, das reflexhaft Teil jeder Analyse sein muss, und zwar ausnahmslos immer. Eine Würdigung des Gewinns oder des Verlustes eines Geschäftsjahres ohne einen Blick in die Rückstellungen könnte jedoch in die Irre führen, wie das nächste Kapitel erhellt.

Gewinne versteckt oder aufgepumpt – Rückstellungen informieren sofort

Sie erinnern sich: Rückstellungen sind die gedankliche Reservierung einer kommenden Auszahlung. Sie erinnern sich auch: Gedanken sind frei. Bilanziell gesehen sind Gedanken vielleicht nicht ganz so frei, aber immer noch frei genug, um Rückstellungen zum mächtigsten Instrument der Bilanzpolitik zu machen. Das Schöne daran ist, dass eine Bilanz immer darüber informiert, in welchem Ausmaß die Geschäftsführung eingegriffen hat.

Grundsätzlich verordnen nationale und internationale Vorschriften den Unternehmen die Pflicht, Rückstellungen zu bilden, wenn sich Verpflichtungen für Auszahlungen abzeichnen. Da es um Vorgänge der Zukunft geht, sind die Verpflichtungen umso schwieriger abzuschätzen, je weiter der Zahlungszeitpunkt in der Zukunft liegt. Wer mit der Wirtschaftsprüfung Rückstellungen diskutiert, kommt um die Verwendung des Wortes »Glaskugel« früher oder später nicht herum. Die Diskussionen können sich hinziehen, denn die Geschäftsvorfälle, die Rückstellungen auslösen, sind zahlreich: Der Ausgang von Gerichtsprozessen ist schwierig zu prognostizieren, die Kundschaft könnte Garantieleistungen einfordern, Zusagen betrieblicher Altersversorgung führen in naher oder ferner Zukunft zu Auszahlungen, und jede Art von Risiken aus laufenden Geschäften kann die Notwendigkeit für Rückstellungen auslösen. Das sind grundsätzlich sämtliche Risiken aller abgeschlossenen Verträge – ein enormes Potenzial. Die Bildung von Rückstellungen führt immer dazu, dass die Schulden ansteigen und der Rest sich dadurch verkleinert, der Gewinn somit sinkt.

Auf die Bildung folgt früher oder später der Verbrauch. Irgendwann tritt die vermutete Auszahlung ein. Das Unternehmen verliert den Prozess, leistet Garantie, bezahlt Altersversorgung und so weiter und so fort. Die Auszahlung senkt dann jedoch nicht den Gewinn, sondern verbraucht die Rückstellung. So weit die Theorie.

Sollte das Unternehmen zu viele Rückstellungen gebildet haben, kann es sie später wieder auflösen. Der Vorgang verkleinert die Schulden und vergrößert den Rest. Eine gute Buchhaltung arbeitet, wie Eichhörnchen es tun: Sie vergräbt in guten Zeiten so viel Gewinn in den Rückstellungen, wie es nur geht, damit sie in schlechten Zeiten etwas davon auflösen und so das Unternehmen in die schwarzen Zahlen retten kann.

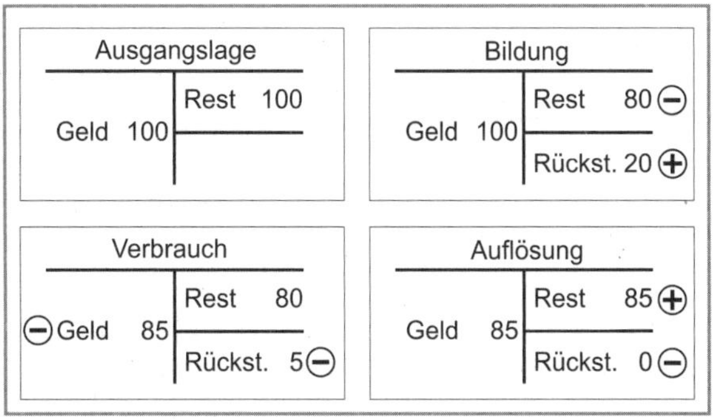

Abb. 70: Konzept Rückstellungen – Bildung, Verbrauch und Auflösung

Abb. 70 verdeutlicht das Konzept. Es beginnt mit einer Ausgangslage, die 100 EUR in der Kasse und keinerlei Schulden zeigt.

Das Unternehmen bildet für irgendetwas Rückstellungen in Höhe von 20 EUR, was den Rest verkleinert. Später verbraucht das Unternehmen für 15 EUR Rückstellungen. Nach dem Verbrauch löst das Unternehmen die nicht benötigten Rückstellungen auf und erhöht dadurch seinen Gewinn um 5 EUR. In der Realität kann sich so ein Vorgang über Jahre hinziehen.

Zusammenfassend gelten für Rückstellungen folgende Sätze:

- Ihre Bildung verringert den Gewinn, aber es fließt kein Geld ab.
- Bei ihrem Verbrauch fließt Geld ab, der Gewinn ändert sich nicht.
- Bei Ihrer Auflösung fließt überhaupt kein Geld, aber der Gewinn nimmt zu.
- Wenn mehr Geld abfließt, als Rückstellungen in der Bilanz vorliegen, kommt es zu einem zusätzlichen und ungeplanten Aufwand. Dies gilt es nach Möglichkeit zu verhindern.

Die Gesetze sehen zwar ausdrücklich eine Verpflichtung vor für die Bildung von Rückstellungen, aber innerhalb dieser verpflichtenden Überlegungen tun sich Spielräume auf, die vom Charakter der jeweiligen Rückstellung abhängen. Es gibt solche, die wenig Spielraum für Bilanzpolitik bieten, andere sind geradezu prädestiniert für gestalterisches Handeln.

Große Zahlen, wenig Spielraum …

… bieten diejenigen Rückstellungen, die typischerweise den größten Anteil am gesamten Kuchen haben, das sind Rückstellungen für die betriebliche Altersversorgung. Um sie auszurechnen, müssen versicherungsmathematische Fachleute, die »Aktuare«, komplizierte Rechnungen anstellen. Die Aktuare ziehen amtliche Sterbetabellen heran und ermitteln, wie lange die Unternehmen durchschnittlich Altersversorgung pro männliche oder weibliche Person auszahlen müssen. Die Rechnung führt zu langen Zahlungsreihen, die die Aktuare dann auf den Bilanzstichtag in einer Summe zusammenfassen. Dabei bewerten sie Zahlungen in ferner Zukunft niedriger als unmittelbar fällige Auszahlungen, das bedeutet, dass sie die Zahlungen der Zukunft abzinsen. Die hierfür einschlägigen Zinssätze stellt die Bundesbank zur Verfügung. Insofern ergeben diese Rechnungen zwar große Beträge, sind aber weitgehend frei von bilanzpolitischen Spielräumen, da alle Komponenten der Rechnung auf harten Fakten basieren, die sich gut, vollständig und relativ einfach nachprüfen lassen. Hier hat die Wirtschaftsprüfung leichtes Spiel, sofern sie Versicherungsmathematik beherrscht.

Mit technischen Argumenten der Wirtschaftsprüfung immer einen Schritt voraus

Bilanzpolitisch interessanter sind die sogenannten sonstigen Rückstellungen, wie es bereits die Bezeichnung verheißt: »Sonstiges« kann alles sein, Hauptsache, es lässt sich irgendwie begründen. Wenn die Gründe auf technischen Zusammenhängen beruhen, hängt die Bewertung der Rückstellungen von dem technischen Spezialwissen des Unternehmens ab. An dieser Stelle können Buchhalter und Ingenieure in Teamarbeit prächtig Begründungen für Rückstellungen erarbeiten, die die Wirtschaftsprüfung nur erschüttern könnte, wenn sie ihrerseits über die erforderliche technische Expertise verfügte. Die Automobilhersteller machen es vor. Sehen wir uns zunächst an, wofür sie ihre sonstigen Rückstellungen im Wesentlichen bilden. Abb. 71 enthält Zitate aus den bilanziellen Anhängen des Jahres 2022 zum Thema sonstige Rückstellungen.

Es ist natürlich hochinteressant, dass *BMW* Rückstellungen für einen Abgasrückführungskühler bildet. Was auch immer das genau sein mag, die Formulierungen lassen das Ausmaß erahnen, in dem technische Einschätzungen für die Bewertung der Rückstellungen erforderlich sind. Der Einbau eines einzigen neuen Bauteils wie des besagten Abgasrückführungskühlers könnte

Wie präzise sind die Begründungen für sonstige Rückstellungen?

BMW	Daimler	Volkswagen
Die Inanspruchnahme der Gewährleistungsverpflichtungen kann sich je nach Eintreten des Anspruchs über den gesamten Garantie- und Gewährleistungszeitraum erstrecken. In den Gewährleistungsverpflichtungen sind unter anderem Vorsorgen im Zusammenhang mit dem Abgasrückführungskühler enthalten.	Die Rückstellung für diese Produktgarantien enthält sowohl erwartete Aufwendungen aus gesetzlichen und vertraglichen Gewährleistungsansprüchen als auch erwartete Aufwendungen für Kulanzleistungen und Rückrufaktionen.	In den Verpflichtungen aus dem Absatzgeschäft sind Rückstellungen enthalten, die alle Risiken aus dem Verkauf von Fahrzeugen, Teilen und Originalteilen bis hin zur Entsorgung von Altfahrzeugen einschließen.

Abb. 71: Gründe für sonstige Rückstellungen

Rückrufaktionen der Zukunft erforderlich machen. Ein Jahr später hingegen könnten Gründe vorliegen, die eine Rückrufaktion weniger wahrscheinlich machen. Und noch ein Jahr später könnte man sich vielleicht an dieser Stelle doch ein paar Kulanzleistungen erlauben oder erlauben müssen oder glauben, erlauben zu dürfen, oder was auch immer. Ein Auto besteht aus Tausenden von Teilen, deren Funktionsweise, Belastbarkeit, Haltbarkeit sowie Aus- beziehungsweise Einbaukomplexität nur erfahrene technische Experten vollständig beurteilen können, und deren Wissen wächst stetig an. Deren Wissen ändert sich vor allem jährlich, weswegen jährlich neue Argumente hinzukommen oder entfallen.

Was also steuert die Höhe der Rückstellungen wirklich? Warum steigen die sonstigen Rückstellungen in einem Jahr an, warum sinken sie in einem anderen Jahr? Wer entscheidet das eigentlich?

Theaterdonner neuer Chefs

In einer perfekten Welt sind Art und Umfang der Rückstellungen perfekt begründet und frei von Willkür. In einer etwas weniger perfekten Welt helfen Überlegungen dramaturgischer Art, der Bewegung der sonstigen Rückstellungen auf die Spur zu kommen. Vielleicht möchten Sie versuchen, Abb. 72 zu entlocken, was hinter der Schwankung der sonstigen Rückstellungen stecken könnte.

Es handelt sich um die Daten der Firma *Mercedes-Benz*. Im Jahr 2019 stiegen die Rückstellungen um etwa fünf Milliarden EUR an, der Gewinn brach um etwa den gleichen Betrag ein. Im Konzernabschluss informierte der Aufsichtsrat darüber, dass er Ola Källenius am 22. Mai 2019 als Nachfolger von Dieter Zetsche zum Vorsitzenden des Vorstandes berufen hatte. Es drängt sich die Frage auf, ob die Buchhaltung daraufhin vor lauter Schreck zusätzliche fünf Milliarden EUR Rückstellungen bildete oder ob es ein Zufall war, dass im Jahr der Amtsübernahme von Ola Källenius die technischen Risiken plötzlich zunahmen. Wenn Sie mögen, sehen Sie sich das unter Ziffer F.62 auf Seite 279 des Konzernabschlusses 2019 genauer an.

Kurvenanalyse:
Was steuert die Höhe der sonstigen Rückstellungen?

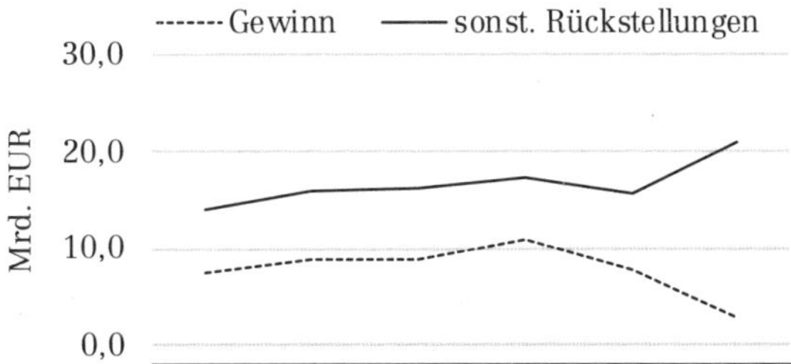

	2014	2015	2016	2017	2018	2019
Gewinn	7,3	8,7	8,8	10,9	7,6	2,7
sonst. Rückstellungen	14,0	15,8	16,1	17,2	15,6	20,9
Vorstandsvorsitz	Zetsche					Källenius

Abb. 72: Mercedes – sonstige Rückstellungen, Konzerngewinn und Vorstandsvorsitz (Zahlen in Mrd. EUR)

Was hat das mit der Neubesetzung des Vorstandsvorsitzenden zu tun? Der Konzernabschluss klärt das Publikum über diesen Zusammenhang nicht auf, aber es hilft ein Blick zur Konkurrenz von *BMW*, deren Aufsichtsrat am 16. August 2019 Oliver Zipse als Vorstandsvorsitzenden zum Nachfolger von Harald Krüger kürte (Abb. 73).

Die sonstigen Rückstellungen stiegen um etwa 1,3 Milliarden an, während der Gewinn um gut zwei Milliarden EUR sank. Den größten Beitrag zur Entwicklung leisteten – wie immer – die Gewährleistungsrisiken. Das können Sie nebst weiteren Details auf Seite 159 des Konzernabschlusses für das Jahr 2019 dort unter der Nummer 33 im Anhang nachlesen. Als Harald Krüger im Jahr 2015 von Norbert Reithofer übernommen hatte, stiegen die Rückstellungen um 0,8 Milliarden EUR an, aber immerhin verzeichnete auch der Gewinn eine Steigerung. Das haben sie damals noch etwas eleganter hinbekommen als zuletzt.

Man soll nicht kategorisch ausschließen, dass das Jahr 2019 gleich zwei Automobilherstellern besondere technologische Her-

Kurvenanalyse:
Was steuert die Höhe der sonstigen Rückstellungen?

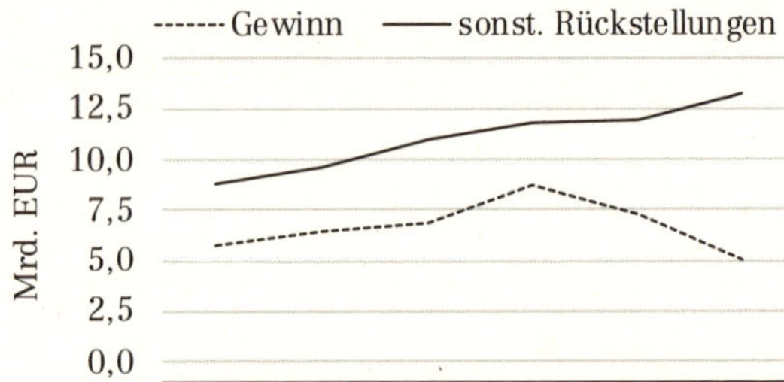

	2014	2015	2016	2017	2018	2019
Gewinn	5,8	6,4	6,9	8,7	7,2	5,0
sonst. Rückstellungen	8,8	9,6	10,9	11,8	11,9	13,2
Vorstandsvorsitz	Reith.	Krüger				Zipse

Abb. 73: BMW – Gewinn, sonstige Rückstellungen und Vorstandsvorsitz (Mrd. EUR)

ausforderungen beschert hat, die die Bildung von zusätzlichen Gewährleistungsrückstellungen erzwangen. Aber auch jenseits der Branche geht die Berufung eines neuen Vorstandsvorsitzenden nicht selten mit einer Veränderung der Rückstellungen einher. Das Unternehmen *Fresenius* baut keine Autos, sondern ist ein Konzern, der weltweit medizinische Produkte vertreibt. Der Aufsichtsrat hatte am 1. Oktober 2022 Michael Sen zum Vorstandsvorsitzenden berufen, und prompt stiegen die Rückstellungen an, während der Gewinn in gleicher Höhe absank. Werfen wir einen Blick in die Originaldaten aus der GuV und des Anhangs (Abb. 74).

Die beiden größten Positionen der Zuführungen zu den Rückstellungen sind »Garantien und Reklamationen« und »Sonstige Rückstellungen«. Sie finden das im *Fresenius*-Abschluss für das Jahr 2022 auf Seite 338 im Kleingedruckten.

Bis hierher könnte der Eindruck entstehen, die Inthronisierung neuer Vorstandsvorsitzender sei eine teure Angelegenheit, die insbesondere die Rückstellungen für Garantie und Kulanz aufbläst. Findige Kunden könnten sich im Jahr nach dem Führungswechsel

Zahlenanalyse:
Was treibt die Neubildung der Rückstellungen?

GuV: der Konzerngewinn

	2022	2021
Ergebnis nach Ertragsteuern	**2.117**	**2.819**

Anhang: zur Entwicklung der Rückstellungen

in Mio €	Zuführung
Selbstversicherungsprogramme	128
Personalaufwand	157
Garantien und Reklamationen	187
Prozess- und sonstige Rechtsrisiken	79
Zinsverbindlichkeiten aus Ertragsteuern	1
Sonstige Rückstellungen	194
Gesamt	**746**

Abb. 74: Fresenius – Konzerngewinn und neue Rückstellungen, Ausschnitte aus GuV und Anhang des Abschlusses 2022 (Zahlen in Mio. EUR)

in der Hoffnung auf höhere Erfolgsaussichten besonders intensiv beschweren und auf Kulanz hoffen. Aber die Regel funktioniert nicht, denn es gibt Chefwechsel, die ohne Theaterdonner in den Rückstellungen über die Bühne gehen.

Ein Beispiel hierfür liefert die Firma *MTU*, die Technologie für Flugzeugtriebwerke entwickelt und Triebwerke überholt. Abb. 75 demonstriert dazu: nichts.

Im Jahr 2022 übernahm ein neuer Vorstandsvorsitzender das Ruder, die Rückstellungen und der Gewinn stiegen gleichermaßen an, von irgendwelchen außerordentlichen Bewegungen keine Spur. Ähnlich verhielt es sich, als im Jahr 2021 bei der Firma *Siemens* die Stühle rückten (Abb. 76). In der Position »Rückstellungen« ist mehr oder weniger enthalten, was bei anderen Unternehmen in den »sonstige Rückstellungen« steht. Die Rückstellungen nahmen minimal ab, und der Konzerngewinn stieg deutlich an. Was also macht den Unterschied bei Chefwechseln? Warum verhalten sich Unternehmen mit neuen Chefs unterschiedlich? Vielleicht möchten Sie versuchen, in Abb. 77 einen Hinweis aufzuspüren.

Zahlenanalyse:
Hat der Wechsel des Chefs die Rückstellungen beeinflusst?

	2017	2018	2019	2020	2021	2022
Gewinn	382	453	488	147	231	333
sonst. Rückstellungen	856	225	216	198	236	270
Vorstandsvorsitz	Winkler					Wagner

Abb. 75: MTU – sonstige Rückstellungen, Konzerngewinn und Vorstandsvorsitz (Zahlen in Mio. EUR)

Zahlenanalyse:
Hat der Wechsel des Chefs die Rückstellungen beeinflusst?

	2017	2018	2019	2020	2021	2022
Gewinn	6.179	6.120	5.648	4.200	6.697	4.392
Rückstellungen	8.826	8.147	7.396	4.026	3.985	4.013
Vorstandsvorsitz	Kaeser				Busch	

Abb. 76: Siemens – sonstige Rückstellungen, Konzerngewinn und Vorstandsvorsitz (Zahlen in Mio. EUR)

Folgendes fällt auf: Die Unternehmen mit deutlichen Ausschlägen der Gewinne nach unten hatten ihre Chefs zwischen Mai und Oktober gewechselt. Die neuen Vorstandsvorsitzenden trugen die Verantwortung für deutlich weniger als ein ganzes Geschäftsjahr. Bei *MTU* und *Siemens* hatten sich die Chefwechsel im Januar und Februar zugetragen. Damit bietet sich folgende Interpretation an: Wenn der Aufsichtsrat einen neuen Vorstandsvorsitzenden beruft, der sofort (fast) ein ganzes Geschäftsjahr verantwortet, sollte der Übergang möglichst geräuschlos und in Kontinuität stattfinden. Der neue Chef soll sich nicht zur Begrüßung mit einem Gewinneinbruch herumschlagen, den man ihm direkt in die Schuhe schieben kann. Wenn der Aufsichtsrat jedoch den neuen Vorstandsvorsitzenden so beruft, dass dieser in den Augen der Öffentlichkeit kaum für das Jahresergebnis die Verantwortung tragen

Kalenderanalyse:
Verantwortet der neue Chef das ganze Geschäftsjahr?

Firma	**Wechsel-Monat**	**Veränderung Gewinn** (in Mio. EUR)
MTU	Januar	+ 102
Siemens	Februar	+ 2.497
Daimler	Mai	- 4.873
BMW	August	- 2.042
Fresenius	Oktober	- 702

Abb. 77: Monat des Chefwechsels

kann, zieht sich das Unternehmen warm an, bildet Rückstellungen, und der Konzerngewinn des Jahres sackt einmal durch – aber der neue Chef kann nichts dafür. Vielleicht sollte eine Regierungskommission den Deutschen Corporate Governance Kodex um die Empfehlung erweitern, den Vorstandsvorsitz grundsätzlich zum Beginn eines neuen Geschäftsjahres zu berufen.

Auf die Bildung von Rückstellungen folgt unweigerlich entweder deren Verbrauch oder deren Auflösung. Wenn das Unternehmen mehr Rückstellungen gebildet hat, als es tatsächlich benötigt, kann die Buchhaltung die nicht benötigten Rückstellungen auflösen, wobei der Gewinn unmittelbar in voller Höhe entsprechend ansteigt. Wenn ein Unternehmen anlässlich der Amtseinführung eines neuen Chefs mehr Rückstellungen gebildet hat, als es später benötigt, ist das eine Reserve für spätere Jahre – vergleichbar einem Sparschwein. Es kommt der Tag, da die Buchhaltung Rückstellungen auflöst und sich der neue Chef als goldener Ritter im Dienst des Unternehmenserfolges präsentiert. Für jeden Jahresabschluss ist damit die Frage von Belang, inwieweit der Gewinn aus aufgelösten Rückstellungen besteht und damit aus Effekten der Vorjahre. Womit wir wieder bei *Volkswagen* sind.

Wasser im Wein von Volkswagens Rekordgewinn

Mio. €	Verpflichtungen aus dem Absatzgeschäft	Kosten der Belegschaft	Prozess- und Rechtsrisiken	Übrige Rückstellungen	Gesamt
Auflösung	2.518	194	394	1.791	4.898

Abb. 78: Volkswagen – Auflösung sonstiger Rückstellungen (Ausschnitte aus dem veröffentlichten Anhang) (2022)

Der Autobauer hatte im Zusammenhang mit der vom Unternehmen so genannten »Dieselthematik« in erheblichem Umfang Rückstellungen gebildet. Damit hat sich *Volkswagen* gesetzeskonform verhalten, denn der Gesetzgeber wünscht sich konservative Bewertung. Infolge jährlicher regelmäßiger Überprüfung kommt es dann auch mal zu einer Auflösung. Im Anhang des Konzernabschlusses 2022 findet sich bei *Volkswagen* ein Rückstellungsspiegel, der an dieser Stelle mit nur einer Zeile der Analyse zugrunde liegt (Abb. 78).

Diese Zeile bedeutet, dass der Gewinn des Jahres 2022 in Höhe von 4,9 Milliarden EUR aus aufgelösten Rückstellungen besteht, die in den Vorjahren den Gewinn gemindert hatten und die *Volkswagen* nun nicht mehr benötigt. Sie erinnern sich: Der Konzern hatte für das Geschäftsjahr 2022 einen Rekordgewinn berichtet. Der Vorstand hatte den Geschäftsverlauf mit der Formulierung »insgesamt positiv« gewürdigt. Das hatte im Hinterkopf die Frage reifen lassen, ob irgendeine Form von Eintrübung der guten Nachricht vorliegen könnte. Nach der Untersuchung der aktivierten Eigenleistungen und der Bestandsveränderungen kommt als letzte hier betrachtete Gewinnkomponente der Effekt aus aufgelösten Rückstellungen hinzu. All das macht den Gewinn auch jetzt noch nicht falsch, aber er enthält ein paar Beiträge, auf die sich der Konzern langfristig nicht verlassen kann. Ohne diese Beiträge beliefe sich der Konzerngewinn nicht auf 15,8 Milliarden EUR, sondern auf 4,3 Milliarden EUR (Abb. 79).

Bei einem Umsatz von fast 280 Milliarden EUR könnte man das als etwas dünn empfinden.

Am ersten September des Jahres 2022 hat der Aufsichtsrat von *Volkswagen* Oliver Blume zum neuen Vorstandsvorsitzenden berufen. Eigentlich wäre es eine perfekte Gelegenheit gewesen, ordentlich Rückstellungen zu bilden und den Konzerngewinn durchsacken zu lassen. Aber vielleicht steuert *Volkswagen* sein Management nach einem längerfristigen Konzept. Wenn ein Unternehmen die Bonuszahlungen nicht nach kurzfristigen, sondern nach längerfristigen Gewinnen bemisst, liegt das Interesse der Geschäftsführung darin, Gewinne nachhaltig zu gestalten. Dann wird sie auch im Fall neuer Amtsinhaber und Amtsinhaberinnen versuchen, eher zu viele als zu wenige sonstige Rückstellungen zu bilden, weil sie im Fall von Auflösungen und damit auf längere Sicht finanziell davon profitiert.

Komponente	**Abkürzg.**	**Mrd. EUR**
Gewinn	Gewinn	15,8
Zugänge Entwicklungskosten	Zu Ent	-9,7
darauf Abschreibungen	AfA Ent	5,1
Gemeinkosten Bestandserhöhung	GK Best.	-2,0
Auflösung Rückstellungen	Rückst.	-4,9
Gewinn IV	Gew. IV	4,3

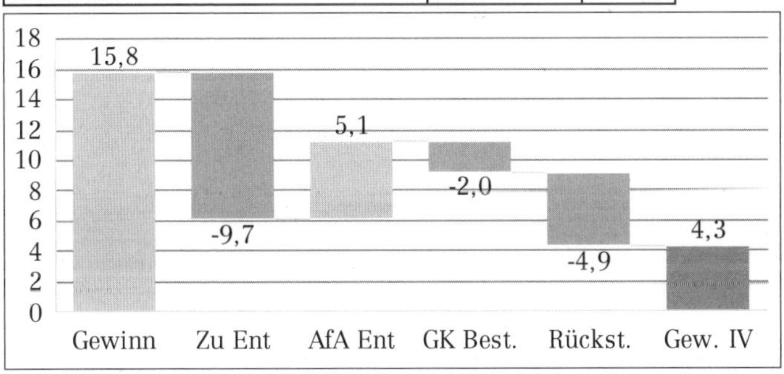

Abb. 79: Volkswagen – Gewinnbeiträge 2022 (Mrd. EUR)

Passiva		
	31.12.2017 €	31.12.2016 €
A. Eigenkapital		
I. Gezeichnetes Kapital	200.000,00	200.000,00
II. Kapitalrücklage	50.000,00	50.000,00
III. Gewinnvortrag	148.380,22	753.271,25
IV. Jahresüberschuss	206.688,49	-604.891,03

Abb. 80: Gina Tricot – Gewinn 2017

Ohne die Regelungen und deren Wirksamkeit im Einzelnen zu kennen, lässt sich auf der hier vorgestellten Datenlage unterstellen, dass *Volkswagen* seine Leitungsebenen nach längerfristigen Konzepten steuert.

Im Jahr 2023 sind den Medien Hinweise auf Krisen des Konzerns zu entnehmen. Die Software macht Schwierigkeiten, die verkaufte Menge Autos entspricht nicht den Wünschen, die chinesische Konkurrenz holt auf, die Elektromobilität habe man verschlafen und so weiter. Es bleibt immer spannend bei Europas größtem Automobilbauer, dem man aber eines nicht vorwerfen kann: Er sei nicht transparent.

Eine Untergruppe der Rückstellungen sollten Beschäftigte von Unternehmen immer im Blick behalten, weil sie die Verhandlungsgrundlagen für Abfindungszahlungen in aller Öffentlichkeit klarstellen. Wenn in einem Abschluss die Formulierung steht, es gebe Rückstellungen für Restrukturierung, dann hat das Unternehmen bereits beschlossen, Kündigungen auszusprechen. Mit den Rückstellungen bereitet sich das Unternehmen auf die Zahlung von Abfindungen vor. Es geht jedoch noch deutlicher. Die Firma *Gina Tricot* hat in diversen Filialen in Deutschland Mode verkauft. Mode und Einzelhandel sind ein schwer zu beherrschendes Geschäft, sodass der schwedische Konzern im Jahr 2018 damit begann, sich aus Deutschland zurückzuziehen. Auf den ersten Blick mag das verwundern, denn für das Jahr 2017 berichtete *Gina*

Tricot einen Jahresüberschuss in Höhe von gut 200.000 EUR (Abb. 80).

Aber die Freude währte nur kurz, denn in der Erläuterung zum Abschluss kommunizierte *Gina Tricot* in aller Offenheit, dass die Muttergesellschaft von *Gina Tricot* ihrerseits Rückstellungen gebildet hatte für die Schließung von Filialen. Hierfür hatte sie der Tochtergesellschaft Geld überwiesen. Bei der Tochtergesellschaft führte dies zunächst zu einem Gewinn. Allerdings lässt die Geschäftsführung keinen Zweifel an der Bestimmung der überlassenen Mittel, denn sie erläutert im Anhang:

> *»Durch die Bildung von Drohverlustrückstellungen im Zusammenhang mit der geplanten Schließung von Filialen hat die Gesellschafterin einen Ertrags-Zuschuss in Höhe von T€ 1.742 geleistet, welcher unter den sonstigen betrieblichen Erträgen ausgewiesen wird.«*

Im Jahr 2018 begann *Gina Tricot* damit, Filialen zu schließen, Mietverträge zu kündigen, Mitarbeitende zu entlassen. Es hat ein paar Jahre gedauert und zu einer Insolvenz im Jahr 2020 geführt, und heute gibt es *Gina Tricot* in Deutschland nur noch online. Die Pläne für diese Entwicklung lagen seit dem Abschlussjahr 2017 auf dem Tisch.

Arbeitsgerichte schlagen pro Jahr der Beschäftigung in der Regel ein halbes Monatsgehalt als Abfindungsbetrag vor. Wenn Unternehmen Rückstellungen für Restrukturierung in ihren Bilanzen haben, fällt es ihnen leichter, auch mal ein ganzes Monatsgehalt oder mehr pro Jahr der Beschäftigung anzubieten, um Freiwillige zu finden, die das Unternehmen verlassen möchten (für Schnellentschlossene gelegentlich um die sogenannte »Sprinterprämie« erhöht). Eine etwas perfide Ausprägung so einer Rückstellungspolitik sieht so aus: Das Unternehmen bildet saftige Rückstellungen für Restrukturierung und versenkt damit sein Jahresergebnis. Mit Verweis auf selbiges Ergebnis begründet es im Folgejahr voller Bedauern Entlassungen, die erforderlich sind, um das Ergebnis wieder zu stabilisieren. Es ist das Musterbeispiel einer sich selbst erfüllenden Prophezeiung auf der Basis der in Unternehmen geltenden normativen Kraft des Faktischen.

Die einschlägige Empfehlung lautet somit: Wenn Sie rauswollen, werfen Sie einen Blick in die Rückstellungen Ihres Arbeitgebers.

Risiken ohne Rückstellungen

Unternehmen bilden Rückstellungen für Risiken, wenn sie diese für wahrscheinlich halten. Interessant ist von daher auch die Frage, wofür ein Unternehmen keine Rückstellungen bildet. Die hierfür einschlägigen Diskussionen finden sich im Anhang der Jahresabschlüsse. Betrachten wir exemplarisch die Ausführungen der *Deutschen Börse*, die im Gliederungspunkt »26. Finanzielle Verpflichtungen und sonstige Risiken« auf Seite 236 ihres Jahresfinanzberichtes für das Jahr 2022 unter der Überschrift »Rechtliche Risiken« umstandslos zur Sache kommt. Dazu sollte man wissen: Die *Deutsche Börse* betreibt Plattformen, die erforderlich sind, um Aktien zu kaufen und zu verkaufen. Dabei geht es einerseits tatsächlich um den Raum in einem echten Haus in Frankfurt, München und anderswo, andererseits geht es um die gesamte Infrastruktur online und offline, damit alle Teilnehmenden des Börsenhandels bis hin zur App auf einem Telefon Papiere rechtssicher kaufen und verkaufen können. Kurz: Die *Deutsche Börse* ist eine große Institution mit Gewinnerzielungsabsicht. Sie erwirtschaftete im Geschäftsjahr 2022 bei einem Umsatz von 4,69 Milliarden EUR einen Gewinn in Höhe von 1,56 Milliarden EUR. Eine Tochtergesellschaft der *Deutschen Börse* ist die Firma *Clearstream*, die die Aktien der Anleger technisch aufbewahrt und notiert, wem sie gehören, weswegen sie sich selbst als »Zentralverwahrer« bezeichnet. Die Wurzeln der Institution reichen bis in das vorletzte Jahrhundert zurück – Börsen brauchen Zentralverwahrer, seit es Börsen gibt. Laut dem Geschäftsbericht für das Jahr 2021 verwaltet *Clearstream* ein Depotvolumen von etwa 9,6 Billionen EUR (mehr als das Doppelte des deutschen BIP) und wickelt pro Jahr etwa 199 Millionen Transaktionen ab – also pro Arbeitstag ca. 865.000 Transaktionen. Das sind sehr große Zahlen, die gewisse Begehrlichkeiten auszulösen vermögen.

Die *Deutsche Börse* berichtet im Anhang ihres Jahresfinanzberichtes über Rechtsstreitigkeiten aller Art im Zusammenhang mit der Depotführung der *Clearstream*. Die Tochtergesellschaft schlägt sich in verschiedenen Verfahren allein oder zusammen mit anderen Finanzinstituten mit einem Klagevolumen von überschlägig 29,8 Milliarden EUR herum. Die Frage, ob das Unternehmen hierfür Rückstellungen bilden muss oder nicht, hat enorme wirtschaftliche Bedeutung für *Clearstream* und auch für die *Deutsche Börse*. Der Vorstand legt die Verfahren offen und schließt:

> *»Der Vorstand geht auch bei diesen Sachverhalten nicht davon aus, dass Gruppengesellschaften erfolgreich als Haftungsschuldner in Anspruch genommen werden können, und eine wesentliche Änderung der Risikosituation des Konzerns ist für den Vorstand derzeit nicht erkennbar.«*

Wenig überraschend macht die Wirtschaftsprüfung die Rechtsstreitigkeiten regelmäßig zu einem Prüfungsschwerpunkt und informiert im Bestätigungsvermerk über das Resultat ihrer Arbeit:

> *»Die von den gesetzlichen Vertretern getroffenen Einschätzungen zu den vorgenannten Sachverhalten und deren Darstellung im Konzernabschluss sind hinreichend begründet und dokumentiert.«*

Diese Einschätzungen beruhen auf Gutachten, die Juristinnen und Juristen erstellen, die sich auf das Recht der Kapitalmärkte spezialisiert haben. Angesichts der angeführten Größenordnungen lässt sich erahnen, dass diese Fachleute zu den am besten bezahlten Beraterinnen und Beratern gehören, die die juristische Zunft aufzubieten hat.

Steuerliche Aspekte von Rückstellungen

Noch eine Bemerkung zu Rückstellungen für drohende Verluste aus schwebenden Geschäften: Steuerlich sind solche Rückstellungen in Deutschland nicht anerkannt. Das liegt daran, dass die Unternehmen sonst zum Zweck der Steuerersparnis dem Finanzamt die traurigsten Geschichten erzählen würden. Also sagen die Behörden: Behaltet eure Geschichten für euch, aber wenn der Schaden tatsächlich eintritt, dann – aber erst dann – dürft ihr die Auszahlung als steuerliche Betriebsausgabe verwenden, um die Steuerlast zu senken. Die Buchhaltungen verfolgen diese Rückstellungen inklusive steuerlicher Aspekte jahrelang in den Büchern, damit niemand den Überblick verliert. In der Schweiz beispielsweise ist es einfacher, denn die Behörden erkennen Drohverlustrückstellungen zur Steuerminderung an. Sollten diese zu hoch ausfallen und später zu Gewinnen führen, nimmt der Staat an diesen erfreulichen Effekten teil. In Österreich verhält es sich ähnlich, wenn das Unternehmen mit dem Entstehen einer Verbindlichkeit »ernsthaft« rechnet.

Die sechste Frage an jeden Jahresabschluss

Die Frage nach den Rückstellungen ist die wesentlichste Frage, um der Bilanzpolitik auf die Spur zu kommen.

Und daher lautet die sechste Frage an jeden Jahresabschluss: **Haben die sonstigen Rückstellungen zugenommen oder abgenommen?**

Die Unterfragen dazu sind:

- Haben die Rückstellungen abgenommen, weil das Unternehmen sie verbraucht oder weil es sie aufgelöst hat?
- Gab es personelle Veränderungen im Vorstand bzw. der Geschäftsführung?
- Gibt es Rückstellungen für Restrukturierung oder die Schließung von Geschäftsbereichen?

Aus den Rückstellungen eines Abschlusses lässt sich darauf schließen, wie ein Unternehmen seine Bilanzpolitik steuert. Aus der Entwicklung der Rückstellungen lassen sich Rückschlüsse auf Auszahlungen der Zukunft ziehen.

Es gibt eine Bilanzposition, die sich nicht auf Auszahlungen der Zukunft bezieht, sondern auf Gewinne der Zukunft. Sie ist Gegenstand des nächsten Kapitels.

Geheime Gewinnprognosen offengelegt

In diesem Kapitel geht es um aktive latente Steuern. Das ist ein Ausdruck mit dreifach abschreckender Wirkung. Erstens ist das Wort »aktiv« enthalten, was vielen Menschen den Schweiß auf die Stirn treibt, da es sich um etwas Bilanzielles handelt. Zweitens geht es um Steuern, zu denen die meisten Menschen kein gutes Verhältnis haben. Drittens signalisiert das Wörtchen »latent«, also verborgen, dass man die Sache möglicherweise vorläufig auf sich beruhen lassen kann. Insgesamt dürfte diese Bilanzposition also die abschreckendste Wortkonstruktion sein, die sich in einem Abschluss finden lässt. Gemäß dem deutschen HGB liegt dazu ein Bilanzierungswahlrecht vor, was die Motivation, sich mit der Position zu beschäftigen weiter senkt. Nach internationalen Regeln aber müssen aktive latenten Steuern angesetzt werden.

Auf Englisch ist es nicht besser, denn da trägt die Bilanzposition den Titel »deferred tax asset«. Asset bedeutet Vermögen, es geht also um etwas auf der linken Seite der Bilanz. Aber was soll

in T€ (bis auf Ergebnis je Aktie)	**2020**
Verlust vor Steuern	**(145.802)**
Ertragsteuern	161.000
Gewinn/(Verlust) der Periode	**15.198**

Abb. 81: BioNTech – Gewinn vor und nach Steuern, Ausschnitte der veröffentlichten GuV

ein steuerlicher Vermögensgegenstand sein? Und dann noch »deferred«, also aufgeschoben? Zugegeben: Sprachlich ist es nicht einfach, und fachlich muss man auch eine kleine Extrarunde drehen. Man fragt sich: Was soll das? Ich habe die Position lange für eine Art bilanzielle Zierleiste gehalten: schön, aber sinnlos.

Weit gefehlt.

Die aktiven latenten Steuern sind ein faszinierend informativer Indikator, der Rückschlüsse auf Planungen erlaubt, die im Unternehmen gleichermaßen bedeutsam wie streng geheim sind. Eine seltene Blüte der Bilanzierungskunst hat uns in diesem Zusammenhang die Firma *BioNTech* geschenkt. *BioNTech* verkauft innovative medizinische Produkte und konnte im Jahr 2020 gegen das Covid-Virus eine Impfung entwickeln, die im Jahr 2021 im großen Stil weltweit zum Einsatz kam. Für das Geschäftsjahr 2020 berichtete *BioNTech* vor Steuern einen Verlust in Höhe von 145 Millionen EUR (die negative Zahl steht in Klammern – es ist ein angelsächsischer Brauch) und nach Steuern einen Gewinn in Höhe von 15 Millionen EUR (Abb. 81).

Das geht wirklich und ist sogar eine zwangsläufige Folge bestimmter Konstellationen. Doch ein Schritt nach dem anderen: Um den Resultaten geheimer interner Planung auf die Spur zu kommen, ist es zunächst erforderlich, das Konzept der latenten Steuern zu begreifen. Das geht am besten mithilfe eines stark vereinfachten Beispiels.

Latente Steuern anhand eines einfachen Beispiels

Stellen Sie sich vor, ein Unternehmen erwirtschaftet im Jahr seiner Gründung einen Verlust in Höhe von 100 EUR. Ein Jahr später erwirtschaftet es einen Gewinn in Höhe von 300 EUR (Abb. 82).

Jahr 1		**Jahr 2**	
Verlust v.St.	-100	Gewinn v.St.	300

Abb. 82: Ausgangslage Steuern

Nun kommen wir zum ersten von zwei Schritten der steuerlichen Betrachtung: In Jahr 1 fallen keine Steuern an, da das Unternehmen einen Verlust ausweist. Der Verlust wandert als Verlustvortrag in das zweite Jahr. Im zweiten Jahr freut sich das Unternehmen über einen Gewinn in Höhe von 300 EUR. Bevor es zur Versteuerung schreitet, zieht es den Verlustvortrag in Höhe von 100 EUR ab. Das ergibt die sogenannte steuerliche Bemessungsgrundlage in Höhe der verbleibenden 200 EUR. Mithilfe des Steuersatzes, der im Beispiel 30 % sein soll, errechnen sich dann die zu bezahlenden Steuern im Jahr 2 in Höhe von 60 EUR. Es verbleibt ein Gewinn nach Steuern in Höhe von 140 EUR (Abb. 83).

Jahr 1	
Verlust v.St.	-100
Steuern	0
Verlust n.St.	-100

Jahr 2	
Gewinn v.St.	300
Vortrag	-100
Bemessung	200
Steuern	-60
Gewinn n.St.	140

Abb. 83: Steuern und Bemessungsgrundlage

Jetzt dringen wir im zweiten Schritt zu den latenten Steuern vor, und dafür müssen Sie sich bitte etwas konzentrieren, denn latente Steuern kann man nur verstehen, wenn man über zwei oder mehr Geschäftsjahre hinweg denkt.

In den 1960er-Jahren ersannen Fachleute des angelsächsischen Rechnungswesens einen Gedanken, der zunächst auf einer Binsenweisheit beruht und dann eine logische, aber etwas überraschende Schlussfolgerung zieht. Die Binsenweisheit besteht darin: Wenn in einem Geschäftsjahr etwas passiert, das zu einem wirtschaftlichen Vorteil führt, dann schreibt man das in Bilanz und GuV. Die Schlussfolgerung wendet diesen Gedanken auf steuerliche Überlegungen an: Wenn der Vorteil darin besteht – und das ist jetzt das Besondere –, im nächsten oder übernächsten Jahr

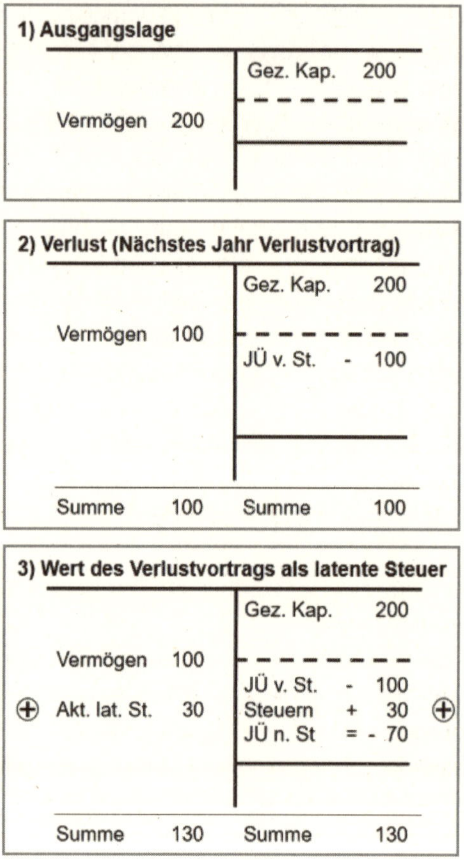

Abb. 84: Vom Verlust zur aktiven latenten Steuer

gegenüber dem Finanzamt etwas Steuerminderndes in der Hand zu haben, lässt sich das in dem verlustreichen Geschäftsjahr, in dem der Sachverhalt entsteht, genauso ansetzen wie andere Vermögensgegenstände auch.

Angewendet auf unseren Fall: Der Verlust im ersten Jahr ermöglicht im zweiten Jahr eine Steuerminderung. Ohne den Verlustvortrag hätte das Unternehmen Steuern auf einen Gewinn in Höhe von 300 EUR entrichten müssen, bei einem Steuersatz von

30% also 90 EUR. Mithilfe des Verlustvortrages entstehen dem Unternehmen aber nur Steuern in Höhe von 60 EUR. Also lautet die Schlussfolgerung, dass der Verlustvortrag im ersten Jahr bereits einen eigenständigen Wert in Höhe der Differenz von 30 EUR hat. Er lässt sich interpretieren als eine Art Forderung an das Finanzamt, die das Unternehmen aber nur geltend machen kann, wenn es im Folgejahr tatsächlich einen Gewinn erwirtschaftet. Daher sagt man, der Charakter dieser Position ist latent, denn das ist etwas, das zwar vorhanden ist, aber noch nicht in Erscheinung tritt und wirksam wird. Diese Art Forderung kann noch nicht als durchsetzbare Forderung in Erscheinung treten, steht aber schon auf der linken Seite der Bilanz. So erklärt sich der Name »aktive latente Steuer«. Wir erweitern das Beispiel nun um die Bilanz.

Die Ausgangslage des Beispiels besteht darin, dass Gesellschafter im ersten Jahr das Unternehmen gründen und 200 EUR einlegen.

Im Jahr der Gründung kommt es zu einem Verlust vor Steuern in Höhe von 100 EUR.

Dieser Verlust wird sich im darauffolgenden Jahr in einen Verlustvortrag verwandeln und hat daher bereits im ersten Jahr einen eigenständigen Wert in Höhe von 30 EUR. Das Unternehmen kann ihn tatsächlich als Vermögensgegenstand auf die linke Seite der Bilanz schreiben, wie es Abb. 84 demonstriert.

Wie so oft in Fällen, in denen die Buchhaltung etwas auf die linke Seite der Bilanz schreibt, vergrößert dies den Rest. Dort entsteht ein Ertrag, aber was für einer? Der ganze Sachverhalt ist steuerlicher Natur, daher handelt es sich an dieser Stelle um einen steuerlichen Ertrag.

Das Unternehmen kann ihn nicht sofort vom Finanzamt einfordern. Aber der latente Ertrag senkt in diesem speziellen Fall den Verlust des Unternehmens nach Steuern von minus 100 EUR auf minus 70 EUR. Im Extremfall – und *BioNTech* ist so ein Extremfall – übersteigt der steuerliche Ertrag dieser Überlegung sogar den Verlust vor Steuern –, und es entsteht ein Gewinn. *BioNTech* informiert im Anhang über die Zusammensetzung der Steuererträge, wie es Abb. 85 zeigt.

in T€	2020
Tatsächliche Ertragsteuern	17
Latente Steuern	(161.034)
Sonstige Steuern	17
Ertragsteuern	**(161.000)**

Abb. 85: BioNTech – Zusammensetzung der Steuern, Ausschnitte aus dem veröffentlichten Anhang

Die latenten Steuern stehen in Klammern, weil es sich um negative Steuern, also um einen Ertrag handelt.

Zusammengefasst: Wenn ein Unternehmen damit rechnet, dass die Gewinne der Zukunft die angesammelten Verluste übersteigen, aktiviert es latente Steuern. Die Voraussetzung, und die merken Sie sich bitte, besteht also in Gewinnerwartungen. Den Wert dieses Effektes hat *BioNTech* im Jahr 2020 als steuerlichen Ertrag in Höhe von 161 Millionen EUR in die GuV geschrieben. Damit korrespondiert die Position »Latente Steueransprüche« in der Bilanz von *BioNTech* (Abb. 86).

Nach dieser theoretischen und praktischen Darstellung aktiver

Aktiva		
in T€	**31. Dezember 2020**	**31. Dezember 2019**
Langfristige Vermögenswerte		
Immaterielle Vermögenswerte	163.490	89.434
Sachanlagen	226.968	93.044
Nutzungsrechte	98.988	55.018
Sonstige Vermögenswerte	1.045	–
Latente Steueransprüche	161.233	–
Summe langfristige Vermögenswerte	**651.724**	**237.496**

Abb. 86: BioNTech – aktive latente Steuern in der Bilanz; Ausschnitte aus dem veröffentlichten Abschluss 2022

latenter Steuern steht die Frage im Raum: Was soll das alles? Welcher Erkenntnisgewinn steckt in dieser Zahl? Ist das eine Art dogmatischer Schönheit, oder ist das relevant? Es ist an der Zeit, den Vorhang zu lüften für einen Blick hinter die Kulissen.

Der Erkenntnisgehalt aktiver latenter Steuern

Wahrscheinlich ist Ihnen aufgefallen, dass *BioNTech* in der Bilanz für das Jahr 2020 gut 161 Millionen EUR für latente Steuern angesetzt hat, aber im Jahr davor noch nichts (Abb. 86). Was also war ein Jahr vorher los?

Im Anhang des Abschlusses 2019 findet sich folgende Begründung:

> *»Latente Steueransprüche auf steuerliche Verluste wurden nicht aktiviert, da … keine hinreichende Wahrscheinlichkeit besteht, dass zukünftig zu versteuernde Gewinne zur Verfügung stehen, gegen die die nicht genutzten steuerlichen Verluste verrechnet werden können.«*

Im Klartext: *BioNTech* hat nicht erwartet, dass es Gewinne macht. Ohne Gewinnerwartungen gibt es auch keine aktiven latenten Steuern.

Den Jahresabschluss für das Jahr 2020 stellte *BioNTech* im Frühjahr 2021 auf. In dieser Zeit hatte das Unternehmen den weltweit ersten Impfstoff gegen das Covid-19-Virus entwickelt und belieferte praktisch den ganzen Planeten mit seinen Produkten. Es war also vollkommen klar mit sattem Gewinn zu rechnen. So satt, dass er jeden Verlustvortrag als das Schwarze unter dem Fingernagel erscheinen lassen würde. Zum Ende des Geschäftsjahres 2020 hatte *BioNTech* gut 400 Millionen EUR Verlustvorträge angesammelt, wie Abb. 87 mit einem Blick ins Eigenkapital verdeutlicht, dort die Zeile »Bilanzverlust«. Unterdessen regnete es Brei, und *BioNTech* hielt den Löffel raus.

Passiva

in T€	**31. Dezember 2020**
Eigenkapital	
Gezeichnetes Kapital	246.310
Kapitalrücklagen	1.514.451
Eigene Anteile	(4.789)
Bilanzverlust	(409.629)
Sonstige Rücklagen	25.503
Summe Eigenkapital	**1.371.846**

Abb. 87: BioNTech – Verlustvorträge im Eigenkapital

Der Erkenntniswert der aktiven latenten Steuern besteht darin, dass diese Bilanzposition immer auf Planung beruht. In der Realität machen Unternehmen für die Untersuchung latenter Steuern eine Planungsrechnung, die die nächsten fünf Jahre einschließt. Dieser Zeitraum ist im HGB für deutsche Unternehmen gesetzlich vorgeschrieben (HGB § 274), in Österreich und der Schweiz gibt es keine gesetzliche Frist, aber Fachverbände raten ebenfalls zu einem Planungszeitraum von fünf Jahren. Diese Planung erstellen die verantwortlichen Fachleute eines Unternehmens, die dafür

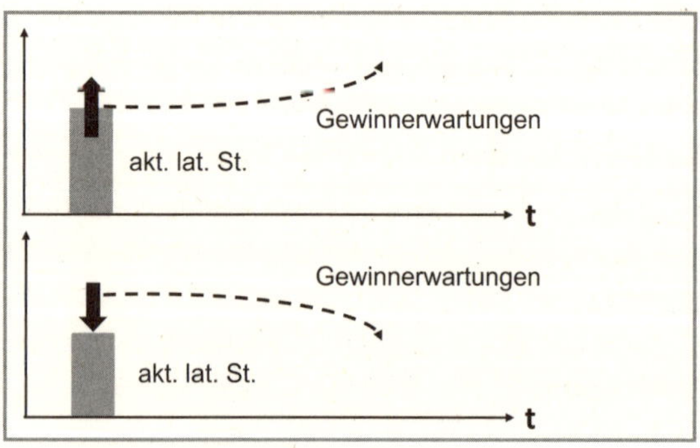

Abb. 88: Gewinnerwartungen und aktive latente Steuern

nach bestem Wissen und Gewissen alle Informationen heranziehen, die ihnen zur Verfügung stehen. Es handelt sich um nichts weniger als die strategische Langfristplanung der Unternehmen, die die Stabsabteilungen für die nächsten fünf Jahre in Zahlen gießen. Man kann sich diese Planung nicht komplex genug vorstellen, denn es geht um alle Produkte, alle Märkte aller Unternehmen eines Konzerns in den nächsten Jahren unter Berücksichtigung technologischer, politischer, wirtschaftlicher und demografischer Entwicklungen. Diese Rechnung beschäftigt gut ausgebildete Menschen in Vollzeit über das ganze Jahr. Das Resultat der Rechnerei ist streng geheim, denn es geht um die Schließung und Neueröffnung von Werken, Rückzug aus oder Eroberung von Ländern, Erweiterung und Verringerung von Kapazitäten sowie um den Kauf und Verkauf von Tochtergesellschaften eines Konzerns. Epische Debatten und Auseinandersetzungen begleiten die Planungsarbeit und münden schließlich in eine Entscheidung durch den Vorstand. Die Bedeutung dieser Entscheidung ist so enorm, dass sie der Zustimmung des Aufsichtsrats bedarf. Erst wenn der die Planung genehmigt, steht sie fest, und die Steuerexperten leiten daraus die Steuerplanung ab. Dabei geht es unter anderem um die Nutzung von Verlustvorträgen, die pro Land unterschiedlichen steuerlichen Regelungen unterliegt. Wenn all diese Rechnungen fertig sind, also ganz am Ende dieses wirklich komplexen Prozesses, errechnet die Buchhaltung die latenten Steuern des aktuellen Jahresabschlusses. Sie kann dem Plan entnehmen, mit welchen Gewinnen das Management in den nächsten fünf Jahren pro Konzerngesellschaft in welchem Land rechnet, und leitet daraus ab, wie viel Platz für aktive latente Steuern ist (Abb. 88).

Wenn die Gewinnerwartungen des Managements steigen, kann die Buchhaltung mehr aktive latente Steuern bilden, wenn die Gewinnerwartungen des Managements sinken, sinken auch die latenten Steuern.

Als *BioNTech* erstmals für das Jahr 2020 aktive latente Steuern bilanzierte, begründete es dies im Anhang wie folgt:

(in Millionen, bis auf Ergebnis je Aktie)	2021	2020
Umsatzerlöse		
Forschungs- und Entwicklungsumsätze	102,7 €	178,8 €
Kommerzielle Umsätze	18.874,0	303,5
Summe Umsatzerlöse	**18.976,7 €**	**482,3 €**
Umsatzkosten	(2.911,5)	(59,3)
Forschungs- und Entwicklungskosten	(949,2)	(645,0)
Vertriebs- und Marketingkosten	(50,4)	(14,5)
Allgemeine und Verwaltungskosten	(285,8)	(94,0)
Sonstige betriebliche Aufwendungen	(94,4)	(2,4)
Sonstige betriebliche Erträge	598,4	250,5
Betriebsergebnis	**15.283,8 €**	**(82,4) €**
Finanzerträge	67,7	1,6
Finanzaufwendungen[1]	(305,1)	(65,0)
Gewinn / (Verlust) vor Steuern	**15.046,4 €**	**(145,8) €**
Ertragsteuern	(4.753,9)	161,0
Gewinn / (Verlust) der Periode	**10.292,5 €**	**15,2 €**

Abb. 89: BioNTech – GuV 2021 (Ausschnitte der veröffentlichten GuV)

> *»Auf Basis des produktbezogenen Geschäftsplans sieht BioNTech es jetzt als sehr wahrscheinlich an, dass zu versteuerndes Einkommen für die deutsche steuerliche Organschaft verfügbar sein wird, gegen die die steuerlichen Verluste verwendet werden können.«*

Der Gewinn des Jahres 2021 war dann so enorm, dass es zu schade wäre, ihn hier nicht mit einem Blick in die originale GuV zu würdigen (Abb. 89).

Der Umsatz stieg von 480 Millionen EUR um das Vierzigfache auf fast 19 Milliarden EUR, der Verlust vor Steuern von 145 Millionen EUR verwandelte sich in einen Gewinn in Höhe von sage und schreibe 15 Milliarden EUR. Herzlichen Glückwunsch, *BioNTech*! Die aktiven latenten Steuern des Vorjahres waren ein Vorbote dieser sensationellen Entwicklung.

BioNTech ist sicher ein extremes Beispiel für den Zusammenhang der aktiven latenten Steuer mit nachfolgendem Gewinn. Aber wie verhält es sich bei anderen Unternehmen?

Latente Steuern und Gewinn

Für die Beantwortung gibt es zahlreiche Beispiele. Die Firma *RWE* beispielsweise versorgt Millionen von Haushalten mit Strom und hat eine Achterbahnfahrt hinter sich, die mit stark schwankenden Preisen für Strom und dem Einkaufspreis des Stroms zu tun hat. Auf den niedrigsten Bestand aktiver latenter Steuern im Jahr 2020 folgte der niedrigste Gewinn im Jahr 2021, und auf den starken Anstieg der aktiven latenten Steuern im gleichen Jahr folgt in 2022 ein Rekordgewinn (Abb. 90). Zusammenhängende besonders hohe Zahlen sind für die folgenden Darstellungen **fett geschrieben und hellgrau hinterlegt**, besonders niedrige Zahlen sind dunkler hinterlegt und weiß geschrieben.

Jahr	2014	2015	2016	2017	2018	2019	2020	2021	2022
akt.lat.St.	3.836	2.466	**2.884**	**2.627**	824	706	397	**663**	606
Gewinn	2.057	284	−5.484	2.315	1.073	**9.156**	1.054	832	**2.992**

Abb. 90: RWE – aktive latente Steuern und Gewinn (Mio. EUR)

Nun gut, könnte man einwenden, es scheint keine Kunst zu sein, den Gewinn des Folgejahres abzuschätzen, denn das Jahresende ist weniger als zwölf Monate entfernt, während der Abschluss des Vorjahres entsteht. Ein anderes Unternehmen, von dem bereits die Rede war: Die *Deutsche Börse* berichtet aktive latente Steuern und Gewinne mit einer Vorlaufzeit von zwei Jahren (Abb. 91):

Jahr	2014	2015	2016	2017	2018	2019	2020	2021	2022
akt.lat.St.	140	148	63	101	104	124	**162**	140	62
Gewinn	789	701	1.298	896	853	1.035	1.125	1.265	**1.563**

Abb. 91: Deutsche Börse – aktive latente Steuern und Gewinn (Mio. EUR)

Auf den tiefsten Stand ihrer aktiven latenten Steuern im Jahr 2016 folgt zwei Jahre darauf der ab dann niedrigste Gewinn dieser Zeitreihe, und auf den höchsten Stand der aktiven latenten Steuern im Jahr 2020 folgt 2022 der höchste Gewinn der *Deutschen Börse*. Im Jahr 2022 jedoch sinken die aktiven latenten Steuern auf einen neuen Tiefststand. Man wünscht der *Deutschen Börse*, dass dies nicht der Vorbote dafür ist, dass sich Risiken materialisieren, auf die sie nicht nur im Konzernabschluss 2022 hingewiesen und für die sie keine Rückstellungen gebildet hat. Dem Abschluss 2024 blickt man schon heute mit Spannung entgegen.

Es gibt Fälle, da bahnt sich der Verlust über mehrere Geschäftsjahre sichtbar in den aktiven latenten Steuern an. Die Firma *Heidelberg Materials* betreibt ihre Geschäfte mit Zement und anderen Grundstoffen (bis 2022 hieß das Unternehmen *Heidelberg Cement*). Im Jahr 2020 ist irgendetwas schiefgegangen, was die Buchhaltungen in den beiden vorherigen Jahren hatten kommen sehen, denn dem einzigen Verlust der beobachteten Zeitreihe gehen die beiden bis dahin niedrigsten Werte der aktiven latenten Steuern voraus. Die der Jahre 2021 und 2022 sehen auch nicht besonders gut aus, man darf auf die Entwicklung der nächsten Jahre gespannt sein (Abb. 92).

Jahr	2014	2015	2016	2017	2018	2019	2020	2021	2022
akt.lat.St.	688	805	946	518	314	313	343	263	268
Gewinn	687	983	896	1.058	1.286	1.242	-2.009	1.902	1.723

Abb. 92: Heidelberg Materials – aktive latente Steuern und Gewinn (Mio. EUR)

Manchmal scheint der Ausblick auch in der Buchhaltung wie vernebelt zu sein: Die *Deutsche Telekom* hat im Jahr 2019 die niedrigsten latenten Steuern dieser Betrachtung ausgewiesen. Man möchte wissen, welche Befürchtungen zu der Zeit im Raum standen, denn seither ging es mit den Gewinnen ausschließlich bergauf. Das haben sie dann in der Buchhaltung auch eingesehen, die latenten Steuern erklommen Höchstwerte, denen ein Rekordgewinn im Jahr 2022 folgte. (Abb. 93).

Jahr	2014	2015	2016	2017	2018	2019	2020	2021	2022
akt.lat.St.	5.169	5.248	5.210	4.013	2.949	2.704	**7.972**	**7.906**	8.316
Gewinn	3.244	3.502	3.104	5.551	3.329	5.268	6.747	6.103	**9.482**

Abb. 93: Deutsche Telekom – aktive latente Steuern und Gewinn (Mio. EUR)

Die Aufzählung ließe sich fortsetzen, mal mehr, mal weniger eindeutig. Nach meiner Beobachtung gehen die Entwicklungen der latenten Steuern den Gewinnen bzw. Verlusten etwa ein bis drei Jahre voraus. Wenn Sie nachrechnen möchten, können Sie einen Blick in die dritte Tabelle des Anhangs werfen. Sie enthält die latenten Steuern und die Gewinne von insgesamt 30 börsennotierten Unternehmen und die Summen der beiden Positionen über die Jahre. Aus den Summen entstehen Linien, die zeitversetzt eine gewisse Ähnlichkeit aufweisen (Abb. 94).

Auf den Rückgang der aktiven latenten Steuern in den Jahren 2014 bis 2017 folgt ein Rückgang der Gewinne von 2018 bis 2020. Auf den Anstieg der Steuerposition folgt zeitversetzt der Anstieg der Gewinne.

Wenn also die größten börsengehandelten Unternehmen einen Zusammenhang erkennen lassen zwischen aktivierten latenten

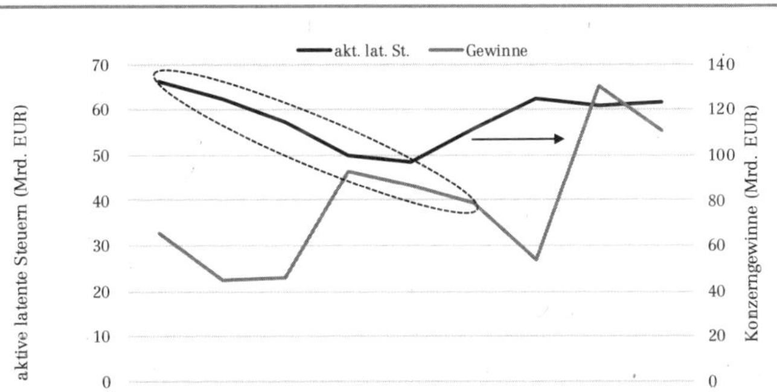

	2014	2015	2016	2017	2018	2019	2020	2021	2022
akt. lat. St.	66	62	58	50	48	56	62	61	62
Gewinne	66	45	46	93	87	79	54	130	111

Abb. 94: Zusammenhang aktiver latenter Steuern und Gewinne

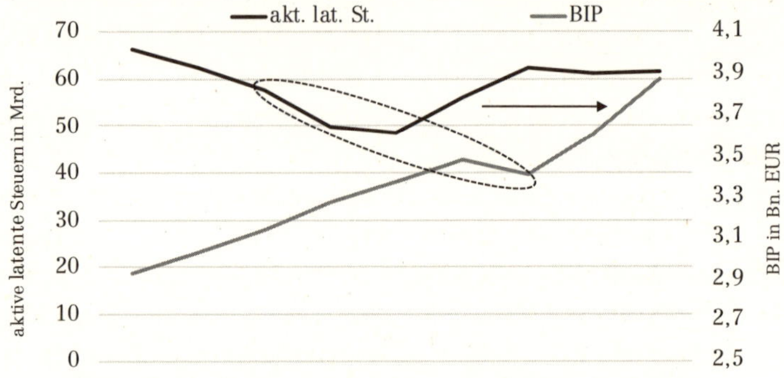

	2014	2015	2016	2017	2018	2019	2020	2021	2022
akt. lat. St.	66	62	58	50	48	56	62	61	62
BIP	2,9	3,0	3,1	3,3	3,4	3,5	3,4	3,6	3,9

Abb. 95: Zusammenhang aktiver latenter Steuern und Bruttoinlandsprodukt

Steuern und nachfolgenden Gewinnen, dann lassen sich vielleicht noch weitergehende Einsichten gewinnen?

Latente Steuern und allgemeiner Wohlstand

Das sogenannte Bruttoinlandsprodukt (abgekürzt: BIP) gilt allgemein als Indikator für den Wohlstand eines Landes. Wenn es steigt, freuen sich die Fachleute, wenn es sinkt, fällt schnell das Wort »Krise«. Die Konjunkturforschungsinstitute beschäftigen sich unter anderem mit der Frage, welche Richtung das BIP in den nächsten Jahren wohl nehmen könnte. Die Aufgabe, mögliche Einflussfaktoren und deren Konsequenzen zu identifizieren und zu bewerten, fällt dem sogenannten Sachverständigenrat zur Begutachtung der gesamtwirtschaftlichen Entwicklung zu, im Volksmund als »Wirtschaftsweise« bekannt. Einmal im Jahr übergibt der Rat sein Gutachten der Bundesregierung, und jeden März veröffentlicht er seine Konjunkturprognose. Unterdessen haben die Unternehmen ihre Planungsarbeit abgeschlossen, und die Buchhaltungen leiten daraus die aktiven latenten Steuern ab. Der dritten Tabelle des Anhangs können Sie die Summen der Steuerpositionen, der Gewinne und auch das BIP der Jahre 2014 bis 2022 entnehmen. Abb. 95 stellt die Entwicklungen der aktiven latenten Steuern und des BIP als Linien dar.

Und siehe da: Der Abnahme der aktiven latenten Steuern im Jahr 2018 folgt ein Rückgang des BIP im Jahr 2020. Das ist umso verblüffender, als der erste Covid-19-Fall erst im Dezember des Jahres 2019 auftrat, als die Abschlüsse für das Jahr 2018 längst fertig waren. Wie dem auch sei, dem Anstieg der aktiven latenten Steuern seit dem Jahr 2019 folgte auch ein Anstieg des BIP seit 2021. Seither flachen die aktiven latenten Steuern mit einer Art Plateau in 2022 ab. Wir werden sehen, wie gut diese Bilanzposition als Indikator des BIP in ein paar Jahren ausfällt. Bis hierhin ermöglicht die Grafik die Aussage, das Bruttoinlandsprodukt folge mit etwa zweijähriger Verspätung den Entwicklungen aktiver latenter Steuern. Sie können sich dieser These anschließen oder erst einmal abwarten, auf jeden Fall wäre es ein Fehler, aktive latente Steuern als Indikator unternehmensinterner Prognosen außer Acht zu lassen.

Die siebte Frage an jeden Jahresabschluss

Mit der Frage nach den aktiven latenten Steuern kommt man der internen Mehrjahresplanung eines Unternehmens auf die Spur. Und daher lautet die siebte Frage an jeden Jahresabschluss:

Haben die aktiven latenten Steuern zugenommen oder abgenommen?

Die Unterfragen dazu sind:

- Muss das Unternehmen aktive latente Steuern bilanzieren (IFRS ja, ansonsten Wahlrecht)?
- Wie werden latente Steuern im Anhang erläutert?
- Positioniert sich das Unternehmen insgesamt optimistisch oder pessimistisch hinsichtlich des Ausblicks auf Gewinne oder Verluste?

Wo die latenten Steuern auf konkreten Rechnungen basieren, gibt es eine weitere Bilanzposition, die darüber informiert, in welchem Ausmaß das Unternehmen auf Fantasie und Optimismus setzt. Das ist der sogenannte Unternehmenswert, von dem im nächsten Abschnitt die Rede sein wird.

Glaube, Liebe und Hoffnung als Teil der Bilanz

In den größeren Abschlüssen berichtet die Wirtschaftsprüfung über ihre Prüfungsschwerpunkte, und ein Schwerpunkt ist praktisch immer die genaue Untersuchung einer Bilanzposition namens »Firmenwert«. In vielen Fällen trägt sie die angelsächsische Bezeichnung »Goodwill«. Dahinter verbirgt sich immer der gleiche Effekt, der dann entsteht, wenn ein Unternehmen ein anderes Unternehmen kauft. Im Ergebnis ist diese Position ein Indikator für die Art und Weise, wie ein Unternehmen wächst und welche Risiken es dabei für vertretbar hält. Es tun sich dabei erhebliche Unterschiede zwischen Unternehmen auf, die auf deren kulturelle Eigenheiten schließen lassen. Aber zunächst zu den Details des Vorganges, der zu einem Firmenwert/Goodwill in der Bilanz führt.

Asset-Deal und Share-Deal

Für das Verständnis hilft ein einfaches Beispiel. Stellen wir uns vor, das Unternehmen A möchte Unternehmen B erwerben.

Unternehmen A hat eine Bilanzsumme von 1.000 EUR, Unternehmen B hingegen ist kleiner, verfügt über Vermögen in Höhe von 200 EUR, Verbindlichkeiten in Höhe von 120 EUR und ein Eigenkapital von 80 EUR. A ist bereit, für das Unternehmen B einen Kaufpreis von 100 EUR zu bezahlen (Abb. 96).

Die Struktur der Transaktion sieht so aus:

- A bezahlt dem Eigentümer von B 100 EUR.
- Dafür erhält A das bilanzielle Vermögen von B und
- die Verbindlichkeiten von B.

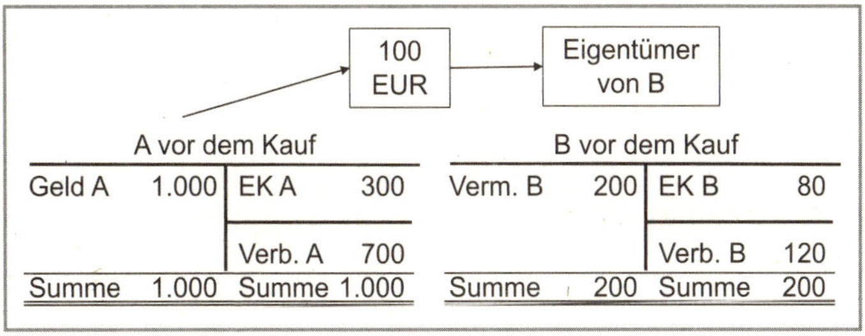

Abb. 96: Ausgangslage Firmenkauf

Dies sind die Merkmale eines »Asset-Deals« (Vermögensgeschäft). Das bedeutet, dass A Vermögen und Schulden erwirbt. Alternativ könnte A dem Eigentümer von B auch die Anteile an der Gesellschaft abkaufen. Das wäre dann ein »Share-Deal« (Anteilsgeschäft). In der Praxis repräsentiert der Asset-Deal den Standard der Transaktionen im Mittelstand. Das liegt daran, dass bei dieser Art der Transaktion mögliche Risiken, die mit der Rechtshülle der gekauften Gesellschaft zu tun haben, nicht auf den Erwerber übergehen. Das erwerbende Unternehmen kann damit zum Beispiel ausschließen, dass irgendein viele Jahre altes Risiko in der Form einer Haftung aus uralten Geschäftsvorfällen oder einer Steuerforderung oder dergleichen unerwartet in Erscheinung tritt und dem Erwerber um die Ohren fliegt.

Viele größere Immobilientransaktionen jedoch haben den Charakter des Share-Deals. Das sieht konkret so aus, dass ein Erwerber nicht die Immobilie als solche kauft, sondern Anteile an einer Gesellschaft erwirbt, die als einzigen Vermögensgegenstand die Immobilie enthält. Das hat steuerliche Gründe: Beim Kauf einer Immobilie muss der Erwerber Grunderwerbsteuer bezahlen. Beim Kauf der Anteile einer Gesellschaft nicht. Die Voraussetzung dafür besteht darin, dass der Erwerber weniger als 90 % der Anteile der Immobiliengesellschaft erwirbt. Die restlichen gut 10 % kauft er

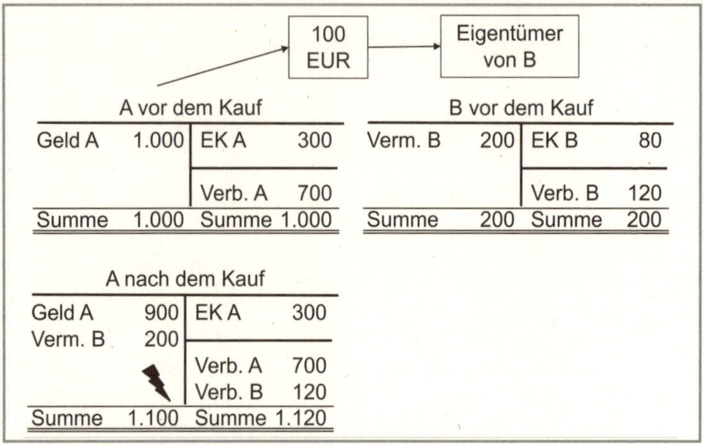

Abb. 97: Unmittelbar nach der Transaktion

nach über zehn Jahren und kommt dann steuerlich immer noch günstiger davon, als wenn er die Immobilie sofort zu 100 % erworben hätte. Bevor Sie jetzt eine Immobilie per Share-Deal erwerben, fragen Sie bitte zuerst Ihren Steuerberater nach den Einzelheiten. Bei einem Share-Deal ist nicht zu verhindern, dass Risiken der erworbenen Rechtshülle im Konzern des Erwerbers landen – von den Risiken des *Monsanto*-Deals für *Bayer* war hier bereits die Rede.

Zurück zum Asset-Deal. Für das Verständnis ist es wichtig, dass A den Kaufpreis nicht an das Unternehmen B bezahlt, sondern an den Eigentümer von B. Ihnen fällt auch auf, dass der Kaufpreis die Höhe von 100 EUR hat und damit um 20 EUR über dem bilanziellen Eigenkapital von B liegt. Das hat eine Konsequenz, die Abb. 97 verdeutlicht.

Die Abbildung zeigt die Bilanz von A unmittelbar nach der Transaktion. A hat sich von 100 EUR getrennt und weist in seiner Bilanz seinen reduzierten Geldbestand aus, außerdem das Vermögen von B und auf der Passivseite sein Eigenkapital, seine Verbindlichkeiten und zusätzlich die Verbindlichkeiten des B.

A hat für seine 100 EUR einen rechnerischen Gegenwert von

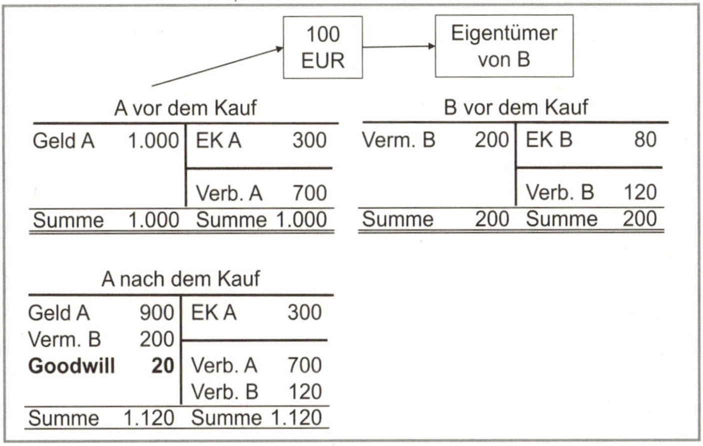

Abb. 98: Der Firmenwert in der Bilanz

80 EUR erhalten; die 80 EUR sind die Differenz von 200 EUR Vermögen und 120 EUR Verbindlichkeiten. Und daher geht die Bilanz jetzt nicht auf. Stellen Sie sich vor, Sie kaufen ein Kilo Gold für 55.000 EUR, und einen Tag später kostet das Kilo Gold nur noch 45.000 EUR. Das ist nicht schlimm, denken Sie, der Wert wird schon wieder steigen, und Sie lassen das Kilo Gold für 55.000 EUR in Ihrer Bilanz stehen. So ähnlich funktioniert die Überlegung im Fall des Beispiels. Das erwerbende Unternehmen könnte seinen Rest – also das Eigenkapital – verkleinern und einen Aufwand in die Bücher schreiben, der den Unterschied zwischen Kaufpreis und erhaltenem bilanziellen Gegenwert ausgleicht. Aber A hat das Unternehmen aus einem bestimmten Grund gekauft und bezahlt. Viele Gründe sind für so ein Verhalten vorstellbar: Das Unternehmen B verfügt vielleicht über ein bahnbrechendes Patent. Oder es hat herausragend qualifizierte Mitarbeiter. Oder es hat Zugang zu Märkten, die A gerne beliefern möchte. Oder beide Unternehmen zusammen benötigen nur noch eine Verwaltung statt zwei, sodass sich Potenzial für Einsparungen auftut, und so weiter und so fort. Wegen Überlegungen dieser Art sehen die Gesetze praktisch aller Länder für diesen Fall vor, dass die Differenz aus dem Kaufpreis

und dem erworbenen Gegenwert als Vermögensgegenstand in der Bilanz erscheinen muss. Die Bezeichnung dieser Differenz lautet Firmenwert oder »Goodwill«. Das Resultat dieser Überlegung findet sich auf der linken Seite der Bilanz nach dem Kauf in Abb. 98. Die Bilanz geht wieder auf.

Wenn Unternehmen A nicht Vermögen und Schulden erwirbt, sondern die Anteile des Unternehmens B (Share-Deal), kommt es ebenfalls zu einem Goodwill. Der Weg dorthin ist kompliziert und die Aufgabe der Konzernbuchhaltung. Diese addiert die einzelnen Bilanzen und GuVs aller Unternehmen des Konzerns und eliminiert dann sämtliche Effekte, die die Unternehmen in Bilanz und GuV verbinden (gegenseitige Beteiligungsverhältnisse, Schulden und Forderungen, wechselseitige Aufwände und Erträge etc.). Dieser Vorgang wird Konsolidierung genannt, die teilnehmenden Unternehmen fallen in den sogenannten Konsolidierungskreis. Je größer er ist, desto größer ist der Konzern. Dies verlockt den einen oder anderen dazu, der Größe des Imperiums etwas auf die Sprünge zu helfen.

Der Konsolidierungskreis als Gestaltungsmaßnahme

Ein Konsolidierungskreis umfasst alle Unternehmen, auf die die Muttergesellschaft einen beherrschenden Einfluss ausübt. Das darf die Muttergesellschaft bei einem Anteilsbesitz von über 50 % vermuten, aber der beherrschende Einfluss kann sich auch einstellen, wenn die Muttergesellschaft das faktische Recht und die Möglichkeit hat, durchzuregieren. Auf Englisch spricht man von »control«. Der Witz an der Sache besteht darin, dass auch Unternehmen, die der Mutter zu weniger als 100 %, aber zu mehr als 50 % gehören, mit den vollständigen und nicht den anteiligen Werten der Bilanz, des Umsatzes und des Gewinns zum Konsolidierungskreis gehören. Man spricht dann von der sogenannten Vollkonsolidierung unter der Fiktion der rechtlichen Einheit. Sie dient der Transparenz, denn die Gesetze sehen vor, dass die Konzernmutter über ihren gesamten Einflussbereich so berichtet, als wäre es ein großes Unternehmen.

Die Immobiliengesellschaft *Adler* hat sich an genau dieser Stelle kreative Gedanken gemacht, die – dies sei jetzt schon verraten – die BaFin jedoch nicht teilt. Sie veröffentlichte am 17. November 2022 eine Fehlermeldung:

> *»Die Adler Real Estate AG durfte die ADO Properties S. A. nicht vollkonsolidiert als Tochterunternehmen in den Konzernabschluss einbeziehen. Damit waren die Konzernbilanzsumme um 3,9 Mrd. Euro und das Gesamtergebnis um 543 Mio. Euro zu hoch ausgewiesen.«*

Das sind Größenordnungen: Ohne die Vollkonsolidierung hätte *Adler* 3,9 Milliarden EUR weniger Vermögen und 543 Millionen EUR weniger Ergebnis gehabt! Was stört die BaFin? Sie führt aus:

> *»Das Unternehmen, das den Konzernabschluss aufstellt, muss über Rechte verfügen, die maßgeblichen Tätigkeiten beim Beteiligungsunternehmen zu lenken. Der mittelbare Anteilsbesitz von 33,25 Prozent der Adler Real Estate AG an der ADO Properties S. A. reichte hierfür … in der Gesamtschau nicht aus.«*

Adler hat also eine Gesellschaft vollkonsolidiert, an der ihr etwa ein Drittel gehörte. Wie kommt *Adler* auf diesen Gedanken? *Adler* erläutert ebenfalls am 17. 11. 2022 als Antwort auf die Meldung der BaFin:

> *»Die Adler-Gruppe war und ist der festen Überzeugung, dass der besagte mittelbare Anteilsbesitz angesichts der gewöhnlichen Hauptversammlungspräsenzen bei der ADO Properties S. A. eine faktische Kontrollmehrheit darstellt.«*

Tatsächlich kommen nicht immer alle Aktionäre auf eine Hauptversammlung. Tatsächlich kann dann ein Gesellschafter, der über ein Drittel der Anteile verfügt, eine faktische Mehrheit der anwesenden Stimmen auf sich vereinigen. Würden Sie daraus ableiten, dass *Adler* ein Unternehmen lenken kann, von dem es ein Drittel der Anteile hält? Lenken im Sinne von kontrollieren? Im Sinne von maßgebliche Entscheidungen treffen? Sie können sich jetzt eine Meinung bilden, oder Sie warten die Entscheidung ab, um die *Adler* unverzüglich ein Gericht gebeten hat.

Die *KPMG* hatte mit der beschriebenen Konsolidierung für den Abschluss 2019 kein Problem, was die BaFin bemerkt haben dürfte. Sie tauscht sich bekanntlich mit der APAS aus, wie es im zweiten Kapitel zu sehen war. Die deutsche Aufsichtsstelle betreibt im Auftrag ihrer europäischen Schwestergesellschaften eine europaweite Datenbank für (Zitat von der Homepage der APAS) »Inspektionsfeststellungen der europäischen Aufsichtsstellen in Bezug auf die zehn größten europäischen Prüfernetzwerke«. Daher darf man vermuten, dass irgendeine Aufsicht den Sachverhalt mit der *KPMG* in Luxemburg – sagen wir – »erörtert«.

Strategische Überlegungen

In der Realität stellt das erwerbende Unternehmen weitere Überlegungen an, die sich in umfangreichen Rechenwerken niederschlagen. Als *Volkswagen* beispielsweise den renommierten Motorradhersteller *Ducati* erworben hat, könnte folgende Überlegung zum Tragen gekommen sein: Die Kundschaft ist bereit, für ein Motorrad mehr Geld zu bezahlen als für ein ansonsten gleichwertiges Motorrad, wenn das berühmte Firmenlogo *Ducati* auf dem Tank klebt. Diese Differenz des Kaufpreises zu normalen Motorrädern rechnen die Experten des Konzerns aus und multiplizieren sie mit der Anzahl der verkauften Motorräder der nächsten Jahre. Daraus lässt sich auf den Wert des Markennamens *Ducati* schließen. Dann könnte *Volkswagen* den Kaufpreis, der über das bilanzielle Eigenkapital hinausgeht, zunächst auf einen Markennamen aufteilen und diesen in die Bilanz schreiben (im immateriellen Vermögen von *Volkswagen* steht im Anhang des Jahres 2022 unter der Überschrift »Markennamen« der Betrag von 17,5 Milliarden EUR). Wenn dieser Vorgang den Differenzbetrag aus dem Erwerb noch nicht verbraucht, erhält der verbleibende Rest den Titel Goodwill oder Firmenwert (bei *Volkswagen* sind das 26,2 Milliarden EUR). Wohlgemerkt: In der Bilanz darf nur der Markenwert erworbener Unternehmen stehen, nicht der Markenwert des eigenen Unternehmens. *Coca-Cola* könnte den Wert der eigenen Marke nicht in seine Bilanz schreiben, aber wenn jemand *Coca-Cola* kauft, hätte er oder sie anschließend mit Sicherheit einen respektablen Markenwert in seiner Bilanz und einen enormen Firmenwert dazu.

Eine vergleichbare Überlegung im Mittelstand mündet in die Bewertung des Kundenstammes. Dafür rechnet das erwerbende Unternehmen Umsätze und Gewinne aller Kunden der letzten Jahre aus und ermittelt daraus den Wert des Kundenstammes. Wenn danach noch etwas übrig bleibt, ist das wieder der Goodwill/Firmenwert. Es ist nicht unüblich, dass mittelständische Unternehmen in ihren Bilanzen unter dem immateriellen Vermögen Kundenstamm, Markenrechte und Firmenwert ausweisen.

Nach den Gesetzen Deutschlands, Österreichs und der Schweiz müssen die Unternehmen die Firmenwerte in der Bilanz planmäßig abschreiben. Der Zeitraum der Nutzungsdauer des Kundenstammes liegt in Deutschland bei fünf Jahren. Die Nutzungsdauer des Firmenwertes muss das Unternehmen begründet nachweisen, oder es verwendet den gesetzlichen Zeitraum von zehn Jahren.

Internationale Rechnungslegungsvorschriften gehen weniger konservativ vor, und das ist einer der größten Unterschiede zwischen internationalen und deutschsprachigen Vorschriften überhaupt. Die einschlägige Formulierung zur Position des Firmenwertes lautet: »It just sits there«, er sitzt einfach da. Das bedeutet, dass die Unternehmen den Firmenwert nicht planmäßig abschreiben. Dafür müssen sie ihn aber jedes Jahr einem sogenannten Werthaltigkeitstest unterziehen. Der besteht in einer vollständigen Unternehmensbewertung nach vorgeschriebenen Methoden und Standards. Dabei müssen die Unternehmen für jede Tochtergesellschaft Umsätze und Gewinne der Zukunft ausrechnen und daraus den Wert des Unternehmens ableiten. Diesen Wert vergleichen sie mit dem bisherigen Firmenwert, der in der Bilanz steht, und wenn sich Unterschiede nach oben oder unten ergeben, müssen die Unternehmen entsprechend hoch oder runter bewerten. Die einschlägigen Rechnungen sind derart kompliziert, dass die Wirtschaftsprüfungsgesellschaften dafür in ihren Grundsatzabteilungen, den sogenannten »national offices«, Fachleute beschäftigen, die nichts anderes tun, als die Berechnungen der Kundschaft zu überprüfen. Insofern sind freihändigen Interpretationen, Wunschdenken und Luftschlössern deutliche Grenzen gesetzt. Angesichts der Dimension der Firmenwerte in den Bilanzen erschließt sich, warum diese Positionen fast immer Prüfungsschwerpunkte sind. Es gibt große Unterschiede der Firmenwerte in den Bilanzen verschiedener Unternehmen. Um eine Würdigung dieser Firmenwerte zu ermöglichen, kann man sie ins Verhältnis zur Bilanzsumme setzen und diesen Prozentsatz bei unterschiedlichen Unternehmen vergleichen. Um mal ein paar Anhaltspunkte aus dem Abschlussjahr 2022 zu nennen:

Firma	Firmenwert / Bilanzsumme
BMW	2,0 %
Mercedes	0,4 %
Volkswagen	5,4 %
Delivery Hero	51,5 %
SAP	45,9 %
Telekom	6,9 %

Eine Liste über 30 börsennotierte Unternehmen finden Sie im Anhang in der vierten Tabelle. Im Durchschnitt der größeren DAX-Unternehmen errechnet sich ein Wert von ca. 15 %.

Die Unterschiede des Firmenwertanteils an der Bilanzsumme lassen auf große Unterschiede im Einkaufsverhalten der Unternehmen schließen.

So weit zu den börsennotierten Unternehmen, die allesamt nicht nach Plan abschreiben, sondern die Firmenwerte jährlichen

Werthaltigkeitstest unterziehen. Im konservativen Mittelstand, dessen strategische Entscheidungen die Eigentümerfamilien fällen, sieht die Sache ganz anders aus. Exemplarisch zeigt Abb. 99 den Anteil des Firmenwertes an der Bilanzsumme für die Firma *Bulthaup*, die edle Küchen herstellt:

Thema / Jahr	2014	2015	2016	2017	2018	2019	2020	2021
Firmenwert / Bilanzsumme	0,2 %	0,1 %	0,7 %	0,6 %	0,5 %	0,4 %	0,4 %	0,3 %

Abb. 99: Bulthaup – Anteil des Firmenwertes an der Bilanzsumme

Bulthaup macht ca. 100 Millionen EUR Umsatz, hat immerhin 18 Tochtergesellschaften, und der Firmenwert dürfte auch deswegen so niedrig liegen, weil *Bulthaup* ihn gemäß deutschem HGB planmäßig abschreibt. Aber auch jenseits der Abschreibungsregeln ist es grundsätzlich so, dass sich der familiengeführte Mittelstand zurückhaltend verhält und die Risiken der Integration von Tochtergesellschaften eher scheut als sucht.

Von Grundsätzen gibt es immer Ausnahmen, wie wir im nächsten Abschnitt sehen können.

Anorganisches Wachstum

Ein Unternehmen kann ein anderes Unternehmen vollständig erwerben, wie es im Rahmen des Asset-Deals den Normalfall darstellt, aber es kann ein Unternehmen auch teilweise erwerben. Der Vorteil eines Teilerwerbs liegt auf der Hand – er ist billiger. Wenn das kaufende Unternehmen in den Besitz von mehr als 50 % der Anteile gelangt, gehört das erworbene Unternehmen zum Konsolidierungskreis, und zwar – wie wir weiter oben gesehen hatten – mit Haut und Haar. Der Nachteil von Teilerwerben besteht darin, dass man sich mit Menschen herumschlagen muss, die zwar auf der Gesellschafterversammlung in der Minderheit sind, aber doch gewisse Rechte haben, die man ihnen nicht nehmen kann. Insbesondere können solche Leute eine Geschäftsführung praktisch lahmlegen, indem sie diese mit epischen Auskunftsersuchen und zahllosen Fragen von der Arbeit abhalten. Dann spricht man von sogenannten unbequemen Minderheiten. Es soll vorkommen, dass das Ziel eines solchen Verhaltens darin besteht, den Mehrheitsgesellschafter dazu zu bringen, dem unbequemen Minderheitsgesellschafter seine Anteile abzukaufen. Je unbequemer er sich verhält, umso höher könnte der Kaufpreis ausfallen. Aber sehr oft stößt man auf wohlgesonnene Mitgesellschafter, die sich einfach nur der gedeihlichen Geschäftsentwicklung erfreuen und Dividende einstreichen. Das Risiko unbequemer Gesellschafter meiden mittelständische Unternehmen wie die Pest, weswegen die erwähnte Firma *Bulthaup* alle ihre 18 Tochtergesellschaften zu 100 % besitzt.

Im Ergebnis läuft das alles darauf hinaus, dass ein Konzern Wachstum erreichen kann, indem er andere Unternehmen ganz oder mehrheitlich kauft. Man spricht dabei vom sogenannten anorganischen Wachstum im Gegensatz zum organischen Wachstum, welches sich ergibt, wenn ein Unternehmen einfach mehr seiner Produkte verkauft, also selber wächst.

Ein beeindruckendes Beispiel gibt uns die an der Börse notierte Firma *Ströer*, die klassischerweise mit ihren Leucht- und Werbetafeln die Innenstädte bunter gestaltet. In den letzten Jahren hat *Ströer* eine Reihe von Unternehmen erworben und sich mit dieser Einkaufstour ein Imperium zusammengestellt, das nicht nur auf Leuchttafeln, sondern auch auf vielfältigen Kanälen des Internets Werbung kommuniziert. Die Strategie dazu beschreibt *Ströer* im Lagebericht seines Konzernabschlusses unter der Überschrift »OOH plus«, was für »Out Of Home plus« steht. Die Steigerung des Umsatzes geht einher mit der Anzahl der erworbenen Tochtergesellschaften, die *Ströer* zu 100 % oder weniger erworben hat. Die Einkaufstour hinterlässt ihren Abdruck im Firmenwert der Bilanz. Abb. 100 stellt die Zahlen zusammen.

Im Zeitraum von 2014 bis 2018 hat *Ströer* knapp 100 Unternehmen erworben und sich dann bis 2022 wieder von einigen Unternehmen getrennt. Der Anteil des Firmenwertes an der Bilanz belief sich zuletzt auf 33,3 %, womit sich *Ströer* den sechsten Platz

Zahlenanalyse:
Besteht ein Zusammenhang zwischen Umsatz
und der Anzahl der Tochtergesellschaften?

Thema / Jahr	2014	2015	2016	2017	2018	2019	2020	2021	2022
Umsatz	721	824	1.123	1.331	1.582	1.591	1.442	1.627	1.772
Gewinn	24	60	72	99	−6	78	49	130	152
Anzahl Töchter	64	77	101	131	160	140	131	125	126
davon unter 100%	27	23	33	42	39	33	26	22	18
Firmenwert/ Bilanzsumme	32,6%	44,9%	45,1%	45,6%	30,3%	31,0%	35,0%	33,7%	33,3%

Abb. 100: Ströer – anorganisches Wachstum (Umsatz und Gewinn in Mio. EUR)

im Vergleich zu den 29 anderen Unternehmen der vierten Tabelle des Anhangs sichert. Ein Musterbeispiel für anorganisches Wachstum, eine imposante Geschichte für die Börse und ganz sicher eine Geschäftspolitik, die eine Firma wie *Bulthaup* unter keinen Umständen in Betracht zöge.

Es stellt sich die Frage, wie ein Unternehmen die nötigen Mittel für anorganisches Wachstum auftreiben kann, denn Kaufpreise für Tochtergesellschaften müssen irgendwie finanziert werden. Wir merken uns diese Frage für das fünfte Kapitel. Vorher widmen wir uns noch der Frage internationaler Steueroptimierung.

Internationale Steuergestaltung

Weiter oben hatte ich darauf hingewiesen, dass die Konzernbuchhaltung alle Unternehmen eines Konsolidierungskreises so darstellt, als wäre alles zusammen <u>ein</u> großes Unternehmen. In diese Betrachtung schließt der Konsolidierungskreis auch Unternehmen ein, die nur zum Zweck der Steuerersparnis in bestimmten Ländern ihren Sitz haben. Das bedeutet, dass der Konzernabschluss diejenigen Aktivitäten, die ein Konzern zum Zweck der Steuerersparnis durchführt, im Ergebnis sichtbar macht. Dafür wirft man einen Blick auf den Steueraufwand in der Konzern-GuV und setzt diesen ins Verhältnis zum Vorsteuergewinn. Daraus ergibt sich der effektive Steuersatz, den ein Konzern auf seinen Gewinn anwendet.

Multinationale Unternehmen operieren in vielen Ländern und nutzen Möglichkeiten, die sich daraus ergeben, dass jedes Land sein Steuerrecht anders gestaltet. Der Trick beruht darauf, dass praktisch jedes Land bestimmte Einkommensarten festlegt, die es jeweils spezifisch besteuert. Zum Beispiel besteuert Österreich landwirtschaftliches Vermögen anders als privat genutztes Vermögen. Es macht also einen Unterschied, ob in der Scheune ein

Zahlenanalyse:
Welche Dimension hat die
Steueroptimierung von Alphabet (Google)?

Alphabet Inc.
CONSOLIDATED STATEMENTS OF INCOME
(in millions, except per share amounts)

	2022
Revenues	$ 282,836
Costs and expenses:	
Cost of revenues	126,203
Research and development	39,500
Sales and marketing	26,567
General and administrative	15,724
Total costs and expenses	207,994
Income from operations	74,842
Other income (expense), net	(3,514)
Income before income taxes	71,328
Provision for income taxes	11,356
Net income	$ 59,972

Abb. 101: Alphabet (Google) – GuV, Auszug aus dem veröffentlichten Abschluss 2022

Traktor oder eine Ferrari-Sammlung steht. In internationalem Zusammenhang haben sich Irland und die Niederlande einen gewissen Ruf erarbeitet, durch ihre Steuergestaltungen Konzernen besonders weit entgegenzukommen. Die beiden Länder haben beispielsweise vereinbart, dass Einkommensarten mit dem Charakter von Lizenzgebühren dann komplett steuerfrei sind, wenn Unternehmen sie von (Tochter-)Unternehmen aus dem jeweils anderen Land kassieren. Auf diese Konstruktion schaltet beispielsweise die Muttergesellschaft von *Google*, also die *Alphabet Inc.*, eine zusätzliche zweite irische Gesellschaft, die zwar in Irland registriert ist, aber ihren Sitz in irgendeinem karibischen Steuerparadies hat. Wenn die solcherart steuerfrei über die Niederlande eingesammelten Lizenzgelder aus Irland die Reise ins Steuerparadies antreten, versteuert *Alphabet* lediglich 12,5 % in Irland. Dadurch hat Irland Steuererträge, die es sonst nicht hätte, und der Rest Europas geht leer aus, weil durch die abgeführten Lizenzgebühren die jeweiligen Ländergesellschaften von *Google* wenig oder keine Gewinne erwirtschaften. Die Konstruktion trägt den Namen »Double Irish with a Dutch Sandwich«. Ironischerweise können Sie die Details der Konstruktion bequem »googeln«. Das Ergebnis dieser steuerlichen Optimierung präsentiert *Alphabet* in der veröffentlichten GuV, wie sie Abb. 101 demonstriert.

Vor Steuern macht *Alphabet* im Jahr 2022 einen Gewinn von ca. 71 Milliarden USD. Darauf berechnet das Unternehmen gewinnabhängige Steuern in Höhe von ca. 11 Milliarden USD, was einem Steuersatz von 15,9 % entspricht. Inlandsgesellschaften im Rest der Welt landen in der Regel bei einem effektiven Steuersatz von etwa 29 %. Damit würde *Alphabet* gut 9 Milliarden USD mehr Steuern an das US-amerikanische Finanzamt bezahlen. Stattdessen erfreuen sich die Aktionäre von *Google* dieses Betrages, den *Alphabet* jedes Jahr in seiner GuV bekannt gibt. Und nicht nur Alphabet.

Microsoft realisiert einen Steuersatz von gut 13 %, was bei einem Vorsteuergewinn im Jahr 2022 in Höhe von knapp 84 Milliarden EUR bedeutet, dass dem US-amerikanischen Finanzamt ca. 13 Milliarden USD durch die Lappen gehen. Es ist dann auch kein Trost, dass *Microsoft* seinen Abschluss als Word-Dokument veröffentlicht.

Apple realisiert ausweislich seines Abschlusses für das Jahr 2022 eine Steuerquote von ca. 16 %, was einer vergleichsweisen Einsparung von etwa 15 Milliarden USD entspricht.

Amazon hat im Jahr 2022 tatsächlich einen Verlust erwirtschaftet, weswegen wir das Unternehmen hier überspringen und uns noch einem europäischen Beispiel zuwenden.

Der Flugzeughersteller *Airbus* hat wichtige Standorte in Toulouse und Hamburg, ist aber ein holländisches Unternehmen. *Airbus* informiert in seinem Konzernabschluss über den Konzernsitz in der Stadt Leiden in den Niederlanden. Leiden hat ca. 130.000 Einwohner, keinen Flughafen, aber offenbar eine relativ smarte Verwaltung. Das drückt sich darin aus, dass Airbus im Jahr 2022 vor Steuern einen Gewinn von 5,1 Milliarden EUR erwirtschaftete und darauf 18,5 % Steuern bezahlt. Im Vergleich zu einer mittelständischen Gesellschaft spart *Airbus* damit ca. 500 Millionen EUR. Wie genau *Airbus* das anstellt, tut hier nichts zu Sache, aber das Resultat veröffentlicht *Airbus* jedes Jahr aufs Neue.

Fakt ist, dass multinationale Konzerne etwa die Hälfte oder zwei Drittel der gewinnabhängigen Steuern zahlen, wie sie nationale Mittelständler entrichten. Die einschlägige Formulierung der Konzerne lautet, dass sie Steuern nicht hinterziehen, sondern einfach nicht mehr Steuern bezahlen möchten, als gesetzlich erforderlich sei. Fachlich ist das korrekt. Solange einzelne Länder ihren globalen Nachbarn steuerlich die Wurst vom Brot ziehen, werden multinationale Unternehmen sich das zunutze machen. Sie sind ja nicht blöd.

Die achte Frage an jeden Jahresabschluss

Wenn ein Unternehmen über den Zukauf von Tochtergesellschaften wächst, sieht sich das Management offenbar in der Lage, neue Töchter erfolgreich in das bestehende Portfolio zu integrieren und darüber Marktanteile zu ergattern. Außerdem traut sich das Management zu, den Wert der erworbenen Anteile langfristig zu erhalten, was börsennotierte Unternehmen in jährlichen Werthaltigkeitstests nachweisen. Damit repräsentiert der Firmenwert unternehmerischen Optimismus, den Glauben an die Zukunft und die Hoffnung auf prosperierende Märkte. Inwieweit man sich diesen Einschätzungen anschließen möchte, ist zu einem guten Teil Geschmacksache beziehungsweise Resultat der eigenen Neigung zu Risiken. An den Börsen herrscht offenbar mehr Optimismus und Risikobereitschaft als im Mittelstand.

Insofern lautet die achte Frage an jeden Jahresabschluss:
Wie hoch ist der Anteil des Firmenwertes an der Bilanz?

Die Unterfragen dazu sind:

- Handelt es sich um ein Unternehmen, das nach HGB bilanziert und den Firmenwert planmäßig abschreibt, oder ist es ein Unternehmen, das nach IFRS bilanziert und daher nicht planmäßig abschreibt?
- Steigt oder sinkt der Anteil des Firmenwertes an der Bilanz?
- Wie viele Unternehmen des Konsolidierungskreises gehören der Muttergesellschaft nicht zu 100 %?
- Wie viele Steuern bezahlt ein Konzern im Verhältnis zum Vorsteuergewinn?

Nach all den Planungsrechnungen, den Einschätzungen, den Bewertungen und Vermutungen, die sich im Firmenwert, in latenten Steuern, in Rückstellungen, in bewerteten Bestandsveränderungen und aktivierten Eigenleistungen ausdrücken, ist es an der Zeit, sich mit unveränderlichen Wahrheiten auseinanderzusetzen. Dabei geht es um Einzahlungen, Auszahlungen und den Bestand flüssiger Mittel. Es geht um etwas, das die Schweizer Kolleginnen und Kollegen als FlüMi bezeichnen, es geht im nächsten Kapitel um Geld auf dem Bankkonto, um Cash.

5 Nur Bares ist Wahres

»Cash is a fact; profit is an opinion«; Geld ist ein Fakt, Gewinn eine Meinung. Dieses Zitat stammt von dem berühmten US-amerikanischen Wirtschaftswissenschaftler Alfred Rappaport. Er hat diesen Spruch geprägt mit dem Gedanken, dass es Aktionären letztlich nur auf ausgeschüttete Dividenden ankommt, also das, was in ihren Taschen landet, und somit alles andere eine Art Brimborium sein könnte. Gewinn als irgendeine beliebige Meinung einzustufen, wird den vielen gut ausgebildeten Buchhalterinnen und Buchhaltern nicht gerecht, deren Berufsausbildung zum guten Teil darauf ausgerichtet ist, den für das Geschäftsjahr richtigen Gewinn zu ermitteln. Die Anforderung an die Qualität dieser Arbeit lautet immerhin, dass ihr Resultat vor den Augen des Finanzamtes und der Wirtschaftsprüfung Bestand haben muss. Aber ein Fünkchen Wahrheit steckt doch in dem Zitat, denn ob und was ein Unternehmen an Geld auszahlt oder erhält, entzieht sich strategischen Überlegungen des Managements oder Abgrenzungen der Buchhaltung, sosehr sich diese Personengruppen auch um akkurate Arbeit bemühen. Eine Einzahlung oder eine Auszahlung, eine Zahl auf einem Bankkonto, das sind harte Fakten. Glücklicherweise informiert ein Jahresabschluss auch hierüber. Wo und wie er das tut, ist Gegenstand der nächsten Abschnitte.

Kann ein Unternehmen seine Rechnungen bezahlen oder nicht?

Wenn ein Unternehmen nicht genug Geld hat, dann kann es seine Rechnungen nicht bezahlen und muss beim Amtsgericht Insolvenz beantragen. Die Konsequenz besteht darin, dass eine Reihe von Gläubigern inklusive der Banken in die Röhre gucken. Daher ist ein Blick auf verfügbare Zahlungsmittel in der Bilanz immer eine gute Idee. Aber was genau sind Zahlungsmittel? Die Antwort hat mehrere Stufen.

Die einfachste lautet, es handele sich um Münzen und Scheine in einer Kasse. Zweifellos gehört aber auch Guthaben auf den Bankkonten zu den Zahlungsmitteln. Wie verhält es sich mit Geld, das tage- oder wochenweise angelegt ist, damit das Unternehmen ein paar Zinsen einsammeln kann? Das sind auch Zahlungsmittel, die ein Unternehmen zwar nicht am Bilanzstichtag unmittelbar zur Begleichung von Rechnungen verwenden kann, aber innerhalb sehr kurzer Zeit – wie man sagt – flüssigmachen kann. In vergangenen Zeiten spielten Wechsel und Briefmarken eine größere Rolle und gehörten zweifellos auch zu den Zahlungsmitteln. Wenn man akzeptiert, dass alles zu den Zahlungsmitteln gehört, das sich innerhalb einer gewissen Zeit in Bargeld verwandeln lässt, kann man dem Gedanken etwas abgewinnen, dass Forderungen aus Lieferungen und Leistungen schon fast eine Art Zahlungsmittel sind. Vergleichbar verhält es sich mit Produkten, die im Lager liegen und sich in Windeseile nach Auslieferung zunächst in eine Forderung und infolge Bezahlung durch die Kundschaft ebenfalls in Zahlungsmittel verwandeln. Für die Fähigkeit eines Unternehmens, seine Rechnungen heute und in Zukunft zu begleichen, sollten also die flüssigen Mittel, die Forderungen und die Vorräte addiert werden.

Die schiere Höhe der Zahlungsmittel beziehungsweise des kurzfristigen Vermögens verleiht schlichten Gemütern ein gutes Gefühl, was dazu führt, dass insbesondere US-amerikanische Unternehmen gegen Ende November jegliche Bezahlung von Rechnungen regelmäßig ganz einfach einstellen. Wenn sie höflich sind, weisen sie ihre Lieferanten darauf rechtzeitig hin mit der Bitte, bis zu einem bestimmten Stichtag ihre Rechnungen einzureichen, alle Rechnungen nach dem Stichtag würden dann im Folgejahr beglichen. Der Bestand liquider Mittel steigt mit dieser Vorgehensweise zum Jahresende deutlich an und vermittelt ein beruhigendes Gefühl.

Je länger ein Unternehmen seine Rechnungen nicht begleicht, umso höher steigen seine Verbindlichkeiten. Diese schlichte Wahrheit weitet den Blick für die Betrachtung der Zahlungsfähigkeit: Nicht die absolute Höhe der liquiden Mittel bzw. des kurzfristigen Vermögens führt zu Erkenntnissen, sondern deren Vergleich mit kurzfristigen Verbindlichkeiten. Es ist tatsächlich nicht sehr schwer, aber viele Menschen denken, es sei bilanzanalytisch schon etwas für Fortgeschrittene.

Widmen wir uns also nun den bilanziellen Fundstellen für kurzfristiges Vermögen und Verbindlichkeiten.

Kurzfristiges Vermögen

Am einfachsten ist die Ermittlung kurzfristigen Vermögens in den Bilanzen börsennotierter Unternehmen, denn die Aktivseite dieser Unternehmen ist in zwei große Blöcke unterteilt: in das langfristige und in das kurzfristige Vermögen. Praktischerweise summieren die Unternehmen diese Blöcke, sodass ein Blick genügt, um die Größe des kurzfristigen Vermögens zu ermitteln.

In den Bilanzen nach den lokalen Regeln Deutschlands, Österreichs und der Schweiz hilft ein Blick in das Umlaufvermögen, denn es enthält (Zitat § 266, HGB):

- *I. Vorräte*
- *II. Forderungen und sonstige Vermögensgegenstände*
- *III. Wertpapiere*
- *IV. Kassenbestand, Bundesbankguthaben, Guthaben bei Kreditinstituten und Schecks*

Die Summe dieser Positionen kann getrost interpretiert werden als die Fähigkeit des Unternehmens, in nächster Zeit seine Rechnungen zu bezahlen.

Das Problem mit der Zechprellerei

Wenn ein Unternehmen eine Leistung erbringt beziehungsweise Waren verkauft, schreibt es eine Rechnung und hat eine Forderung. Danach wartet es darauf, dass die Kundschaft die Rechnung begleicht und es zu einem Zahlungseingang kommt. Wer das Eintreiben des Geldes nicht beherrscht, bleibt auf Forderungen sitzen, die das Unternehmen dann irgendwann abschreiben muss. Man spricht von einer Wertberichtigung, die in der GuV Aufwand verursacht und schon so manchen eiskalt erwischt hat. Es gehört zum Pflichtprogramm jährlicher Abschlussprüfung, die Forderungen der Bilanz auf ihre sogenannte Werthaltigkeit zu untersuchen, und auch in meiner Praxis als Unternehmensberater stoße ich bei der Untersuchung der Zahlungseingänge immer wieder auf verblüffende Details.

Bei Bargeld-Transaktionen liegt der Fall sehr einfach, weil das Modegeschäft, der Juwelier, die Imbissbude das Produkt nur rausrückt, wenn das Bargeld auf dem Tisch liegt. Bei Restaurants ist die Lage schwieriger, weil sie erst am Ende des Gelages abrechnen und daher Zechpreller die gefürchtetsten Kunden sind. Tankstellen sind besser gewappnet, sie überwachen die Tankbereiche per Video und können flüchtige Autofahrer im Nachhinein anhand des Nummernschildes ausfindig machen. Energieversorger setzen darauf, säumigen Kunden die Stromzufuhr abzuklemmen und dadurch eine verbesserte Zahlungsmoral zu erzwingen, aber manchmal ist man machtlos.

In meiner Zeit als Leiter des Finanzbereiches eines philippinischen Unternehmens der Luftfahrtindustrie musste ich selbst erleben, dass die Fluggesellschaft *Air Luxor* mit einem frisch überholten A330 davongeflogen ist und die Rechnung über etwa eine Million Dollar einfach nicht bezahlt hat. Am Sitz der Fluggesellschaft in Lissabon war niemand mehr anzutreffen, Telefone nicht besetzt, das Büro verlassen, und damit hatte sich der Fall dann irgendwann erledigt. Die Fluggesellschaft existierte nicht mehr. Das Flugzeug mit dem Kennzeichen CS-TMT operierte anschließend ohne die Dokumentation der Flugzeugüberholung, die der Reparaturbetrieb pfleglich einmottete. Er hat diese Zechprellerei größeren Ausmaßes glücklicherweise trotz vollständiger Wertberichtigung der Forderung überstanden.

Ein paar Jahre später waren wir schlauer. Die Fluggesellschaft *Spanair* hatte seit einem Jahr ihre Rechnungen trotz schriftlicher und telefonischer Mahnungen nicht beglichen, die Wirtschaftsprüferin verwickelte die Buchhaltung in quälende Diskussionen über die Werthaltigkeit der Forderung. Aber diesmal hatten wir einen Trumpf im Ärmel, denn *Spanair* hatte weitere drei Flugzeuge hintereinander – eine sogenannte Flöte – zur Überholung angemeldet. Mit der Produktion hatte ich abgesprochen, die Überholung möglichst kostspielig zu gestalten. Es ging nicht mehr um eine tolle Problemlösung für die Kundschaft, sondern ausschließlich um Geld. Eine Woche vor der Abreise des dritten und letzten Flugzeuges bat ich die Buchhaltung darum, alles in Rechnung zu stellen, was nicht niet- und nagelfest war. Bei solchen Gelegenheiten verwandeln sich ansonsten eher friedliche Buchhalterinnen und Buchhalter – im übertragenen Sinne – in blutrünstige Bestien. Die Rechnung enthielt von der Reservierungsgebühr für Stellplätze, Verspätungszinsen und Bearbeitungsgebühren einfach alles, dessen wir habhaft werden konnten. Ich informierte *Spanair* schriftlich, dass ihr Flugzeug unseren Hangar nur verlassen würde, wenn ich den Zahlungseingang zur Rechnung auf unserem Konto feststellen könnte.

Keine Antwort.

Es kam der Tag der Fertigstellung des letzten Flugzeuges, *Spanair* hatte nicht bezahlt, und ein Flugkapitän nebst Erstem Offizier und Stewardess erschienen in prächtigen Uniformen im Hangar, um das Flugzeug abzuholen. Kurz nachdem wir sie wieder ins Hotel gebracht hatten, klingelte mein Handy mit irgendeiner spanischen Vorwahl, aber ich nahm nicht ab, sondern machte frühzeitig Feierabend, während mein Telefon begann, verrücktzuspielen. Am folgenden Tag gegen Mittag tauchte der vollständige Rechnungsbetrag auf unserem Bankkonto auf. Begleitet von den per E-Mail verfassten Flüchen des Managements der Fluggesellschaft, gaben wir das Flugzeug frei. *Spanair* schwor, wir hätten sie für immer als Kunden verloren, und meldete irgendwann später Insolvenz an.

Diesmal hatten wir alles richtig gemacht.

Die Kasse

Eine andere Art der Prellerei betrifft Steuerzahlungen, die der eine oder andere gern vermeidet oder reduziert. Die naheliegendste Methode, Einkünfte zu verschleiern, besteht darin, sie gar nicht erst zu erfassen. Dafür eignen sich vor allem Unternehmen, die mit Bargeld arbeiten und auf deren Tresen eine Kasse steht, also Restaurants und alle Filialen des Einzelhandels. Jede Zahlung eines Kunden mit Bargeld könnte der Mensch, der die Kasse bedient, buchstäblich kurzerhand in die eigene Tasche stecken, statt die Transaktion in der Kasse, die zu Recht den Namen Registrierkasse trägt, zu verbuchen. Das ist sehr einfach – und sehr verlockend.

Die Betriebsprüfer der Finanzämter wissen das.

Daher vergleichen sie den Umsatz eines Restaurants beispielsweise mit der Anzahl verbrauchter Servietten oder anderer Papierartikel innerhalb der gleichen Abrechnungsperiode. Oder sie besuchen das Lokal beziehungsweise den Laden inkognito und beobachten, ob und wie oft die Kasse zum Einsatz kommt. Wenn den Prüfern der registrierte Umsatz verdächtig niedrig vorkommt, schließen sie anhand verbrauchten Papiers oder aus eigener Beobachtung auf die Anzahl der Kunden und damit auf den Umsatz. Es kann sein, dass der Gastronom daraufhin in argumentative Schwierigkeiten gerät. So arbeiten die Finanzämter.

Die Gastronomen wissen das.

Also ziehen professionelle Gastronomen alle Umsätze immer

über die Kasse, wovon sich Betriebsprüfer im laufenden Betrieb überzeugen können. Es ist nicht lange her, dass Kassenhersteller auf Messeveranstaltungen damit warben, dass die Geräte die erfassten Umsätze nachträglich löschen konnten. Jedoch besuchen Betriebsprüfer der Finanzämter nicht nur inkognito Restaurants, sondern auch die einschlägigen Messen. In der Folge bekamen alle Gastronomen, die bestimmte Kassensysteme einsetzten, vertiefende Fragen hinsichtlich ihrer tatsächlichen Umsätze gestellt.

Das wusste der Gastronom Alfons Schuhbeck.

Sein Betrieb war groß genug, dass er sich ein eigenes Kassensystem programmieren lassen konnte. Die Löschfunktion nahm dabei wohl eine prominente Rolle ein. Als es dann haarig wurde mit dem Finanzamt, packte sein Programmierer vor Gericht aus, und Alfons Schuhbeck wurde zu einer Gefängnisstrafe verurteilt.

Die Medien berichten gerne über unrechtmäßiges Verhalten dieser Art, sodass eine ganze Branche durch ein paar schwarze Schafe einen schlechten Ruf bekommt.

Bei allen Risiken im Umgang mit Forderungen an Kunden sowie Barzahlungen sollte man davon ausgehen, dass Unternehmen ihre liquiden Mittel mit Argusaugen bewachen und dass die Forderungen einer Bilanz eine von der Wirtschaftsprüfung bestätigte Werthaltigkeit aufweisen.

Ähnlich verhält es sich mit dem Gegenstück, den kurzfristigen Verbindlichkeiten – aber auch dort gibt es Missbrauch, Gestaltung und eine große Bandbreite zwischen Risiken aller Art und konservativstem Unternehmertum.

Kurzfristige Verbindlichkeiten

Für börsennotierte Unternehmen gilt: Sie teilen die Schulden der Passivseite in kurzfristige und langfristige Verbindlichkeiten auf. Mit nur einem Blick erschließt sich die Situation. Ab jetzt können Sie vom kurzfristigen Vermögen die kurzfristigen Schulden abziehen. Ist das Resultat positiv, sieht es gut aus für die Zahlungsfähigkeit des Konzerns. Ist sie negativ, geht die Welt nicht sofort

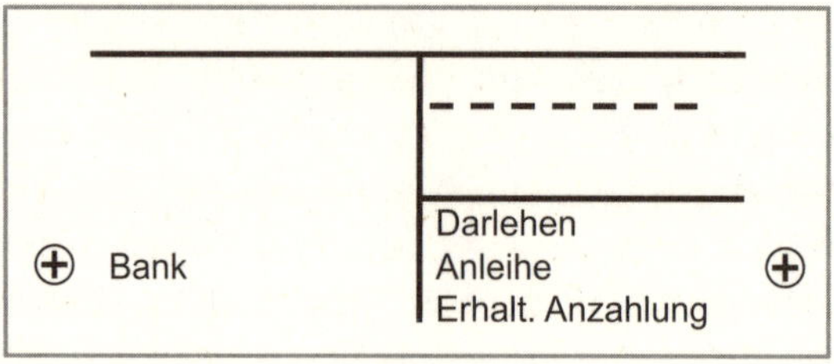

Abb. 102: Mittelbeschaffung

unter, aber man muss etwas tiefer bohren, wobei ein Blick in die Natur von Verbindlichkeiten hilft.

Sie entstehen aus zwei voneinander vollkommen verschiedenen Gründen, deren Verständnis eine wichtige Grundlage des Bilanzlesens ist. Entweder entstehen Schulden, weil Unternehmen Geld oder weil sie Leistungen erhalten.

Abb. 102 fasst die Methoden zusammen, die alle darauf hinauslaufen, dass dem Unternehmen Geld zufließt.

Im einfachsten Fall leiht sich ein Unternehmen Geld von der Bank und zahlt es zu einem späteren Zeitpunkt mit Zins und Tilgung zurück. Insbesondere bei großen Unternehmen und großen Beträgen kann es eine reizvolle Alternative darstellen, das Geld von Anlegern an der Börse zu leihen, indem das Unternehmen dort eine Anleihe platziert. Damit kann es die Banken umgehen, weil es den Anlegern Zinsen bietet, die höher sind als bei den Banken, aber immer noch niedriger, als wenn das Unternehmen ein Bankdarlehen aufnehmen würde. Auch für diese Anleihen vereinbaren die Unternehmen mit den Anlegern die Laufzeit, Einzelheiten der Rückzahlung sowie natürlich die Zinsen. Manche Anleihen dürfen die Anleger am Ende der Laufzeit in Anteile des Unternehmens verwandeln, dann spricht man von einer Wandelanleihe oder Wandelschuldverschreibung.

Am häufigsten aber ist die Liquiditätsbeschaffung in der Form von Anzahlungen. Sie betrifft alle Geschäftsmodelle, bei denen Unternehmen im Auftrag ihrer Kunden Projekte bearbeiten und typischerweise erst damit beginnen, nachdem die Kundschaft eine Anzahlung geleistet hat. Damit dürfte die Anzahlung die populärste Finanzierungsform überhaupt sein. Das Projektunternehmen benötigt das Geld, um Material einzukaufen, Menschen für Planungsleistungen zu bezahlen und diverse Auslagen vorzustrecken. Projektbasierte Geschäftsmodelle betreffen fast alle Bereiche der Wirtschaft: Anlagenbau, Maschinenbau und Bauindustrie bilden gewaltige Größenordnungen ab, IT-Firmen mit ihren Projekten, Beratungsunternehmen, Agenturen für PR und Werbung, alle können ohne Anzahlungen ihre Arbeit kaum beginnen. Die Dimension dieser Finanzierungsform kann nicht überschätzt werden.

Ihre bilanzielle Abbildung ermöglicht einen enorm aufschlussreichen Einblick, auf den die wenigsten Unternehmen gefasst sind.

Eine rote Ampel für die Bank

Wenn Projekte so groß sind, dass sie ohne Anzahlungen der Kundschaft nicht zu finanzieren wären, fällt der Startschuss für ein Projekt mit der Anzahlung der Kundschaft. Gesunde Unternehmen verwenden dieses Geld ausschließlich für das vereinbarte Projekt. Schon dabei kann viel schiefgehen: Das erforderliche Personal steht nicht zur Verfügung, Unwetter und Frost halten Aktivitäten auf, eine Pandemie wirbelt weltweite Lieferketten durcheinander, es kann unvorhergesehene technische Schwierigkeiten geben, der Vertrieb hat Projekte mit optimistischen Annahmen verkauft, die nicht zu halten sind, einkalkulierte Kostensenkungen erweisen sich als unrealistisch, die Mannschaft kann Termine nicht halten, es kommt zu Verspätungsstrafen und so weiter und so fort. Im Ergebnis kann es passieren, dass die Kosten der Projekte die Zahlungen der Kundschaft übersteigen. Dann muss sich das Unternehmen von irgendwo Geld besorgen.

Oder das Unternehmen ist bereits in schwierigem Fahrwasser und muss das erhaltene Geld zunächst dafür verwenden, um beispielsweise die Stromrechnung des letzten Monats zu begleichen, weil andernfalls die Lichter ausgehen, oder dergleichen mehr.

Kurz: Wenn es schlecht läuft, geben Unternehmen die erhaltenen Anzahlungen aus, um vorherige Projekte finanziell zu reparieren oder um ihren laufenden Betrieb zu finanzieren, das heißt ganz konkret: Sie geben erhaltene Anzahlungen nicht für das vereinbarte Projekt aus, sondern projektfremd.

Aber später fehlt dieses Geld dem Projekt. Mit dieser Art von Bugwelle kann man es zwar eine Weile aushalten vor der drohenden Insolvenz. Jedoch: So ein Verhalten hinterlässt bereits frühzeitig Spuren in der Bilanz, die bei den Banken sämtliche Lampen angehen lassen, weil sie ein Vorbote der Katastrophe sind. Die größte Befürchtung der Kreditinstitute besteht immer darin, dass ihre Kunden Insolvenz anmelden und die Banken ihre Darlehen nicht mehr zurückerhalten, weil die Insolvenzverwaltung sie rasiert.

Der Weg in den Abgrund beginnt exemplarisch mit dem Erhalt von 100 EUR, die im ersten Schritt nichts weiter als eine Verbind-

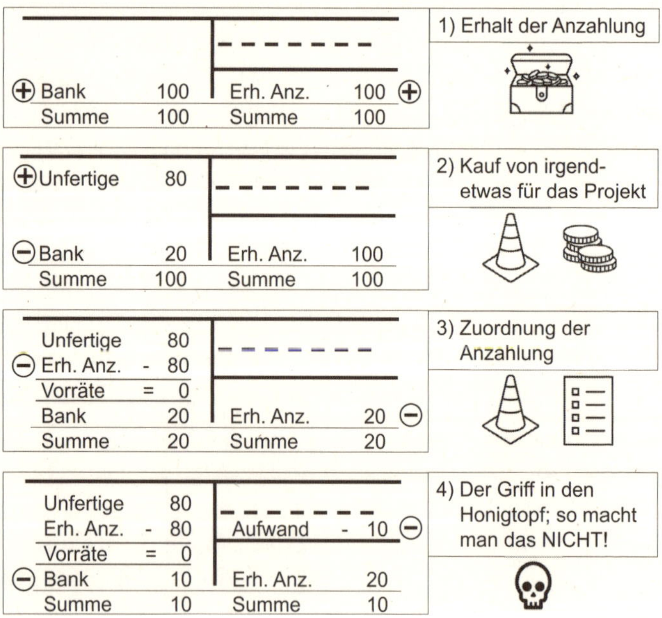

Abb. 103: Der Weg in den Abgrund

lichkeit darstellen. Zweitens kauft das Unternehmen für 80 EUR irgendetwas für das Projekt – der Geldbestand nimmt ab, die unfertigen Erzeugnisse nehmen zu. Drittens verrechnet die Buchhaltung die erhaltene Anzahlung mit dem Projektfortschritt. Sie ordnet zu und weist den Sachverhalt offen in den Vorräten aus, die dadurch zusammen den Wert null haben, wie es Abb. 103 darstellt.

Vor allem: In diesem Schritt entspricht der Bankbestand genau den erhaltenen Anzahlungen. Das ist herrlich transparent, und alle Beteiligten wissen, woran sie sind. Das ist der Idealfall, denn das Geld, das noch nicht dem Projekt zufließt, liegt gewissermaßen unbenutzt herum.

Aber jetzt kommt es zum Sündenfall: Das Unternehmen greift in den Honigtopf und verwendet das Geld (hier: 10 EUR) projektfremd. Vielleicht bezahlt es die Krankenkassen oder das Finanzamt, das Personal oder irgendwelche Lieferanten, die nicht länger auf ihr Geld warten wollen. Die Konsequenz: Der Bankbestand sinkt unweigerlich unter das Niveau der erhaltenen Anzahlungen, und die ganze Welt kann es in der Bilanz sehen.

Genau dies wertet eine Bank als untrügliches Signal dafür, dass das Unternehmen die Mittel projektfremd verwendet, ihm offenbar die Mittel ausgehen und es schlimmstenfalls auf eine Insolvenz zusteuert, je länger es dieses Spiel betreibt.

Es kommt in den besten Familien vor. *Die Wolff Hoch- und In-*

Finden Sie das Signal der drohenden Insolvenz?

Aktiva	31.12.2021 EUR	31.12.2020 EUR
I. Vorräte	1.111.416,18	2.007.208,17
1. Geleistete Arbeiten	23.540.346,77	17.398.380,82
2. Erhaltene Anzahlungen	-22.428.930,59	-15.391.172,65
III. Kassenbestand, Guthaben bei Kreditinstituten	1.187.458,36	283.280,80
Passiva		
2. Erhaltene Anzahlungen	2.023.993,06	234.725,00

Abb. 104: Wolff – die Bilanz vor der Insolvenz

genieurbau hat ihren Sitz in Saarbrücken und wurde von Friedrich Wolff im Jahr 1892 gegründet. Bedauerlicherweise hat dieses traditionsreiche Unternehmen 125 Jahre nach seiner Gründung im Oktober 2022 Insolvenz in Eigenverwaltung beantragt. Einen Blick in die Bilanz des Jahres 2021 zeigt Abb. 104.

In vorbildlicher Klarheit zieht *Wolff* von den Projekten, die hier »Geleistete Arbeiten« heißen, die erhaltenen Anzahlungen ab und weist das Ergebnis in der Zeile »I. Vorräte« aus. Das Krisensignal entsteht im Vergleich des Kassenbestandes mit den erhaltenen Anzahlungen der Passivseite, die *Wolff* eben noch nicht den Projekten zugeordnet hat. Im Jahr 2020 lagen die flüssigen Mittel leicht über den erhaltenen Anzahlungen der Passivseite, aber am 31. 12. 2021, also am Stichtag vor der Insolvenz, überstiegen die erhaltenen Anzahlungen die flüssigen Mittel um gut 800.000 EUR. Ein Blick in den Abgrund und ein Indikator dafür, dass *Wolff* die Mittel projektfremd verwendete. Die Geschäftsführung verweist auf den starken Preisanstieg bei Holz, Kunststoff und Stahl, auf lange Lieferzeiten von Baumaterial und auf Personalausfälle. *Wolff* konnte sich aus dem Abgrund nicht mehr befreien.

Mit so einem Bilanzbild gehen bei den Banken alle Warnlampen an, auch wenn sie Zins und Tilgung ihrer Darlehen noch pünktlich erhalten. Sie zwingen das Management in so einem Fall, eine Unternehmensberatung einzuschalten, die die Abläufe des Unternehmens unter die Lupe nimmt und insbesondere die Zahlungsfähigkeit ganz genau untersucht. Es kann sich dann herausstellen, dass tatsächlich ein Problem vorliegt, aber es kann auch sein, dass das Unternehmen nicht jeden Aufwand in voller Höhe den unfertigen Erzeugnissen zuordnet; von Weitem grüßen die Schwierigkeiten bei der Ermittlung der Herstellungskosten. Das kann zu einem gewissen geringen Grad erklären, warum liquide Mittel unter den erhaltenen Anzahlungen liegen, aber die Differenz darf nicht zu groß werden. Vor allem aber sind Projektgesellschaften gut beraten, darauf zu achten, dass ihre Bilanzen dem Publikum nicht eine potenzielle Insolvenzreife vorgaukeln.

Diese Art der Verbindlichkeiten ist in Abschlüssen nach deutschsprachigen Vorschriften einfach auf der Passivseite zu erkennen, in Abschlüssen nach IFRS finden Sie die Position irgendwo im Anhang unter der Überschrift »Verbindlichkeiten«. Das potenzielle Krisensignal gibt somit jeder Abschluss schnell preis.

Etwas anders verhält es sich mit Verbindlichkeiten, die nicht durch den Erhalt von Geld entstehen, sondern durch den Erhalt von Leistung.

Rechnungen zu zerreißen ist auch keine Lösung

Jenseits des Erhalts von Geld entstehen Verbindlichkeiten in der Form von Aufwand für eingekaufte Waren und Dienstleistungen oder als Aufwand für Personal oder für die Bildung von Rückstellungen (Abb. 105).

Im einfachsten Fall entstehen sie, indem Unternehmen Rechnungen ihrer Lieferanten erhalten. Dadurch steigen die Verbindlichkeiten, der Rest sinkt ab, der Gewinn verkleinert sich. Zu allem Übel verlangt der Dienstleister auch noch, die Rechnung tatsächlich zu bezahlen. Das behagt der Geschäftsführung nicht zu jeder Zeit uneingeschränkt. Stellen Sie sich vor, die Geschäftsführung habe den Gesellschaftern versprochen, nach verlustreichen Jahren nunmehr ein Geschäftsjahr mindestens mit einer schwarzen Null abzuschließen. Stellen Sie sich weiter vor, die Buchhaltung habe den Jahresabschluss annähernd fertiggestellt, der am Ende der GuV tatsächlich einen kleinen Gewinn zeigt. Und dann trudelt die Rechnung einer Anwaltssozietät oder eines sonstigen Dienstleisters über ein paar Hunderttausend Euro herein.

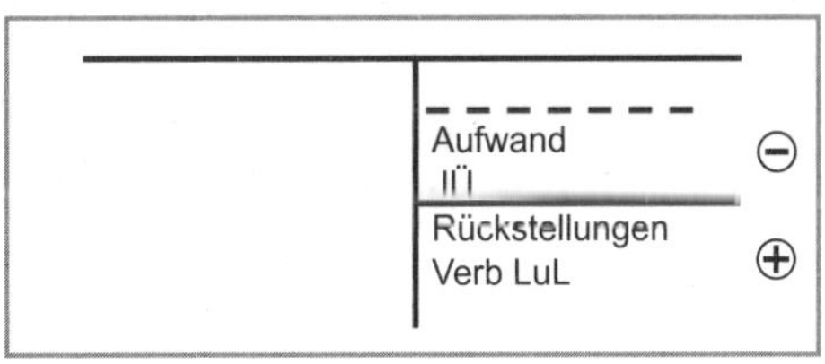

Abb. 105: Gewinnminderung

Möglicherweise hatte das Unternehmen für die Beratung oder die Leistung bereits Rückstellungen gebildet, aber wir gehen jetzt mal davon aus, dass diese Rückstellungen bei Weitem nicht ausreichen. Die Buchung der Rechnung würde also unweigerlich zu einem Verlust im Jahresabschluss führen. Für den Fall drohen unangenehme Gespräche mit den Gesellschaftern, der Bonus der Geschäftsführung löst sich in Rauch auf, und die Banken haben bei weiteren Verlusten kostspielige Maßnahmen wie etwa die Einschaltung einer Beratungsgesellschaft angedroht, sodass auch Arbeitsplätze auf dem Spiel stehen könnten.

Solcherart unter Druck, zögert die ein oder andere Persönlichkeit der Leitungsebene, die erhaltene Rechnung an die Buchhaltung weiterzuleiten, wie es sich gehört. Folgende Abstufungen sind in der Realität vorzufinden und hängen vom Ausmaß obwaltender Gesetzestreue ab (Abb. 106).

Keine dieser Handlungen hat etwas mit Wahrheit und Klarheit von Buchführung zu tun. Selbst wenn keine Rechnung vorliegt, muss das Unternehmen Rückstellungen in angemessener Höhe bilden, die erforderlichen Informationen dafür sind im Unternehmen aufzutreiben. Rechnungen zu zerreißen löst kein Problem, sondern verschiebt es nur, und Mails zu löschen ist vollkommen idiotisch, da diese immer von den Mailservern wiederhergestellt werden können.

Nr.	Handlung	Gesetzestreue
I	Rechnung auf dem Schreibtisch liegen lassen	Schlechtes Gewissen
II	Rechnung in einer Schublade verschwinden lassen	Schlechtes Gewissen mit Angst vor Entdeckung
III	Rechnung zerreißen	Vorsatz
IIII	E-Mail nicht öffnen	Schlechtes Gewissen
~~IIII~~	E-Mail löschen	Vorsatz
~~IIII~~ I	E-Mail löschen und Papierkorb leeren	Vorsatz mit Verschleierungsabsicht

Abb. 106: Ausprägungen der Realitätsverleugnung

Um solchen Handlungen vorzubeugen, so nachvollziehbar sie aus menschlicher Perspektive sein mögen, führen gut sortierte Unternehmen ein sogenanntes Rechnungseingangsbuch, in dem sie alle hereinkommenden Rechnungen erfassen. Für elektronische Post gibt es dann ein extra dafür eingerichtetes E-Mail-Postfach. Wenn die Wirtschaftsprüfung diese Art der Postorganisation nicht vorfindet, kann es passieren, dass die Prüfer auf gut Glück Schubladen aufziehen und mit erhöhter Wachsamkeit nachsehen, welche Papierstücke in der Buchhaltung und bei der Geschäftsführung auf dem Schreibtisch liegen.

In jedem Fall aber lassen sich Prüferinnen im Rahmen der sogenannten Vollständigkeitserklärung von der Geschäftsführung versichern, sie habe über alle Verpflichtungen und Verbindlichkeiten vollständig informiert. Die Erklärung ist mehrere Seiten lang, und ein sorgfältiger Geschäftsführer unterzeichnet sie erst, nachdem die Leitung der Buchhaltung an jeden einzelnen Teil der Erklärung ein kleines »OK« geschrieben hat. Dann können alle Beteiligten ruhig schlafen.

Es sind nicht die Verbindlichkeiten als solche, die ein Unternehmen in den Ruin treiben, es ist immer der Vergleich von kurzfristigen Verbindlichkeiten mit kurzfristigem Vermögen, der auf mögliche Probleme oder andere interessante Perspektiven hinweist, wie der nächste Abschnitt verdeutlicht.

Krise oder nicht Krise, das ist die Frage

Nicht jedes Unternehmen, dessen kurzfristige Verbindlichkeiten das kurzfristige Vermögen übersteigen, hat mit einer möglichen Insolvenz zu kämpfen.

Es gibt Unternehmen, die kurzfristige Verbindlichkeiten regelrecht begrüßen, weswegen nun wieder die Firma *Ströer* ins Spiel kommt. Ein kurzer Blick in die Bilanz gem. Abb. 107 fördert erstaunliche Verhältnisse zutage.

Im Jahr 2022 überstiegen die kurzfristigen Verbindlichkeiten das entsprechende Vermögen um über 300 Millionen EUR. Ein

Erster Eindruck: Wie verhält sich kurzfristiges Vermögen zu kurzfristigen Verbindlichkeiten?

(in TEUR)	31.12.2022	31.12.2021
Summe kurzfristige Vermögenswerte	**396.229**	**347.799**
Summe kurzfristige Verbindlichkeiten	**699.332**	**919.089**

Abb. 107: Ströer – kurzfristiges Vermögen und kurzfristige Verbindlichkeiten (Ausschnitte aus der veröffentlichten Bilanz 2022)

Jahr zuvor waren es sogar gut 570 Millionen EUR. Innerhalb nur eines Jahres konnte *Ströer* seine kurzfristigen Verbindlichkeiten um etwa 220 Millionen EUR senken. Die Neugier ist geweckt und löst einen Blick in die Erläuterungen des Anhangs aus, in dem *Ströer* unter Nr. 29 insbesondere über seine Finanzverbindlichkeiten informiert. Die Informationen beziehen sich sowohl auf kurz- als auch auf langfristige Finanzverbindlichkeiten. Dadurch weitet sich der Blick auf die Methoden der Mittelbeschaffung von *Ströer* insgesamt und über die kurzfristige Perspektive hinaus.

Es zeigt sich, dass *Ströer* in Höhe von gut 333 Millionen EUR Schuldscheindarlehen an der Börse platziert hat. Außerdem hat es in Höhe von gut 414 Millionen EUR Darlehensverbindlichkeiten gegenüber einem Syndikat aus mehreren Banken. Zusammen hat sich *Ströer* also knapp 748 Millionen EUR ausgeliehen. Die Schuldscheindarlehen waren im Vorjahr in Höhe von ca. 219 Millionen EUR fällig, weswegen die kurzfristigen Verbindlichkeiten so hoch waren. Im Jahr 2022 hat *Ströer* neue Schuldscheindarlehen aufgenommen und informiert (Rechtschreibung gem. Original):

> *»Schließlich hat die Ströer SE & Co. KgaA im Juni 2022 eine Schuldscheindarlehen in einem Volumen von TEUR 203.000 am Kapitalmarkt platziert.«*

Mit diesen Mitteln hat *Ströer* die fälligen Schuldscheindarlehen abgelöst, wodurch die kurzfristigen Verbindlichkeiten ab- und die langfristigen Verbindlichkeiten zunahmen. Bankensyndikat und Anleger der Schuldscheindarlehen vertrauen darauf, dass das Management die profitable Geschäftsentwicklung der letzten Jahre gemäß der »OOH plus«-Strategie (vgl. Abb. 98: Ströer – anorganisches Wachstum) in Zukunft fortsetzen kann.

Zum Vergleich: *Ströer* hatte sich durch anorganisches Wachstum mit einem relativ hohen Anteil des Firmenwertes an der Bilanzsumme in Höhe von 33 % ausgezeichnet, die Firma *Bulthaup* hingegen hatte die Ein-Prozent-Marke nicht überschritten.

Der Vergleich der Finanzverbindlichkeiten beider Unternehmen fällt noch drastischer aus: Wo *Ströer* 748 Millionen EUR ausweist und seine Bilanzsumme in Höhe von 2,7 Milliarden EUR somit im Jahr 2022 zu etwa 28 % aus Finanzverbindlichkeiten besteht, zeigt *Bulthaup*: nichts.

Gar nichts.

Nicht einmal eine Null.

Die Zeile Finanzverbindlichkeiten findet in der Bilanz von *Bulthaup* einfach nicht statt.

Damit ist *Bulthaup* der Prototyp des Mittelständlers, der auf keinen Fall mit Banken am Tisch sitzen möchte. Familiengeführte Unternehmen sind schon beleidigt, wenn sie für die Einrichtung des unvermeidlichen Girokontos, welches sie auf keinen Fall jemals auch nur mit einem einzigen Euro überziehen werden, jede Menge Formulare ausfüllen müssen. Da können die Vertriebsabteilungen der Banken sich noch so viel Mühe geben, mit dem erzkonservativen Mittelstand kommen sie nicht ins Geschäft, weil der es ganz einfach nicht möchte.

Über ein Viertel der Bilanz von *Ströer* also besteht aus Finanzverbindlichkeiten, mit dem Geld hat *Ströer* Tochtergesellschaften erworben. Was damit noch geschieht, folgt im fünften Kapitel.

Die neunte Frage an jeden Jahresabschluss

Mit der Frage nach dem kurzfristigen Vermögen und den kurzfristigen Verbindlichkeiten kommt man nicht nur Risiken der Zahlungsfähigkeit auf die Spur, sondern auch interessanten Konzepten zur Finanzierung eines Unternehmens, die einen Einblick in die Risikoneigung des Managements und der Gesellschafter erlauben. Daher lautet die neunte Frage an jeden Jahresabschluss:

Ist die Differenz aus kurzfristigem Vermögen und kurzfristigen Verbindlichkeiten positiv oder negativ?

Die Unterfragen dazu sind:

- Welchen Charakter haben die kurzfristigen Verbindlichkeiten?. Handelt es sich um Anleihen, die ggf. erneut am Kapitalmarkt platzierbar sind?
- In welchem Ausmaß tragen Rückstellungen zu den Verbindlichkeiten bei, deren Auszahlungen in gewissem Maß hinauszögerbar sein können oder möglicherweise zu konservativ geschätzt?
- Wie hoch ist der Anteil der Finanzverbindlichkeiten und damit die Bindung an Banken?
- Ist der Bestand liquider Mittel größer als die erhaltenen Anzahlungen der Passivseite?

Am Ende gewähren Investoren, Anleger, Gesellschafter und Aktionäre dem Management ihr Vertrauen in der Hoffnung darauf, dass die Aktienkurse steigen oder die Unternehmen Gewinne erwirtschaften und ausschütten. Daher widmet sich das nächste Kapitel der Ausschüttung von Gewinnen. Es ist zudem das letzte Kapitel zur Bilanzanalyse.

Das Verhalten der Eigentümer lässt tief blicken

Die Firma ist das erste Kind der Familie. Dieser Satz gilt für die meisten mittelständischen Unternehmen, die sich in privatem Eigentum befinden. Das Konzept läuft darauf hinaus, dass das Unternehmen seine Gewinne, so erfreulich sie auch ausfallen mögen, überhaupt nicht oder nur teilweise an die Familienangehörigen ausschüttet. Bitte beachten Sie, dass ein Unternehmen die Entscheidung über die Ausschüttung immer erst treffen kann, nachdem es den Gewinn überhaupt ermittelt hat. Das bedeutet, dass die Entscheidung sich immer auf den Gewinn des Vorjahres bezieht.

Der Gewinn ist das Endergebnis der GuV und Bestandteil des Eigenkapitals. Damit kommt eine Kennzahl ins Spiel, die für die Beurteilung einer Gewinnausschüttung große Bedeutung hat: die Eigenkapitalquote. Sie ergibt sich, wenn man die Summe des Eigenkapitals ins Verhältnis zur Bilanzsumme setzt (Abb. 108).

Mit der Ausschüttung des Gewinns ist es bilanziell sehr einfach: Entweder er verlässt per Ausschüttung das Unternehmen, oder er mehrt die Gewinnrücklagen und damit das Eigenkapital. Mischformen sind möglich. Abb. 109 skizziert die Ausgangslage eines Unternehmens, das einen Gewinn in Höhe von 10 EUR erwirtschaftet hat und vor der Frage steht, wie viel es ausschütten kann oder soll.

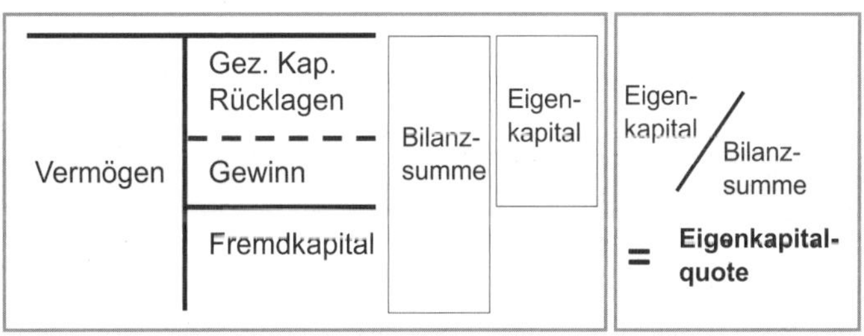

Abb. 108: Berechnung der Eigenkapitalquote

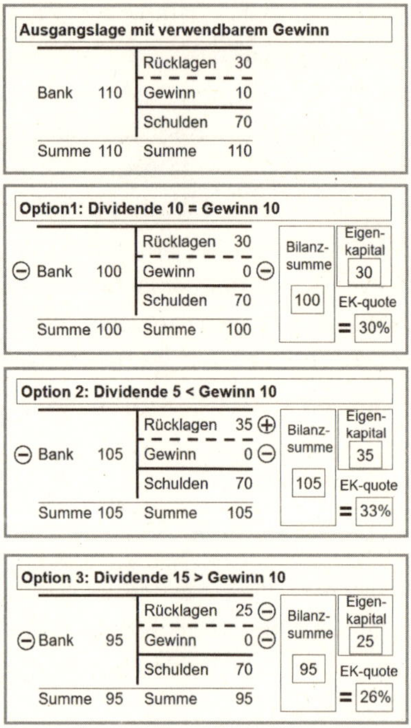

Abb. 109: Optionen der Gewinnverwendung

Das Vermögen besteht für dieses Beispiel ausschließlich aus Bankguthaben. Es gibt irgendwelche Schulden in Höhe von 70 EUR, deren Natur hier nichts zur Sache tut, und in den Rücklagen stehen 30 EUR zur Verfügung. Das Unternehmen hat drei Möglichkeiten:

- Es kann genau den Gewinn ausschütten.
- Es kann weniger als den Gewinn ausschütten.
- Es kann mehr als den Gewinn ausschütten.

Je nachdem, wie sich das Unternehmen entscheidet, steigt oder sinkt die Eigenkapitalquote, wie es Abb. 109 verdeutlicht.

Banken vereinbaren in Kreditverträgen mit ihrer Kundschaft gerne als Minimum eine Eigenkapitalquote von 30 %. Insofern wäre dieses Unternehmen gut beraten, höchstens den Gewinn auszuschütten.

Wenn die Eigentümerversammlung der Prägung der meisten familiengeführten Unternehmen entspricht, würde es sich gemäß Option zwei entscheiden, weniger als den Gewinn auszuschütten. Wenn es aber mehr ausschüttet, was möglich wäre, sinkt die Eigenkapitalquote entsprechend der Option drei.

Die Gesellschafterversammlung entscheidet und bringt damit zum Ausdruck, welche Prioritäten sie setzt. Insofern erlaubt die Betrachtung der Ausschüttungspolitik eines Unternehmens einen Rückschluss auf Befindlichkeit und Prioritäten der Eigentümer.

Klassische Dividendenkontinuität

Ein berühmtes Beispiel für eine Ausschüttungspolitik, die der sogenannten Dividendenkontinuität verpflichtet ist, liefert das Unternehmen *Beiersdorf*. Die Firma verkauft Hautpflegeprodukte

Kurvenanalyse:
Wie ist das Verhältnis von Gewinnen und Ausschüttung?
Und welche Konsequenzen hat das für die Eigenkapitalquote?

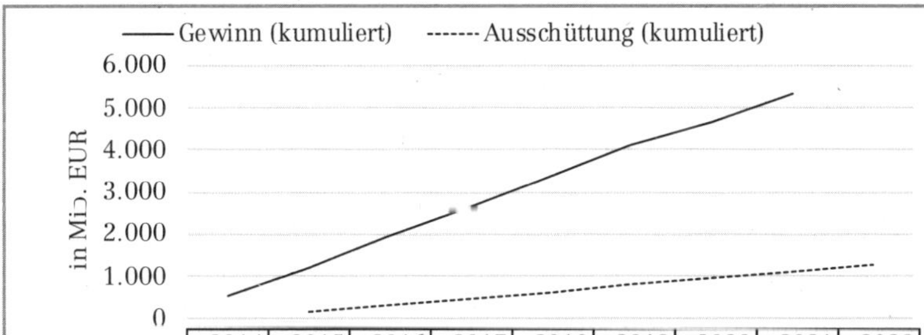

	2014	2015	2016	2017	2018	2019	2020	2021	2022
Gewinn	537	671	727	689	745	736	577	655	
Ausschüttung		159	159	159	159	159	159	159	159
EK-Quote	57,5%	61,1%	61,8%	62,5%	63,7%	60,5%	61,4%	61,0%	63,2%

Abb. 110: Beiersdorf – Ausschüttungen in Millionen Euro und Eigenkapitalquote

aller Art, eines der bekanntesten Produkte ist die NIVEA Creme. Mittlerweile ist *Beiersdorf* ein global agierender Konzern mit um die 8 Milliarden EUR Umsatz und einem weiten Produktspektrum, das neben Cremes aller Art Pflaster, Tesafilm, Lippenstift und vieles mehr umspannt. Der Apotheker Paul Carl Beiersdorf gründete das Unternehmen 1882, und im Jahr 1890 übernahm es Oscar Troplowitz. Im Jahr 2023 hat die Stadt Hamburg einen Teil der Troplowitzstraße in Beiersdorfstraße umbenannt – Ehre, wem Ehre gebührt. Heute kann man Aktien von *Beiersdorf* an der Börse erwerben, aber die Mehrheit der Anteile gehört Familie Herz, die daher auch das letzte Wort hat, nicht nur wenn es um Entscheidungen über die Ausschüttung von Gewinnen geht. Das Wort ist eindeutig und enthält keine Überraschungen. Abb. 110 zeigt in der Tabelle die Gewinne und die Ausschüttung pro Jahr und die Eigenkapitalquote, die Linien demonstrieren die gleichen Werte in kumulierter Form.

Wagen Sie eine Prognose auf die Ausschüttung des Jahres 2023? Es gibt etwa 227 Millionen Aktien der Firma *Beiersdorf*. Das bedeutet, dass auf jede Aktie jährlich 70 Cent Dividende entfallen. Auf diese Aussage können Sie sich verlassen. Infolge der konstanten Ausschüttungen weit unterhalb der Gewinne steigt die Eigenkapitalquote langfristig kontinuierlich an, auch das ist keine Überraschung. Und genau das scheint Familie Herz ausgesprochen wichtig zu sein, denn sonst würde sie anders entscheiden.

Fundstelle von Ausschüttungen im Jahresabschluss

Es gibt zwei Möglichkeiten, der Gewinnausschüttung auf die Spur zu kommen, die davon abhängen, ob das Unternehmen eine sogenannte Kapitalflussrechnung veröffentlicht oder nicht. Als Faustregel gilt: Alle Konzerne müssen Kapitalflussrechnungen veröffentlichen, einzelne Unternehmen müssen es nicht.

Wenn sie es nicht tun, kann die Bilanz in bestimmten Grenzen über die Gewinnausschüttung informieren. Dafür betrachten wir

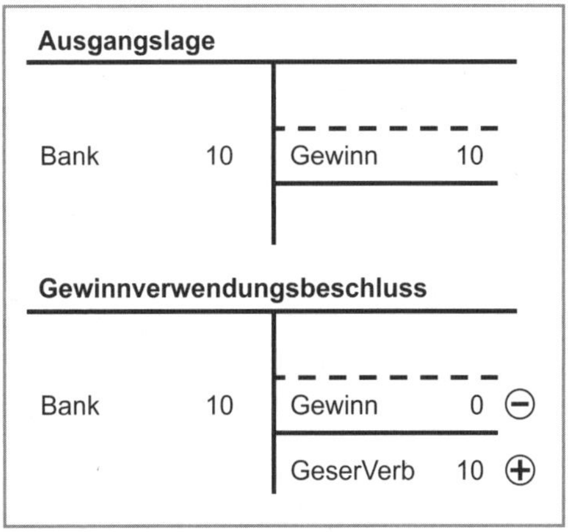

Abb. 111: Gewinn und Verwendungsbeschluss

die Natur der Ausschüttung noch etwas genauer mit einem Beispiel. Die Ausgangslage besteht darin, dass ein Unternehmen 10 EUR Gewinn erwirtschaftet und ausschütten möchte. Die Geschäftsführung schlägt auf dieser Basis der Gesellschafterversammlung vor, den Gewinn in voller Höhe auszuschütten. Die Zustimmung des Gremiums schreibt die Geschäftsführung in das Protokoll der Sitzung. Nach Genehmigung des Protokolls durch die Gesellschafter erhält die Buchhaltung das Dokument und verwandelt den Gewinn in eine Verbindlichkeit gegenüber den Gesellschaftern, in Abb. 111 abgekürzt »GeserVerb«.

Zu einem späteren Zeitpunkt bitten die Gesellschafter das Unternehmen, Geld auf ihr Privatkonto zu überweisen. Der veröffentlichte Abschluss aber zeigt in der Bilanz die Verbindlichkeiten, und auch die kleinsten Abschlüsse, die nur aus einer Bilanz bestehen, enthalten eine Erläuterung zu den Gesellschafterverbindlichkeiten. Diese repräsentieren mit großer Wahrscheinlichkeit den auszuschüttenden Gewinn. Aber sie können auch aus Gesellschafterdarlehen bestehen oder aus nicht entnommenen Gewinnen der Vorjahre, daher ist diese Information mit einer gewissen Vorsicht zu genießen.

Vollkommen eindeutig hingegen verhält es sich mit Konzernab-

	Position der Kapitalflussrechnung	Erläuterung
	Gewinn	Gemäß der GuV
+ / -	Gewinnbestandteile, die nicht cashwirksam sind	z.B. Veränderung der Rückstellungen, der Forderungen und Verbindlichkeiten aus Lieferungen und Leistungen
=	Cash Flow aus der laufenden Geschäftstätigkeit	Erste Zwischensumme
-	Alle Investitionen	Kauf von Anlagen und Maschinen etc.
=	Cashflow aus der Investitionstätigkeit	Zweite Zwischensumme
+ / -	Alle Finanzaktivitäten	z.B. Aufnahme und Tilgung von Darlehen und vor allem die Ausschüttung von Gewinnen
=	Cash Flow der Finanzierungstätigkeit	Dritte Zwischensumme
=	Summe aller Cash Flows	Hilfreiche Summierungen
	Cash am Anfang der Periode	
	Cash am Ende der Periode	Gemäß der Bilanz

Abb. 112: Aufbau jeder Cashflow-Rechnung

schlüssen, die immer eine Kapitalflussrechnung enthalten (englisch: Cashflow Statement). Wie die genau entsteht, ist so umständlich zu erklären, dass wir uns das hier sparen. Einfach und aufschlussreich hingegen ist das Resultat der Rechnung mit praktischerweise immer dem gleichen Aufbau. Sie beginnt immer mit dem Gewinn gemäß der GuV und endet immer mit dem Bestand liquider Mittel, wie sie die Bilanz zeigt. Dazwischen gibt es immer die gleichen Schritte gemäß Abb. 112.

Das Schöne an der Kapitalflussrechnung ist, dass sie zeigt, wofür das Unternehmen sein Geld tatsächlich verwendet. Die erste Zwischensumme zeigt, wie viel Geld das Unternehmen mit seiner Geschaftstätigkeit verdient hat. Angenommen, es habe genau eine Rechnung geschrieben und damit einen Gewinn in gleicher Höhe erwirtschaftet. Wenn der Kunde am Ende des Jahres die Rechnung nicht beglichen hat, würde die Kapitalflussrechnung die Forderung vom Gewinn abziehen. Es bliebe zutreffend die Zahl Null stehen, weil in das Unternehmen kein Geld geflossen ist. Es war bereits die Rede von US-amerikanischen Unternehmen, die im letzten Monat des Jahres keine Rechnungen mehr begleichen. Nun steht zwar für die Rechnungen des Jahres ein Aufwand in der GuV,

Kapitalflussrechnung für das Geschäftsjahr 2021

Bulthaup GmbH & Co KG, Bodenkirchen-Aich

	2021 TEUR
Periodenergebnis	10.264
= Cash-Flow aus der laufenden Geschäftstätigkeit	16.735
= Cash-Flow aus der Investitionstätigkeit	-2.562
- Zahlungswirksame Veränderung der Verbindlichkeiten ggü. Gesellschaftern	-5.617
= Cash-Flow aus der Finanzierungstätigkeit	-5.617
= Finanzmittelfonds am Ende der Periode	83.735

Abb. 113: Bulthaup – Kapitalflussrechnung (Ausschnitte aus der veröffentlichten Rechnung)

aber die Kapitalflussrechnung addiert diesen Aufwand, weil kein Geld abgeflossen ist. Auch alle Abschreibungen eliminiert die Kapitalflussrechnung, denn sie haben zwar zu Aufwand in der GuV geführt, aber es fließt kein Geld dafür ab. Das ist der Grund, warum gesunde Unternehmen normalerweise in der ersten Zwischensumme einen Cashflow zeigen, der höher ist als der Gewinn.

Die zweite Zwischensumme entsteht, nachdem die Kapitalflussrechnung die Summe der Zahlungen auflistet, die ein Unternehmen für Investitionen ausgegeben hat. So kann man auf einen Blick deren Höhe ersehen. Details dazu zeigt der Anlagespiegel, Sie erinnern sich.

Der dritte Teil jeder Kapitalflussrechnung informiert über Zahlungsströme, die zur Finanzierung gehören. Die Aufnahme und Tilgung von Bankdarlehen ist die prominenteste Position. Für dieses Kapitel jedoch steht im Vordergrund, dass die Kapitalflussrechnung die Ausschüttung des Gewinns immer in diesem dritten Teil veröffentlicht. Ein Musterbeispiel liefert die Firma *Bulthaup* (Abb. 113).

Die Rechnung beginnt mit dem Jahresgewinn in Höhe von gut 10 Millionen EUR. Diverse Zwischenschritte tun hier nichts zur

Sache, es entsteht ein »Cash-Flow aus der laufenden Geschäftstätigkeit« [Schreibweise gem. Original], der deutlich höher ist als der Jahresgewinn. Die Details zu den einzelnen Investitionen tun ebenfalls nichts zur Sache, *Bulthaup* hat insgesamt 2,6 Millionen EUR investiert. Das nächste Detail aber tut etwas zur Sache, denn dies ist die Ausschüttung an die Gesellschafter, hier benannt

> *»Zahlungswirksame Veränderung der Verbindlichkeiten ggü. Gesellschaftern«.*

Diese Formulierung ist fachlich präzise und bezieht sich auf die Situation nach der protokollierten Entscheidung der Gesellschafterversammlung über die Gewinnverwendung.

Die gesamte Finanzierungstätigkeit von *Bulthaup* besteht darin, dass die Gesellschafter nur gut die Hälfte des Gewinnes an sich ausschütten. *Bulthaup* erfreut sich infolge dieser zurückhaltenden Ausschüttungspolitik einer Eigenkapitalquote von fast 70% und dient damit erneut als Musterbeispiel der Verfasstheit mittelständischer familiengeführter Unternehmen. Diese Familien stellen das Interesse der Firma in den Vordergrund, finanzieren das Unternehmen lieber mit einbehaltenen Gewinnen, als sich auch nur im Entferntesten in die Abhängigkeit von Banken zu begeben.

Vielleicht ist die Betitelung der Ausschüttung nicht dazu gedacht, flüchtige Leser mit der Nase auf die Höhe der Gewinnausschüttung zu stoßen. Neben der Höhe der Zahl ist somit auch ihre genaue Bezeichnung von Interesse. *Beiersdorf* als Beispiel börsennotierter Gesellschaften ist glasklar:

> *»Auszahlung Dividende Beiersdorf AG«.*

Bei folgender Formulierung, die sich in dem ein oder anderen mittelständischen Abschluss findet, entsteht der Eindruck, die Gesellschafter hätten gewisse Hemmungen, die Öffentlichkeit auf den ersten Blick über die Gewinnausschüttung zu informieren:

> *»Veränderung der Verfügungskonten der Gesellschafter«.*

Auch dies ist fachlich korrekt, aber vielleicht nicht glasklar.

Welche Bezeichnung auch immer die Gewinnausschüttung trägt, sie steht immer im Finanzcashflow der Kapitalflussrechnung. Transparenz ist eine feine Sache.

Ein ganz heißer Reifen

Zurück zu einem Unternehmen, das ebenfalls in vollständiger Transparenz über seine Ausschüttungen informiert. Zur Erinnerung: Die Ausschüttung bezieht sich immer auf den Gewinn des Vorjahres. Abb. 114 zeigt in der Tabelle die jährlichen Werte der Gewinne und der Ausschüttungen und daraus folgend die Eigenkapitalquote. Die Linien verwenden die gleichen Daten, aber in kumulierter Form.

Was fällt Ihnen bei der Betrachtung der Daten auf?

Ganz recht: *Ströer* schüttet systematisch mehr Geld aus, als es Gewinn erwirtschaftet. Im betrachteten Zeitraum hat *Ströer* insgesamt 505 Millionen EUR Gewinn erwirtschaftet und 740 Millio-

Kurvenanalyse:
Wie ist das Verhältnis von Gewinnen und Ausschüttung?
Und welche Konsequenzen hat das für die Eigenkapitalquote?

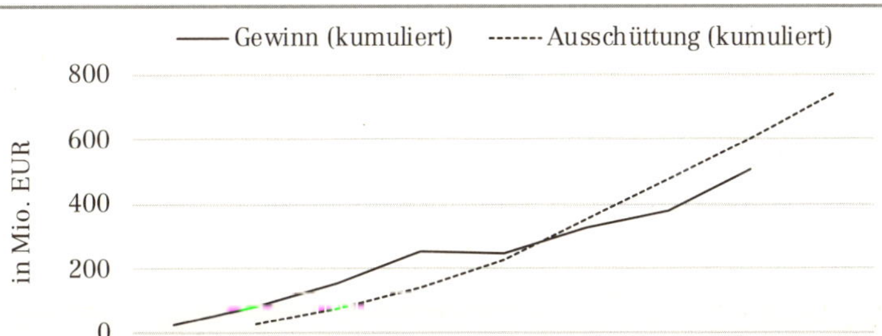

	2014	2015	2016	2017	2018	2019	2020	2021	2022
Gewinn	24	60	72	99	-6	78	49	130	
Ausschüttung		27	48	65	84	129	124	126	137
EK-Quote	33,6%	46,3%	38,2%	35,6%	22,3%	21,4%	18,2%	17,8%	17,2%

Abb. 114: Ströer – Gewinne, Ausschüttungen und Eigenkapitalquote

nen EUR an die Aktionäre ausgeschüttet. Logischerweise hat das die Eigenkapitalquote von in der Spitze 46 % auf zuletzt 17 % gedrückt.

- Im vierten Kapitel sahen wir, dass *Ströer* sein Umsatzwachstum mit dem Zukauf von Unternehmen, also mit anorganischem Wachstum erreicht.
- In diesem Kapitel wurden wir zunächst darauf aufmerksam, dass Banken mit Krediten und Anleger mit Schuldscheindarlehen die Einkaufstour finanzieren.
- Schließlich zeigt sich jetzt, dass *Ströer* von dem Geld nicht nur Unternehmen kaufte, sondern darüber hinaus seine Aktionäre beglückt. Die Eigenkapitalquote sank dabei auf einen Wert, mit dem ein mittelständisches Unternehmen bei seiner Bank kaum mit dem Gesuch um ein Darlehen vorstellig werden dürfte.

Wohlgemerkt: *Ströer* ist ein profitables Unternehmen, das in vollständiger Transparenz über seine geschäftlichen Aktivitäten berichtet. Es ist an Ihnen, sich darüber eine Meinung zu bilden, für die Ihnen nun Instrumente zur Verfügung stehen.

Die zehnte Frage an jeden Jahresabschluss

Wer ein Unternehmen besitzt oder mehrheitlich kontrolliert, kann entscheiden, wie viel Gewinn er oder sie dem Unternehmen entnimmt. Es ist eine freie Entscheidung, deren Ausprägung sich an jedem Abschluss mehr oder weniger deutlich ablesen lässt. Und daher lautet die zehnte Frage an jeden Jahresabschluss:

Wie viel Gewinn schütten die Eigentümer und Eigentümerinnen eines Unternehmens an sich aus?

Die Unterfragen dazu sind:

- Ist es mehr oder weniger als der erwirtschaftete Jahresüberschuss?

- Wie groß ist die Abweichung zum Jahresüberschuss?
- Welche Auswirkungen hat die Ausschüttung des Gewinns auf die Eigenkapitalquote?

Damit ist das letzte bilanzanalytische Kapitel dieses Buches abgeschlossen.

Das Ende ist nicht das Ende

Ich habe Ihnen zehn Fragen vorgestellt, mit denen Sie einem Jahres- oder Konzernabschluss Geheimnisse entreißen können. Natürlich gibt es Tausende anderer Möglichkeiten, sich der Materie zu nähern, aber die vorgestellten Methoden haben sich nach meiner Erfahrung als wiederkehrend sinnvolle Instrumente entpuppt. Wenn dieser Text Sie ermutigt, ausgehend vom universellen Bilanzschema, Ihre eigene Vorgehensweise zu entwickeln, dann habe ich mit diesem Buch mein Ziel erreicht: Abschlüsse mit Neugier lesen und bereit sein für Überraschungen.

Wo Sie es schon bis hierher geschafft haben und mittlerweile hoffentlich ein stabiles Bilanzverständnis aufbauen konnten, wäre es schade, wenn Sie sich nicht noch darüber informierten, wie Buchhaltungen ganz konkret arbeiten, um eine Bilanz herzustellen. Für eine Bilanzanalyse benötigen Sie folgendes Bonuskapitel nicht, aber jede Buchhalterin, jeder Buchhalter wird sich freuen, wenn Sie es lesen und verstehen.

6 Bonuskapitel für Unverdrossene

Sie müssen dieses Kapitel nicht lesen. Aber wenn Sie schon immer wissen wollten, worin die Arbeit einer Buchhaltung besteht, wie die Lösungen zu den Testfragen des dritten Kapitels lauten, und wenn Sie in Datentabellen auf eigene Faust recherchieren möchten: Dann sind Sie hier richtig.

Soll an Haben – Herzschlag der Buchhaltung

Wer eine Bilanz versteht, kann einen sogenannten Buchungssatz herstellen – lesen Sie dieses Kapitel daher nur, wenn Sie Kapitel 3 verstanden und sich davon im Selbsttest überzeugt haben.

Die Arbeit der Buchhaltung mündet in Buchungssätze, die eine bestimmte Struktur haben. Die diesbezügliche Formulierung »Soll an Haben« dringt bisweilen aus den Abteilungen der Finanzbuchhaltung hinaus und findet Eingang in den Sprachgebrauch des Journalismus. Beispiele:

Das Oberbayerische Volksblatt online am 2. 7. 2020 über die Zusammensetzung einer Fußballmannschaft.

> *»Sechs zum großen Teil hochkarätige Abgänge muss der SV Wacker Burghausen verarbeiten, auf der Habenseite steht hingegen noch die Null.«*

Heise online, eine Internet-Adresse für IT-Informationen, am 4. 10. 2011 über den Microsoft Manager Steve Ballmer:

> *»Auf Ballmers Habenseite stehen auch die Partnerschaften mit Facebook und Nokia. Im Soll hingegen steht der Microsoft-Chef durch eine geringer als erwartet ausgefallene Nachfrage nach Windows Phone 7 und einem Umsatzrückgang von 2 Prozent im Geschäft mit Windows und Windows live.«*

Die Autozeitung am 8. 3. 2017 über den neuen Ford Kuga:

> *»Auf der Habenseite steht hingegen das hohe Sicherheitsniveau des Kölners.«*

Man weiß irgendwie, was gemeint ist, aber fachlich und inhaltlich ist das immer Unsinn, denn das Verb »haben« hat absolut nichts mit Guthaben oder Besitzen oder Vermögen zu tun und »Soll« nichts mit Müssen, Schulden oder irgendetwas Negativem. Aber der Reihe nach.

Von der Bilanz zum Konto

Die erste Bilanz dieses Buches sah so aus:

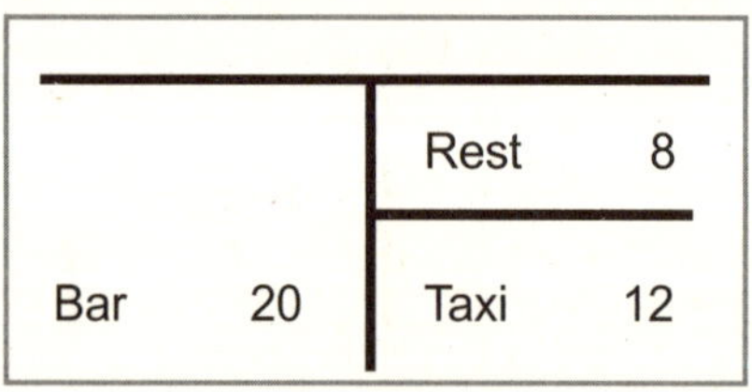

Abb. 115: Die erste Bilanz

Nun kann eine Buchhaltung nicht für jeden Geschäftsvorfall die gesamte Bilanz betrachten. In der Realität gibt es Tausende von Positionen und Unterpositionen zu den Bilanzüberschriften, die keinesfalls auf einem Blatt Papier oder einem Bildschirm – seien sie noch so groß – Platz fänden. Also haben schon die Kaufleute in Venedig die große Bilanz in viele kleine Bilanzen aufgeteilt, in sogenannte Konten. Die drei Positionen unserer Beispielbilanz ergeben somit drei Konten, in Abb. 116 zunächst noch ohne Zahlen darin.

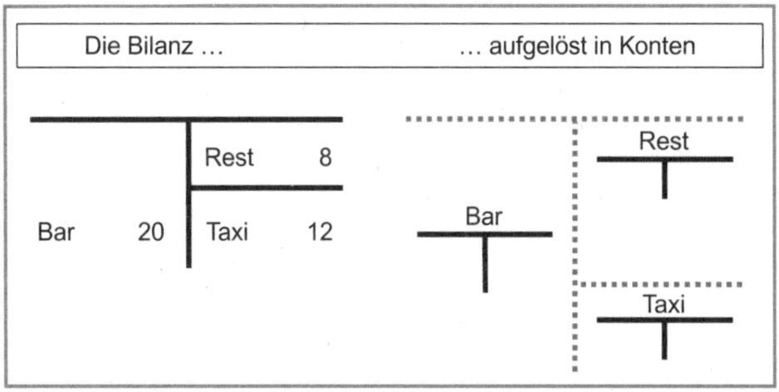

Abb. 116: Eine in Konten aufgelöste Bilanz

Lediglich zum Zweck der Orientierung steht mit gestrichelten Linien die alte Bilanz weiterhin in der Darstellung; damit klar bleibt, zu welcher der drei Oberkategorien Vermögen, Schulden und Rest das einzelne Konto gehört. Dieses heißt wegen seiner Form T-Konto, Abb. 117 zeigt es im Detail.

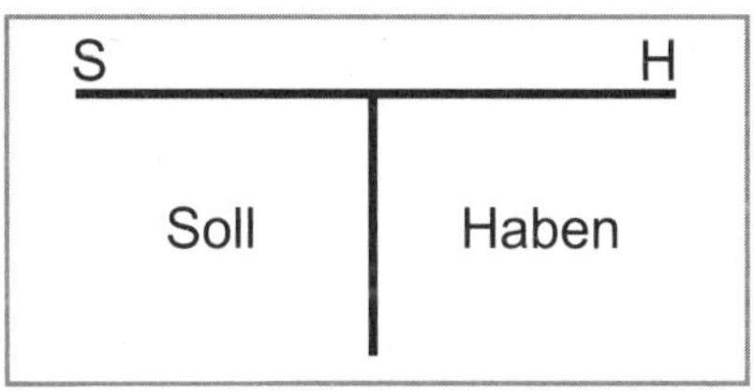

Abb. 117: Das Konto als solches

Wie die große Bilanz hat jedes Konto eine linke und eine rechte Seite, wir werden noch sehen, wofür das gut ist. Die linke Seite des Kontos heißt Soll-Seite, die rechte heißt Haben-Seite. Sie erinnern sich, dass die Worte Aktiv und Passiv für die Seiten der Bilanz keine weitere Bedeutung hatten als links und rechts. Genauso verhält es sich für die Seiten der einzelnen Konten. Die haben immer eine linke Seite, die »Soll«, und eine rechte Seite, die »Haben« heißt. Abgekürzt mit »S« und »H«. Sprachlich und inhaltlich hat das keine weitere Bedeutung. Und das muss man erst einmal begreifen, genauer gesagt: hinnehmen, weil alles andere nur verwirrt. Vor vielen Jahren hat es bei mir Klick gemacht, als der Leiter der Industrie- und Handelskammer Bochum, der freundlicherweise Finanzbuchhaltung unterrichtete, sagte:

> *»Ob Sie Soll und Haben sagen oder Max und Moritz, dat läuft auf dat Gleiche raus.«*

Ich bin ihm immer noch dankbar.

Auf Englisch ist die Soll-Seite die debit-Seite, und die Haben-Seite ist die credit-Seite (abgekürzt: »d« und »c«). Auch dies hat keine weitere Bedeutung. Es geht nur und ausschließlich um links und rechts des einzelnen Kontos.

Zurück zu unseren Konten und der Frage, wo sich dort die Werte finden. Es steht die Entscheidung an, ob die 20 EUR innerhalb des Kontos auf der linken Seite oder auf der rechten Seite, also im Soll oder im Haben stehen müssen. Folgen Sie Ihrem Gefühl mit dieser Eselsbrücke: Das Bargeld steht in der Bilanz links. Also stehen die 20 EUR in dem kleinen Konto ebenfalls auf der linken, auf der Soll-Seite.

Die Taxirückstellung steht in der Bilanz rechts. Auf welcher Seite des kleinen Kontos vermuten Sie den Eintrag in Höhe von 12 EUR? Im Soll oder im Haben?

Schließlich: Der verbleibende Rest in Höhe von 8 EUR stand in der Bilanz rechts. Also steht der Rest auf dem Konto ebenfalls auf der rechten Seite, auf der Haben-Seite. Es ergibt sich folgendes Bild (Abb. 118).

Nun schreiten wir zur Verbuchung der Geschäftsvorfälle, die im Kauf und im Verkauf eines Schreibstiftes bestehen.

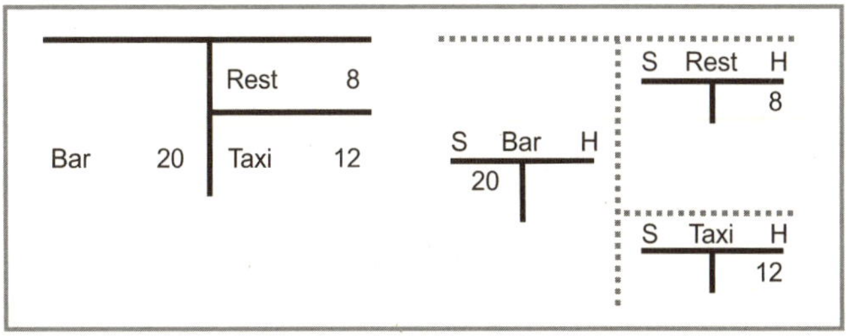

Abb. 118: Konten mit Zahlen und Soll- und Haben-Kennzeichen

Geschäftsvorfälle und Buchungssatz

Die erste Transaktion bestand darin, einen Stift für 4 EUR zu erwerben. Das Geldvermögen nahm ab, das Stiftvermögen zu. Jetzt geht es um die Frage, wie die frisch eingeführten Konten die jeweilige Abnahme und Zunahme abbilden. Zunächst richtet die Buchhaltung für den Stift ein zusätzliches Konto auf der Aktivseite der Bilanz ein. Wir hatten bereits gesehen, dass der Anfangsbestand des Bargeldes im Konto auf der linken Seite stand. Daraus lässt sich ableiten, dass eine Abnahme das Geldvermögens auf der anderen Seite, nämlich der Haben-Seite, stehen muss. Die Zunahme des Stiftvermögens hingegen steht wieder auf der linken Seite (Abb. 119).

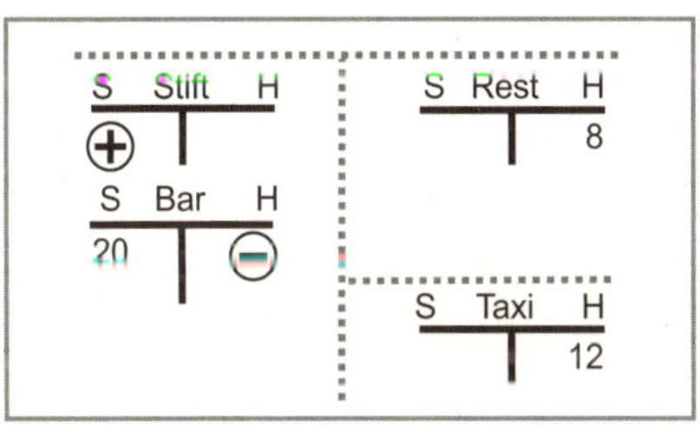

Abb. 119: Erwerb eines Stiftes – Konzept

Gemäß diesem Konzept entsteht nun ein sogenannter Buchungssatz Schritt für Schritt:

Schritt	Element des Buchungssatzes
Zuerst benennt man das Konto, das auf der Soll-Seite berührt ist, in diesem Fall das Stift-Konto.	Stift
Dann zählt man den Betrag auf, um den das Konto zunimmt.	4 EUR
Mithilfe einer Art laut ausgesprochenem Satzzeichen signalisiert man, dass man mit der linken Seite fertig ist und zur rechten übergeht. Das Wort hat keine inhaltliche Bedeutung. Es lautet »an«.	an
Nun benennt man das Konto, das auf der Haben-Seite berührt ist, in diesem Fall ist es das Bar-Konto	Bar
Zur Sicherheit wiederholt man den Betrag.	4 EUR

Der Buchungssatz lautet also:

Stift 4 EUR an Bar 4 EUR

Gemäß diesem Buchungssatz ergibt sich auf den Konten folgender Stand, die Transaktion ist **fett** hervorgehoben (Abb. 120).

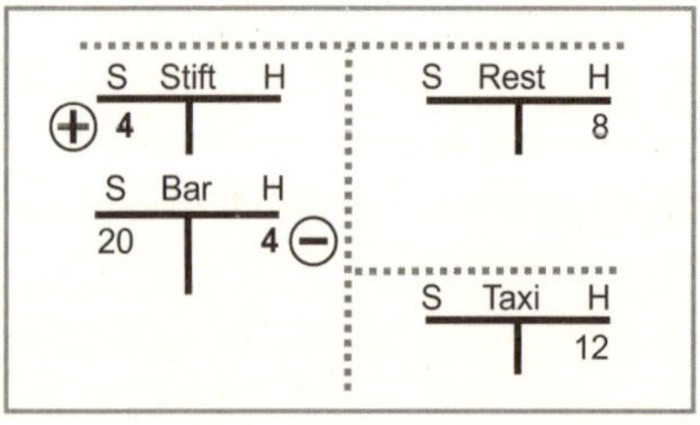

Abb. 120: Erwerb eines Stiftes – Buchung

Zur Sicherheit: Die Abnahme des Bargeldbestandes steht auf der Kontenseite, die die Bezeichnung »Haben« trägt. Die Tatsache eines Geldschwundes kann man sprachlich oder inhaltlich nicht sinnvoll mit dem Wort »Haben« kombinieren. Es geht nur im Bewusstsein, dass »Haben« keine, absolut keine inhaltliche Bedeutung hat, sondern nur rechts bedeutet, in diesem Fall also die Abnahme des Geldes.

Nach dem gleichen Schema verhält es sich im nächsten Schritt, bei dem Verkauf des Stiftes. Der erste Schritt bestand darin, 10 EUR vom Kunden einzusammeln. Das lief darauf hinaus, dass der Bestand an Bargeld anstieg und der Rest auch. Die Veränderung des Restes zeichnet die GuV auf, weswegen nun das Konto für die GuV ins Spiel kommt. Das Konto für das Bargeld nimmt zu, das steht auf der linken Seite im Soll. Der Rest nimmt zu, das steht dort auf der rechten Seite, also auf der Haben-Seite der GuV (Abb. 121).

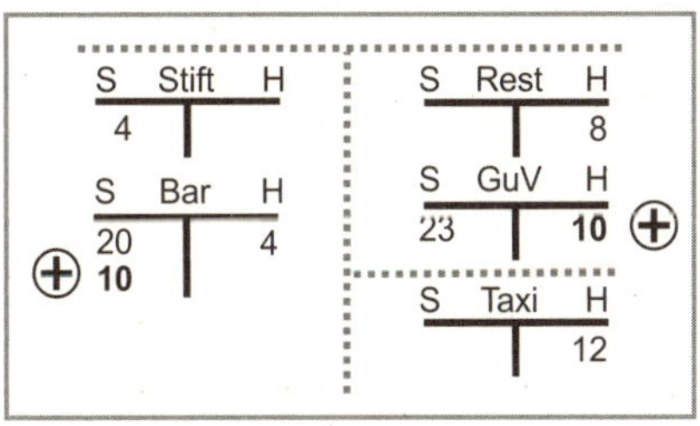

Abb. 121: Erhalt von Geld

Der Buchungssatz funktioniert nach dem immer gleichen Konzept. Er beginnt immer mit dem Konto, das auf der linken Seite berührt wird, und dem Geldbetrag. Es folgt das Wörtchen »an«. Er endet mit dem Konto, das auf der rechten Seite berührt wird, und dem entsprechenden Geldbetrag. Es ergibt sich:

Bar 10 EUR an GuV 10 EUR

Schließlich liefert das Unternehmen die Ware aus, die damit aus dem Vermögen verschwindet, es also auf der Haben-Seite des Kontos schmälert. Der Rest verkleinert sich in gleicher Höhe, was einen Eintrag auf der Soll-Seite der GuV nach sich zieht. Gemäß eiserner Logik lautet der Buchungssatz somit:

GuV 4 EUR an Stift 4 EUR

Angewendet auf das Kontenschema ergibt sich Abb. 122.

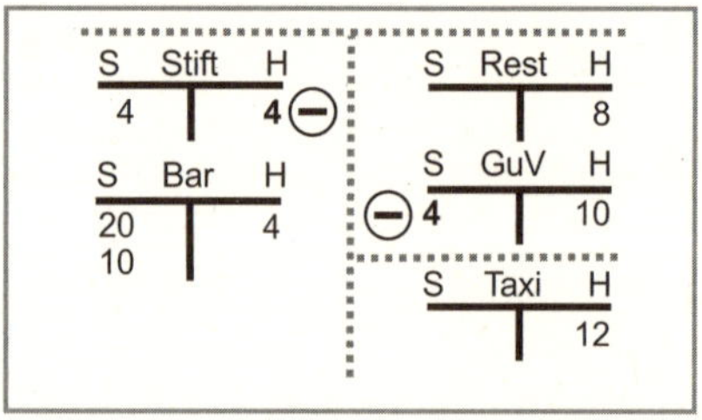

Abb. 122: Auslieferung Stift – Buchung

Werfen Sie bitte einen Blick in die GuV. Sie zeigt auf der rechten Seite den Umsatzerlös in Höhe von 10 EUR. Auf der Soll-Seite stehen 4 EUR für die Auslieferung des Stiftes. Die Differenz ergibt den Gewinn der Transaktion in Höhe von 6 EUR.

In den bisherigen Kapiteln habe ich bestimmte Schwerpunkte der Bilanzanalyse gesetzt. Die fünfte Tabelle des Anhangs stellt die Buchungssätze zusammen, die zu den jeweiligen Kapiteln gehören.

SAP und die Arbeit der Buchhaltung

Das Schöne an einem Buchungssatz ist, dass er links und rechts vom Wörtchen »an« immer den gleichen Betrag zeigt. Die Struktur des Buchungssatzes lautet:

Soll an Haben

Soll und Haben müssen denklogisch immer genau die gleiche Höhe haben. Es spielt dabei keine Rolle, ob die benutzten Konten von der Aktiv- oder der Passivseite der Bilanz stammen. Der Aktiv- bzw. Passivcharakter eines Kontos ist relevant, um zu entscheiden, ob im einzelnen Konto die Zunahme links oder rechts zu finden ist. Die Bilanz ist somit der Kompass, der durch den Kontendschungel führt. Der einzelne Buchungssatz stellt immer sicher, dass die gesamte Rechnung in sich schlüssig und vollständig ist. Das Wörtchen »an« trennt die linke von der rechten Seite und ist eine deutschsprachige Besonderheit. Auf Englisch würde die Buchung

»Stift an Verbindlichkeiten«

übersetzt heißen:

»Debit Stift and Credit Verbindlichkeiten«.

Vielleicht ist das »an« ein verkürztes »and«? Dies wäre eine Frage an die Anglisten und historischen Sprachwissenschaftler.

Buchungssätze funktionieren in allen Ländern und in allen Sprachen auf die gleiche Art und Weise und sind damit eine Kommunikationsform für sich. Alle Buchhalterinnen und Buchhalter der Welt können in Buchungssätzen sprechen und haben sofort das identische Verständnis, das auf dem Konzept der Bilanz beruht, aus dem sich die Struktur eines Buchungssatzes ableitet.

Genau dieser Effekt hat einem Softwarekonzern zu Weltgeltung verholfen. Eine Datenbank ist eine Software, die unter allen Umständen sicherstellt, dass alle ihre Einträge einer »Integritätsbedingung« genügen. Diese Bedingung prüft die Software für jeden neuen Eintrag in die Datenbank und öffnet ihre Eingangsschleuse nur, wenn die Prüfung erfolgreich verlief.

Die Prüfung, ob Soll den gleichen Wert hat wie Haben, ist eine wunderbar einfach zu prüfende Integritätsbedingung. Daher ist eine Datenbank der natürliche Partner der Finanzbuchhaltung. Zu den ersten Menschen, die das begriffen haben, gehörten die

Gründer der Softwarefirma *SAP*. Sie haben in den 1970er-Jahren eine Buchhaltungssoftware mit einer Datenbank verknüpft. Heute gehört *SAP* zu den fünf größten Softwareunternehmen des Planeten und erwirtschaftet mit über 100.000 Mitarbeitern einen Umsatz von ca. 30 Milliarden EUR. Im Kern aber betreibt *SAP* eine Anwendung der Buchhaltung. Wie eine Krake breitet sich das Buchhaltungsprogramm in die Arbeitsweise der Unternehmen aus und unterstützt diejenigen Vorgänge, die am Ende zu einem Buchungssatz führen – also eigentlich alle. Daher heißt Software dieser Art nicht mehr Finanzbuchhaltungs-Software, sondern wegen ihrer allumfassenden Präsenz und ihrer Informationsmöglichkeiten Enterprise-Ressource-Planning, kurz ERP-System.

Software dieser Art gibt es schon seit Langem – nicht nur von *SAP* –, und das hat für die Arbeit der Buchhaltung ganz erhebliche Konsequenzen. Als sie die Bücher noch von Hand in echten Büchern mit Fadenheftung führte, stand die physische Herstellung korrekter Buchungssätze auf der Grundlage geeigneter Belege im Vordergrund. Diese Arbeit gibt es immer noch, aber eher selten. Vielmehr organisieren moderne Buchhalterinnen und Buchhalter, dass in einem Unternehmen die Arbeit aller Bereiche automatisiert in elektronische Buchungssätze mündet, die die EDV auf Knopfdruck als Bilanz beziehungsweise GuV aufbereitet.

Kein einfacher Job, der sich zudem nicht immer und gleichermaßen der Wertschätzung sämtlicher Fachbereiche und Leitungsebenen eines Unternehmens erfreut. Es mag daran liegen, dass vielen Menschen nicht wirklich klar ist, was die Buchhalterinnen und Buchhalter den ganzen Tag so treiben.

Hoffentlich trägt dieses Buch dazu bei, mehr Licht ins Dunkel zu bringen.

Lösungen der Testfragen aus Kapitel 3

Was ergibt 100 minus 82? 100–82 = 18

Probe zur Rechnung: 100 = 82 + 18

Darstellung in der Form einer Bilanz

100	18
	82

Wie lautet die Prüfsumme? 100

Was sind die Unterschiede zwischen Ansatz, Bewertung und Ausweis?
Die Frage des Ansatzes wird beantwortet mit: Ja oder Nein.
Die Frage der Bewertung wird beantwortet mit unterschiedlichen Werten.
Der Ausweis entscheidet über die Aufbereitung des Zahlenwerkes.

Wenn ein Unternehmen Vermögen erwirbt: Hat das im Zeitpunkt des Erwerbes Einfluss auf den Gewinn? Wann und wodurch entsteht ein Effekt auf Gewinn oder Verlust?
Kein Einfluss zum Zeitpunkt des Erwerbes.
Den Einfluss auf den Gewinn nimmt die Anschaffung später in der Form von Abschreibungen, die den Gewinn mindern.

Wie hängt eine GuV mit der Bilanz zusammen?
Der Rest ist der Teil der Bilanz, der sich als Rest aus Vermögen abzüglich Schulden ergibt.
Die GuV zeichnet die Veränderungen des Restes auf.

Welche Ertragspositionen gibt es in einer GuV?
Umsatzerlöse
Bestandserhöhungen
Aktivierte Eigenleistungen

Welche Positionen sind betroffen, wenn ein Unternehmen Material verbraucht?
Die Position Material auf der Aktivseite der Bilanz.
Der Materialaufwand in der GuV.

Aus welchen Komponenten besteht das Eigenkapital einer Bilanz?

Welche Zusammenhänge bestehen zu einer Gründung beziehungsweise Kapitalerhöhung?
Kapital, das bei der Gründung eines Unternehmens entsteht oder bei einer Kapitalerhöhung:
Für die Stimmrechte
Gezeichnetes Kapital (HGB)
Stammkapital (GmbH)
Festkapital (KG)
Für die Überzahlung der Gesellschafter: Kapitalrücklage
Kapital, das aus einbehaltenen Gewinnen gebildet wird:
Gewinnrücklagen
Gesetzliche Rücklagen
Vorträge von Gewinn oder Verlust

Welche Voraussetzung muss erfüllt sein, damit ein Unternehmen eine Forderung buchen darf?
Die zugrunde liegende Leistung muss erbracht sein.
Für Forderungen aus Schadensersatz:
Regulierungszusage durch die Versicherung
Durchsetzbarer Titel eines Gerichtes.

Was ist eine Eventualforderung, und was muss für sie beachtet werden?
Eine Forderung, die nicht noch nicht sicher ist.
Sie ist nicht ansatzfähig.

Welche Besonderheiten gelten für selbst erstelltes immaterielles Vermögen?
Im HGB gilt ein Ansatzwahlrecht
Gemäß IFRS besteht eine Aktivierungspflicht.
Die Aktivierung muss mit prüfbaren Berechnungen und Belegen untermauert sein.

Tabellen für Menschen, die die Bezeichnung Zahlen-Nerd nicht als Beleidigung empfinden

Tabelle 1 – Tage bis zum Testat

Nr.	Firma / Jahr	2014	2015	2016	2017	2018	2019	2020	2021	2022	Schnitt
1	Adidas	49	46	48	54	58	58	56	56	55	53,3
2	Allianz	61	60	60	59	56	55	53	63	51	57,6
3	BASF	55	54	52	52	51	56	54	53	52	53,2
4	Biontech	90	169	202	201	199	135	99	89	87	141,2
5	BMW	64	56	55	57	58	71	69	68	67	62,8
6	Brenntag	69	66	59	67	57	58	61	66	65	63,1
7	Continental	51	50	52	53	64	63	61	61	65	57,8
8	Covestro	n.a.	49	46	46	51	48	50	52	59	50,1
9	Daimler	44	47	41	40	44	50	48	69	72	50,6
10	Delivery Hero	233	181	118	115	113	113	113	117	116	135,4
11	Deutsche Bank	65	62	74	71	74	73	67	66	72	69,3
12	Deutsche Börse	65	64	69	68	67	66	63	61	66	65,4
13	Deutsche Post	51	61	47	50	46	45	50	49	48	49,7
14	Deutsche Wohnen	69	62	69	67	77	79	81	88	81	74,8
15	E.ON	61	61	66	65	64	83	75	68	66	67,7
16	Fresenius	55	55	52	57	50	50	53	52	52	52,9

Nr.	Firma / Jahr	2014	2015	2016	2017	2018	2019	2020	2021	2022	Schnitt
17	Heidelberg Materials	77	76	74	80	79	78	76	82	81	78,1
18	Henkel vz.	30	29	30	30	31	30	31	30	38	31,0
19	Infineon	51	51	53	52	51	53	51	56	56	52,7
20	Merck	50	50	46	46	46	48	48	48	47	47,7
21	MTU Aero Engines	61	60	60	58	57	77	68	67	80	65,3
22	Münchener Rück	62	68	66	66	67	66	67	66	65	65,9
23	RWE	52	54	59	58	59	59	64	63	62	58,9
24	SAP	50	56	53	22	51	50	55	54	53	49,3
25	Siemens	57	61	59	58	57	64	58	61	66	60,1
26	Ströer	75	76	73	73	72	72	89	70	76	75,1
27	Telekom	41	40	45	44	43	41	47	46	52	44,3
28	Volkswagen	49	113	55	54	53	57	57	70	62	63,3
29	Vonovia	59	60	62	61	60	59	60	75	75	63,4
30	Wirecard	97	97	95	101	114	–	–	–	–	100,8
	Alle	65	68	65	64	66	64	63	64	65	64,9

Tabelle 2 – Verhältnis der Prüfungs- und Beratungshonorare zum Personalaufwand

Nr.	Firma / Jahr	2014	2015	2016	2017	2018	2019	2020	2021	2022	Schnitt
1	Adidas	0,13 %	0,09%	0,06%	0,07 %	0,12 %	0,11 %	0,09 %	0,09 %	0,09 %	0,09 %
2	Allianz	0,48 %	0,44 %	0,55 %	0,48 %	0,49 %	0,48 %	0,47 %	0,55 %	0,66 %	0,51 %
3	BASF	0,22 %	0,22 %	0,18 %	0,18 %	0,21 %	0,19 %	0,20 %	0,18 %	0,21 %	0,20 %
4	Biontech	0,27 %	0,38 %	0,29 %	0,22 %	0,00 %	1,33 %	1,38 %	0,84 %	0,61 %	0,59 %
5	BMW	0,24 %	0,21 %	0,20 %	0,21 %	0,19 %	0,15 %	0,15 %	0,15 %	0,14 %	0,18 %
6	Brenntag	0,18 %	0,13 %	0,14 %	0,12 %	0,12 %	0,10 %	0,08 %	0,16 %	0,13 %	0,13 %
7	Continental	0,06 %	0,05 %	0,05 %	0,05 %	0,05 %	0,10 %	0,08 %	0,05 %	0,06 %	0,06 %
8	Covestro	n.a.	0,18 %	0,11 %	0,17 %	0,12 %	0,14 %	0,16 %	0,19 %	0,20 %	0,16 %
9	Daimler	0,22 %	0,26 %	0,25 %	0,27 %	0,29 %	0,33 %	0,24 %	0,28 %	0,28 %	0,27 %
10	Delivery Hero	2,21 %	1,37 %	1,62 %	1,59 %	0,52 %	0,30 %	0,36 %	0,01 %	0,18 %	0,91 %
11	Deutsche Bank	0,62 %	0,57 %	0,69 %	0,60 %	0,66 %	1,68 %	0,97 %	0,61 %	0,63 %	0,78 %
12	Deutsche Börse	1,08 %	0,97 %	1,01 %	0,89 %	0,70 %	0,75 %	0,94 %	0,78 %	0,87 %	0,89 %
13	Deutsche Post	0,05 %	0,07 %	0,06 %	0,06 %	0,05 %	0,05 %	0,05 %	0,05 %	0,04 %	0,05 %
14	Deutsche Wohnen	0,60 %	1,12 %	0,74 %	0,69 %	0,66 %	0,66 %	0,80 %	1,16 %	1,37 %	0,87 %
15	E.ON	1,07 %	1,08 %	1,48 %	0,79 %	0,98 %	1,02 %	0,72 %	0,58 %	0,53 %	0,92 %
16	Fresenius	0,27 %	0,24 %	0,21 %	0,18 %	0,18 %	0,17 %	0,19 %	0,19 %	0,21 %	0,20 %

Nr.	Firma / Jahr	2014	2015	2016	2017	2018	2019	2020	2021	2022	Schnitt
17	Heidelberg Materials	0,23 %	0,33 %	0,29 %	0,14 %	0,14 %	0,15 %	0,12 %	0,12 %	0,14 %	0,18 %
18	Henkel vz.	0,43 %	0,39 %	0,42 %	0,40 %	0,39 %	0,38 %	0,32 %	0,31 %	0,31 %	0,37 %
19	Infineon	0,08 %	0,12 %	0,11 %	0,10 %	0,10 %	0,11 %	0,14 %	0,11 %	0,12 %	0,11 %
20	Merck	0,22 %	0,30 %	0,24 %	0,21 %	0,22 %	0,21 %	0,18 %	0,18 %	0,16 %	0,21 %
21	MTU Aero Engines	0,11 %	0,18 %	0,12 %	0,16 %	0,17 %	0,12 %	0,13 %	0,20 %	0,21 %	0,16 %
22	Münchener Rück	0,32 %	0,36 %	0,45 %	0,39 %	0,38 %	0,44 %	0,35 %	0,37 %	0,39 %	0,38 %
23	RWE	0,52 %	0,52 %	0,58 %	0,52 %	1,44 %	1,06 %	0,66 %	0,56 %	0,44 %	0,70 %
24	SAP	0,10 %	0,09 %	0,10 %	0,09 %	0,08 %	0,07 %	0,10 %	0,12 %	0,10 %	0,09 %
25	Siemens	0,20 %	0,19 %	0,18 %	0,19 %	0,21 %	0,22 %	0,18 %	0,17 %	0,16 %	0,19 %
26	Ströer	0,71 %	1,34 %	0,67 %	0,54 %	0,28 %	0,30 %	0,38 %	0,44 %	0,93 %	0,62 %
27	Telekom	0,14 %	0,14 %	0,13 %	0,12 %	0,10 %	0,08 %	0,09 %	0,08 %	0,08 %	0,11 %
28	Volkswagen	0,09 %	0,07 %	0,07 %	0,08 %	0,13 %	0,13 %	0,13 %	0,08 %	0,07 %	0,10 %
29	Vonovia	1,79 %	1,45 %	1,02 %	1,20 %	0,76 %	1,01 %	0,91 %	1,69 %	1,35 %	1,24 %
30	Wirecard	0,83 %	1,08 %	1,03 %	1,17 %	0,98 %	n.a.	n.a.	n.a.	n.a.	1,02 %
	Alle	0,46 %	0,46 %	0,43 %	0,40 %	0,36 %	0,41 %	0,36 %	0,36 %	0,37 %	0,40 %

Tabelle 3 – Aktive latente Steuern, Gewinn und BIP

Nr.	Firma	Kennzahl	2014	2015	2016	2017	2018	2019	2020	2021	2022
1	Adidas	akt. lat. St.	577	637	732	630	651	1.093	1.233	1.263	1.216
		Gewinn	496	640	1.020	1.100	1.704	1.977	443	2.158	638
2	Allianz	akt. lat. St.	10.521	7.560	6.687	5.711	4.794	4.576	3.662	6.284	6.939
		Gewinn	6.603	6.987	7.250	7.207	7.703	8.302	7.133	7.105	7.182
3	BASF	akt. lat. St.	2.193	1.791	2.513	2.118	2.342	2.887	3.386	2.600	880
		Gewinn	5.155	3.987	4.056	6.078	4.707	8.421	–1.060	5.982	–391
4	Biontech	akt. lat. St.	0	0	0	0	–1	0	161	0	230
		Gewinn	–28	–7	–5	–66	–48	–179	15	10.293	9.434
5	BMW	akt. lat. St.	2.061	1.945	2.327	1.927	1.590	2.194	2.459	2.202	1.758
		Gewinn	5.817	6.396	6.910	8.706	7.207	5.022	3.857	12.463	18.582
6	Brenntag	akt. lat. St.	62	51	58	51	50	63	69	131	139
		Gewinn	340	368	361	362	462	469	474	461	903
7	Continental	akt. lat. St.	1.573	1.670	1.836	1.517	1.464	2.174	2.751	2.530	2.059
		Gewinn	2.458	2.780	2.882	3.048	2.958	–1.171	–919	1.507	112
8	Covestro	akt. lat. St.	413	640	648	702	782	851	925	818	345
		Gewinn	277	352	806	2.017	1.829	557	454	1.619	–281
9	Daimler	akt. lat. St.	4.124	3.284	3.870	2.853	4.021	5.803	6.259	3.434	3.725
		Gewinn	7.290	8.711	8.784	10.864	7.582	2.709	4.009	23.396	14.809

Nr.	Firma	Kennzahl	2014	2015	2016	2017	2018	2019	2020	2021	2022
10	Delivery Hero	akt. lat. St.	1	9	4	0	0	0	0	5	5
		Gewinn	–89	–253	–195	–348	–42	230	–1.403	–1.097	–2.975
11	Deutsche Bank	akt. lat. St.	6.865	7.762	8.666	6.799	7.230	5.986	6.058	6.218	7.272
		Gewinn	1.691	–6.772	–1.356	–735	341	–5.265	–1.769	2.510	5.659
12	Deutsche Börse	akt. lat. St.	140	148	63	101	104	124	162	140	62
		Gewinn	789	701	1.298	896	853	1.035	1.125	1.265	1.563
13	Deutsche Post	akt. lat. St.	1.752	2.007	2.192	2.272	2.532	2.525	2.390	1.943	1.440
		Gewinn	2.177	1.719	2.781	2.853	2.224	2.776	3.176	5.423	5.717
14	Deutsche Wohnen	akt. lat. St.	0	0	1	0	0	0	0	0	0
		Gewinn	889	1.207	1.623	1.763	1.863	1.601	1.545	919	–446
15	E.ON	akt. lat. St.	6.172	4.096	1.441	907	1.195	2.212	2.283	1.651	2.079
		Gewinn	–3.130	–6.377	–16.007	4.180	3.524	1.792	1.270	5.305	2.242
16	Fresenius	akt. lat. St.	716	753	627	744	777	839	812	858	831
		Gewinn	1.312	2.344	2.676	3.033	3.714	3.029	2.823	2.819	2.117
17	Heidelberg Materials	akt. lat. St.	688	805	946	518	314	313	343	263	268
		Gewinn	687	983	896	1.058	1.286	1.242	–2.009	1.902	1.723
18	Henkel vz.	akt. lat. St.	838	816	1.017	949	959	863	887	1.194	1.183
		Gewinn	1.562	1.968	2.093	2.541	2.330	2.103	1.424	1.629	1.253
19	Infineon	akt. lat. St.	378	604	623	612	648	599	627	695	527
		Gewinn	535	634	743	790	1.075	870	368	1.169	2.179

Nr.	Firma	Kennzahl	2014	2015	2016	2017	2018	2019	2020	2021	2022
20	Merck	akt. lat. St.	993	1.050	1.013	1.106	1.091	1.421	1.543	1.502	1.310
		Gewinn	1.165	1.124	1.633	2.615	3.396	1.324	1.994	3.065	3.339
21	MTU Aero Engines	akt. lat. St.	30	42	57	55	61	56	67	83	84
		Gewinn	195	218	313	359	453	488	147	231	333
22	Münchener Rück	akt. lat. St.	7.601	7.859	328	534	545	316	278	503	2.775
		Gewinn	3.171	3.122	2.581	1.883	2.275	2.707	1.211	2.932	3.419
23	RWE	akt. lat. St.	3.836	2.466	2.884	2.627	824	706	397	663	606
		Gewinn	2.057	284	–5.484	2.315	1.073	9.156	1.054	832	2.992
24	SAP	akt. lat. St.	355	453	570	1.037	1.015	1.251	1.173	1.779	2.065
		Gewinn	3.280	3.056	3.634	4.056	4.088	3.370	5.283	5.376	1.708
25	Siemens	akt. lat. St.	3.334	2.591	3.419	2.283	2.341	3.174	2.988	2.865	2.459
		Gewinn	5.507	7.380	5.584	6.094	6.120	5.648	4.200	6.697	4.392
26	Ströer	akt. lat. St.	4	13	17	13	16	16	11	30	42
		Gewinn	24	60	72	99	–6	78	48	130	152
27	Telekom	akt. lat. St.	5.169	5.248	5.210	4.013	2.949	2.704	7.972	7.906	8.316
		Gewinn	3.244	3.502	3.104	5.551	3.329	5.268	6.747	6.103	9.482
28	Volkswagen	akt. lat. St.	5.878	8.026	9.756	9.810	10.131	13.106	13.486	13.393	12.921
		Gewinn	11.068	–1.361	5.379	11.638	12.153	14.029	8.824	15.428	15.836

Nr.	Firma	Kennzahl	2014	2015	2016	2017	2018	2019	2020	2021	2022
29	Vonovia	akt. lat. St.	15	72	20	10	54	59	16	20	40
		Gewinn	410	995	2.513	2.567	2.403	1.294	3.340	2.831	–670
30	Wirecard	akt. lat. St.	1	1	3	9	11	0	0	0	0
		Gewinn	108	143	267	260	347	0	0	0	0
	Summen	akt. lat. St.	66.291	62.400	57.526	49.909	48.492	55.913	62.399	60.972	61.574
		Gewinn	65.659	44.889	46.212	92.784	86.903	78.883	53.804	130.453	111.004
		BIP	2.928	3.026	3.135	3.267	3.366	3.473	3.406	3.602	3.870

Tabelle 4 – Anteil Firmenwert an der Bilanzsumme

Nr.	Firma / Jahr	2014	2015	2016	2017	2018	2019	2020	2021	2022	Schnitt
1	Adidas	9,4 %	10,4 %	9,3 %	8,4 %	8,0 %	6,1 %	5,7 %	5,5 %	6,2 %	7,7 %
2	Allianz	1,5 %	1,4 %	1,4 %	1,3 %	1,4 %	1,3 %	1,3 %	1,4 %	0,0 %	1,2 %
3	BASF	11,4 %	11,8 %	13,2 %	11,9 %	10,6 %	9,3 %	8,7 %	8,6 %	9,1 %	10,5 %
4	Biontech	2,4 %	0,6 %	0,1 %	0,1 %	0,1 %	0,4 %	2,3 %	0,4 %	0,3 %	0,7 %
5	BMW	0,2 %	0,2 %	0,2 %	0,2 %	0,2 %	0,2 %	0,2 %	0,2 %	0,6 %	0,2 %
6	Brenntag	32,1 %	35,1 %	34,9 %	33,2 %	33,4 %	31,6 %	31,5 %	29,3 %	27,4 %	32,1 %
7	Continental	19,1 %	20,2 %	19,0 %	18,7 %	17,9 %	12,0 %	11,0 %	10,4 %	8,5 %	15,2 %
8	Covestro	2,3 %	2,5 %	2,6 %	2,2 %	2,3 %	2,3 %	2,0 %	4,9 %	5,0 %	2,9 %
9	Daimler	0,4 %	0,3 %	0,5 %	0,4 %	0,4 %	0,4 %	0,4 %	0,3 %	0,3 %	0,4 %
10	Delivery Hero	46,5 %	37,4 %	43,0 %	34,8 %	28,4 %	28,7 %	19,2 %	46,4 %	51,5 %	37,3 %
11	Deutsche Bank	0,6 %	0,3 %	0,3 %	0,3 %	0,3 %	0,2 %	0,2 %	0,2 %	0,2 %	0,3 %
12	Deutsche Börse	1,0 %	1,6 %	1,7 %	2,1 %	1,8 %	2,5 %	2,6 %	2,5 %	2,2 %	2,0 %
13	Deutsche Post	30,0 %	30,5 %	30,4 %	28,9 %	22,2 %	21,7 %	19,9 %	17,9 %	18,6 %	24,5 %
14	Deutsche Wohnen	4,7 %	3,9 %	0,1 %	0,1 %	0,1 %	0,5 %	1,0 %	0,4 %	0,4 %	1,3 %
15	E.ON	9,4 %	5,7 %	5,4 %	6,0 %	3,8 %	17,7 %	18,7 %	14,5 %	12,7 %	10,4 %
16	Fresenius	49,8 %	49,9 %	49,0 %	47,6 %	45,3 %	41,4 %	39,9 %	40,2 %	41,1 %	44,9 %

Nr.	Firma / Jahr	2014	2015	2016	2017	2018	2019	2020	2021	2022	Schnitt
17	Heidelberg Materials	34,1 %	35,9 %	31,8 %	32,1 %	32,0 %	30,5 %	26,6 %	24,2 %	25,2 %	30,3 %
18	Henkel vz.	38,5 %	39,6 %	41,7 %	42,1 %	42,1 %	41,1 %	40,9 %	40,3 %	41,1 %	40,8 %
19	Infineon	0,4 %	9,2 %	8,8 %	7,6 %	7,0 %	6,8 %	26,8 %	25,6 %	26,3 %	13,2 %
20	Merck	21,9 %	37,8 %	39,2 %	38,1 %	37,3 %	39,1 %	38,2 %	37,5 %	37,9 %	36,3 %
21	MTU Aero Engines	8,1 %	7,6 %	6,7 %	6,5 %	5,7 %	5,0 %	4,8 %	4,6 %	4,2 %	5,9 %
22	Münchener Rück	1,1 %	1,0 %	1,1 %	1,0 %	1,1 %	1,0 %	0,9 %	1,0 %	1,1 %	1,0 %
23	RWE	13,3 %	15,1 %	15,3 %	16,2 %	2,1 %	3,7 %	4,2 %	1,9 %	2,0 %	8,2 %
24	SAP	54,5 %	54,8 %	52,6 %	50,1 %	46,1 %	48,4 %	47,1 %	43,7 %	45,9 %	49,3 %
25	Siemens	17,0 %	19,2 %	18,9 %	20,5 %	20,4 %	20,1 %	16,5 %	21,3 %	22,4 %	19,6 %
26	Ströer	32,6 %	44,9 %	45,1 %	45,6 %	30,3 %	31,0 %	35,0 %	33,7 %	33,3 %	36,8 %
27	Telekom	11,3 %	10,3 %	9,6 %	8,7 %	8,4 %	7,3 %	7,5 %	7,3 %	6,9 %	8,6 %
28	Volkswagen	6,7 %	6,2 %	5,7 %	5,6 %	5,1 %	4,8 %	4,7 %	5,0 %	4,6 %	5,4 %
29	Vonovia	0,7 %	8,8 %	8,4 %	7,0 %	5,8 %	2,5 %	2,4 %	2,6 %	1,5 %	4,4 %
30	Wirecard	28,0 %	29,8 %	26,6 %	25,6 %	19,8 %	–	–	–	–	26,0 %
	Alle	16,3 %	17,7 %	17,4 %	16,8 %	14,6 %	14,4 %	14,5 %	14,9 %	15,1 %	15,7 %

Tabelle 5 – Die Buchungssätze der Kapitel

Nr.	Thema	Buchungssatz		
		Soll	an	Haben
3	Abschreibungen	Aufwand für Abschreibungen	an	Vermögensgegenstand
	Erwerb eines Stiftes auf Rechnung	Stift	an	Verbindlichkeiten LuL
3/4	Verkauf des Stiftes auf Rechnung	Forderung LuL	an	Umsatz
3	Bezahlung des Lieferanten	Verbindlichkeit LuL	an	Bank
	Bezahlung durch den Kunden	Bank	an	Forderung LuL
	Materialverbrauch	Aufwand	an	Material
	Bestandserhöhung hergestellter Ware oder Produkte	Stift (UV) bzw. fertige oder unfertige Erzeugnisse	an	GuV: Erhöhung des Bestandes fertiger und unfertiger Erzeugnisse
	Bestandsverringerung fertiger Erzeugnisse	GuV: Verringerung des Bestandes fertiger und unfertiger Erzeugnisse	an	Fertige oder unfertige Erzeugnisse
	Herstellung eines selbst genutzten Produktes	Anlagevermögen (materiell oder immateriell)	an	Aktivierte Eigenleistung

Nr.	Thema	Buchungssatz		
		Soll	an	Haben
4	Bildung einer Rückstellung	Aufwand	an	Rückstellung
	Verbrauch einer Rückstellung	Rückstellung	an	Bank
	Auflösung einer Rückstellung	Rückstellung	an	Sonstiger betrieblicher Ertrag
	Bildung aktiver latenter Steuern	Bilanz: Aktive latente Steuern	an	Steuerertrag
	Verbrauch aktiver latenter Steuern	Steueraufwand	an	Aktive latente Steuern
	Goodwill im Asset-Deal (mit den Zahlen des Beispiels)	Goodwill 20 Vermögen 200	an	Bank 100 Schulden 120
5	Zahlungseingang	Bank	an	Forderung LuL
	Aufnahme eines Darlehens	Bank	an	Darlehen
	Erhalt einer Anzahlung	Bank	an	Bilanz: erhaltene Anzahlung
	Erhalt einer Rechnung mit sofortiger Buchung als Aufwand	Aufwand	an	Verbindlichkeiten LuL
	Zuordnung einer erhaltenen Anzahlung zu einer Auszahlung für ein Projekt	Bilanz: erhaltene Anzahlung	an	Unfertiges Erzeugnis
5	Vorschlag zur Gewinnverwendung	GuV	an	Bilanzgewinn
	Beschluss der Gesellschafterversammlung zur Gewinnverwendung	Bilanzgewinn	an	Verbindlichkeiten gegenüber Gesellschaftern
	Ausschüttung des Gewinns	Verbindlichkeiten gegenüber Gesellschaftern	an	Bank
	Einbehaltung des Gewinns	GuV	an	Gewinnrücklage

Dank

Eigentlich muss ich mich bei meinem ganzen Leben bedanken, das mir erlaubt hat, ein Buch zu verfassen. Die Einzelheiten dieses Dankes würden den Rahmen sprengen, weswegen ich folgende Persönlichkeiten in der Reihenfolge ihres Auftritts hervorhebe:

Die Methoden des seinerzeitigen Prof. Walther Busse von Colbe haben mir Einsichten ermöglicht, von deren Anwendung ich seither leben kann.

Nina Schmolcke-Hansen hatte eine Frage zur Buchhaltung; zwei Kinder später steht die Antwort jetzt für die ganze Familie in diesem Buch.

Prof. Dr. Markus Gisler von der Hochschule Luzern entdeckt die Regeln des Rechnungswesens weit außerhalb der Buchhaltung und der Hochschule und wendet sie tatsächlich an.

Wirtschaftsprüfer Moritz Hanke kann über das System der Abschlussprüfung sprechen wie kein anderer.

Die Wirtschaftsprüfer Dr. Jens Freiberg und Markus Bitz haben mich in einer schmerzhaften Prozedur von einem langjährigen Bilanzierungsirrtum befreit.

Marita Basten hat sich ein Experiment zugetraut und die Sache dann durchgezogen.

Ulrike Wieduwilt und Hubert Gude haben mir Mut gemacht, als ich ihn brauchte.

Die Teilnehmerinnen und Teilnehmer meiner Workshops und Kurse haben die Courage, Verständnisfragen zu stellen und bei Antwortversuchen öffentlich Fehler zu machen; das war die größte Hilfe, um zu verstehen, wo genau der Schuh drückt.

Kathrin Heerdt und Dr. Norbert Heenen, meine Lieblingsjuristen, haben die alles entscheidenden Kontakte hergestellt.

Meine Brüder und Schwestern der Restrukturierungsberatung DRESEN MALL sind in jeder Minute dieser grandiosen Teamarbeit ebenso freundschaftlich wie gnadenlos kritisch und dabei immer solidarisch und amüsierbereit; das hat für zahlreiche Inspirationen in diesem Buch gesorgt.

Dr. Viktoria Kickinger kann mit Medien weit mehr, als nur sozial zu sein, und hat mir ein neues Format erschlossen.

Stephanie Ehrenschwendner ist die Unbeschreibliche. Sie hat an den Text bereits geglaubt, als er gerade erst die Form eines Telefongespräches hatte.

Dr. Wolfgang Freilinger, Richter a. D. am österreichischen Bundesfinanzgericht, Außenstelle Linz, kennt nicht nur Regeln, sondern auch deren Geschichte.

Karin Recker hat Tausende Schwächen des Manuskripts eliminiert und blieb dennoch immer am Ball.

Sie, liebe Leserinnen und Leser, halten dieses Buch in der Hand, weil ein professionelles Team der Verlagsbranche über alle Stufen der Betreuung, der Herstellung, des Vertriebs und der Logistik ganze Arbeit geleistet hat. Ich habe das Gefühl, es ist in diesem Fall besonders gut gelaufen, wofür ich großen Dank empfinde.